普通高等教育物联网工程专业系列教材

无线通信开发技术及实践

青岛英谷教育科技股份有限公司　编著

西安电子科技大学出版社

内 容 简 介

本书从无线通信基础知识出发，详细讲解了 AVR 基本原理以及蓝牙、WiFi、UHF 无线数传和 GPRS 技术四种典型的无线通信技术的基本特点和原理。以 ATmega16 为基础，以 IAR-AVR 为软件开发环境，分别介绍了基于蓝牙通信模块 BLK-MD-BC04-B、WiFi 通信模块 WiFi-M03、433MHz 无线数传模块 CC1101、GPRS 模块 MG323 的应用和开发，旨在让读者更清楚地掌握以上四种无线通信技术的应用和开发方法。

全书分为两篇：理论篇和实践篇。理论篇共有 6 章，分别为无线通信技术概述、AVR 基本原理及应用、蓝牙技术、WiFi 技术、UHF 无线数传技术和 GPRS 技术，介绍了及基于蓝牙通信模块 BLK-MD-BC04-B、WiFi 通信模块 WiFi-M03、433MHz 无线数传模块 CC1101、GPRS 模块 MG323 的应用系统硬件电路的搭建及模块的初步使用。实践篇共有 6 章，分别与理论篇的 6 章内容相对应，讲解基于蓝牙通信模块 BLK-MD-BC04-B、WiFi 通信模块 WiFi-M03、433 MHz 无线数传模块 CC1101、GPRS 模块 MG323 的应用与开发实例，与配套的实验设备相结合完成实践教学。

本书偏重蓝牙、WiFi、UHF 无线数传、GPRS 四种典型无线通信技术的应用，采用理论与实践相结合的方法，将蓝牙、WiFi、UHF 无线数传、GPRS 技术运用于实践中，更深层地剖析了以上四种无线通信技术及其应用场合，为物联网关键技术的开发与应用奠定了坚实的基础。本书适用面广，可作为本科物联网工程、通信工程、电子信息工程、自动化、计算机科学与技术、计算机网络等专业相关课程的教材。

图书在版编目（CIP）数据

无线通信开发技术及实践/青岛英谷教育科技股份有限公司编著.
—西安：西安电子科技大学出版社，2014.1(2022.6 重印)
ISBN 978-7-5606-3316-9

Ⅰ.①无…　Ⅱ.①青…　Ⅲ.①无线电通信—高等学校—教材　Ⅳ.①TN92

中国版本图书馆 CIP 数据核字(2014)第 001539 号

策　　划　毛红兵
责任编辑　毛红兵
出版发行　西安电子科技大学出版社(西安市太白南路 2 号)
电　　话　(029)88202421　88201467　　　邮　　编　710071
网　　址　www.xduph.com　　　　电子邮箱　xdupfxb001@163.com
经　　销　新华书店
印刷单位　陕西天意印务有限责任公司
版　　次　2014 年 1 月第 1 版　　2022 年 6 月第 4 次印刷
开　　本　787 毫米×1092 毫米　1/16　印　张　17.5
字　　数　411 千字
印　　数　5501～6500 册
定　　价　48.00 元

ISBN 978-7-5606-3316-9/TN

XDUP　3608001-4

如有印装问题可调换

普通高等教育物联网工程专业
系列教材编委会

主　任：韩敬海

副主任：张金政

编　委：崔文善　　王成端　　薛庆文

　　　　孔繁之　　吴明君　　李洪杰

　　　　刘继才　　吴海峰　　张　磊

　　　　孔祥和　　陈龙猛　　窦相华

　　　　王海峰　　张　伟　　王　蕊

前　　言

随着物联网产业的迅猛发展，企业对物联网工程应用型人才的需求越来越大。"全面贴近企业需求，无缝打造专业实用人才"是目前高校物联网专业教育的革新方向。

本系列教材是面向高等院校物联网专业方向的标准化教材，教材内容注重理论且突出实践，强调理论讲解和实践应用的结合，覆盖了物联网的感知识别、网络通信及应用支撑等物联网架构所包含的关键技术。教材研发充分结合物联网企业的用人需求，经过了广泛的调研和论证，并参照多所高校一线专家的意见，具有系统性、实用性等特点，旨在使读者在系统掌握物联网开发知识的同时，具备综合应用能力和解决问题的能力。

该系列教材具有如下几个特色。

1. 以培养应用型人才为目标

本系列教材以应用型物联网人才为培养目标，在原有体制教育的基础上对课程进行深层次改革，强化"应用型技术"动手能力，使读者在经过系统、完整的学习后能够达到如下要求：

- 掌握物联网相关开发所需的理论和技术体系以及开发过程规范体系；
- 能够熟练地进行设计和开发工作，并具备良好的自学能力；
- 具备一定的项目经验，包括嵌入式系统设计、程序编写、文档编写、软硬件测试等内容；
- 达到物联网企业的用人标准，实现学校学习与企业工作的无缝对接。

2. 以新颖的教材架构来引导学习

本系列教材分为四个层次：知识普及、基础理论、应用开发、综合拓展，这四个层面的知识讲解和能力训练分布于系列教材之间，同时又体现在单本教材之中。具体内容在组织上划分为理论篇和实践篇：理论篇涵盖知识普及、基础理论和应用开发；实践篇包括企业应用案例和综合知识拓展等。

- **理论篇**：最小学习集。学习内容的选取遵循"二八原则"，即重点内容占企业中常用技术的 20%，以"任务驱动"方式引导 80%的知识点的学习，以章节为单位进行组织，章节的结构如下：
  - ➤ 本章目标：明确本章的学习重点和难点；
  - ➤ 学习导航：以流程图的形式指明本章在整本教材中的位置和学习顺序；
  - ➤ 任务描述：以"案例教学"驱动本章教学的任务，所选任务典型、实用；

> 章节内容：通过小节迭代组成本章的学习内容，以任务描述贯穿始终。

■ **实践篇**：以任务驱动，多点连成一线。以接近工程实践的应用案例贯穿始终，力求使学生在动手实践的过程中，加深对课程内容的理解，培养学生独立分析和解决问题的能力，并配备相关知识的拓展讲解和拓展练习，拓宽学生的知识面。

本系列教材借鉴了软件开发中"低耦合、高内聚"的设计理念，组织架构上遵循软件开发中的 MVC 理念，即在保证最小教学集的前提下可根据自身的实际情况对整个课程体系进行横向或纵向裁剪。

3. 以完备的教辅体系和教学服务来保证教学

为充分体现"实境耦合"的教学模式，方便教学实施，保障教学质量和学习效果，本系列教材均配备可配套使用的实验设备和全套教辅产品，可供各院校选购：

■ **实验设备**：与培养模式、教材体系紧密结合。实验设备提供全套的电路原理图、实验例程源程序等。

■ **立体配套**：为适应教学模式和教学方法的改革，本系列教材提供完备的教辅产品，包括教学指导、实验指导、视频资料、电子课件、习题集、题库资源、项目案例等内容，并配以相应的网络教学资源。

■ **教学服务**：教学实施方面，提供全方位的解决方案(在线课堂解决方案、专业建设解决方案、实训体系解决方案、教师培训解决方案和就业指导解决方案等)，以适应物联网专业教学的特殊性。

本系列教材由青岛东合信息技术有限公司编写，参与本书编写工作的有韩敬海、刘晓红、孙锡亮、张玉星、李瑞改、李红霞、卢玉强、袁文明等。参与本书编写工作的还有青岛农业大学、潍坊学院、曲阜师范大学、济宁学院、济宁医学院等高校的教师。本系列教材在编写期间还得到了各合作院校专家及一线教师的大力支持和协作。在本系列教材出版之际要特别感谢给予我们开发团队大力支持和帮助的领导及同事，感谢合作院校的师生给予我们的支持和鼓励，更要感谢开发团队每一位成员所付出的艰辛劳动。

由于水平有限，书中难免有不当之处，读者在阅读过程中如有发现，请通过访问公司网站(http://www.dong-he.cn)或公司教材服务邮箱(dh_iTeacher@126.com)联系我们。

高校物联网专业项目组
2013 年 11 月

目　录

理　论　篇

第1章　无线通信技术概述 …………… 2

　1.1　无线通信技术简介 ……………… 2

　　1.1.1　无线通信技术发展历史 …… 2

　　1.1.2　无线通信技术种类 ………… 3

　　1.1.3　无线通信技术发展趋势 …… 4

　1.2　无线通信技术基础 ……………… 4

　　1.2.1　电磁波 ……………………… 4

　　1.2.2　信道 ………………………… 5

　　1.2.3　调制与解调 ………………… 6

　1.3　典型无线通信技术 ……………… 6

　　1.3.1　蓝牙技术 …………………… 6

　　1.3.2　WiFi 技术 …………………… 7

　　1.3.3　UHF 无线数传技术 ………… 8

　　1.3.4　GPRS 技术 ………………… 9

　1.4　无线通信技术应用与开发 …… 10

　　1.4.1　无线通信应用系统 ……… 10

　　1.4.2　系统开发一般方法 ………11

　小结 …………………………………… 12

　练习 …………………………………… 13

第2章　AVR 基本原理及应用 ……… 14

　2.1　ATmega16 概述 ………………… 15

　　2.1.1　ATmega16 特点 …………… 15

　　2.1.2　ATmega16 外部引脚 ……… 16

　　2.1.3　ATmega16 结构 …………… 17

　　2.1.4　系统时钟与熔丝位 ……… 19

　　2.1.5　复位源与复位方式 ……… 19

　2.2　通用 I/O 接口 ………………… 20

　　2.2.1　基本结构 ………………… 20

　　2.2.2　寄存器 …………………… 21

　　2.2.3　通用 I/O 编程 …………… 22

　2.3　中断系统 ………………………… 26

　　2.3.1　中断源与中断向量 ……… 27

　　2.3.2　外部中断 ………………… 28

　2.4　定时器 …………………………… 31

　　2.4.1　定时器概述 ……………… 32

　　2.4.2　8 位定时/计数器 ………… 32

　　2.4.3　16 位定时/计数器 ………… 38

　2.5　USART ………………………… 44

　　2.5.1　USART 概述 ……………… 44

　　2.5.2　相关寄存器 ……………… 45

　　2.5.3　USART 编程 ……………… 50

　2.6　SPI ……………………………… 53

　　2.6.1　SPI 概述 ………………… 53

　　2.6.2　SPI 配置 ………………… 54

　小结 …………………………………… 57

　练习 …………………………………… 57

第3章　蓝牙技术 …………………… 58

　3.1　蓝牙技术概述 ………………… 59

　　3.1.1　技术规范 ………………… 59

　　3.1.2　基本概念 ………………… 59

　3.2　蓝牙协议体系 ………………… 60

　3.3　蓝牙状态和编址 ……………… 62

　　3.3.1　蓝牙状态 ………………… 62

　　3.3.2　蓝牙编址 ………………… 64

　3.4　蓝牙数据分组 ………………… 65

　　3.4.1　分组格式 ………………… 65

　　3.4.2　分组类型 ………………… 66

　3.5　蓝牙模块 ……………………… 67

　　3.5.1　蓝牙实现 ………………… 67

　　3.5.2　选型 ……………………… 68

3.5.3 硬件电路 69
3.6 蓝牙应用与开发 72
  3.6.1 AT 指令概述 72
  3.6.2 AT 指令示例 73
  3.6.3 蓝牙初始化 75
  3.6.4 蓝牙配对测试 76
小结 79
练习 79

第 4 章 WiFi 技术 81
4.1 WiFi 技术概述 81
4.2 WiFi 系统组成 83
  4.2.1 网络拓扑结构 83
  4.2.2 协议架构 84
4.3 WiFi 信道 84
4.4 TCP/IP 协议 85
4.5 WiFi 网络安全机制 86
  4.5.1 用户接入过程 86
  4.5.2 认证和加密 87
4.6 WiFi 模块 87
4.7 WiFi 应用与开发 90
  4.7.1 概述 90
  4.7.2 串口命令模式 91
  4.7.3 配置软件 92
  4.7.4 配置软件示例 94
小结 101
练习 102

第 5 章 UHF 无线数传技术 103
5.1 无线数传概述 104
5.2 CC1101 硬件基础 105
  5.2.1 CC1101 芯片 105
  5.2.2 CC1101 模块 107
5.3 CC1101 寄存器 109

5.3.1 寄存器空间 109
5.3.2 寄存器访问函数 112
5.4 CC1101 应用编程基础 115
  5.4.1 一般编程方法 115
  5.4.2 SPI 初始化 116
  5.4.3 CC1101 复位 117
  5.4.4 CC1101 初始化 120
  5.4.5 发射功率设置 124
  5.4.6 写/读 FIFO 数据 124
  5.4.7 应用编程实例 127
小结 138
练习 139

第 6 章 GPRS 技术 140
6.1 GPRS 技术概述 141
  6.1.1 概述 141
  6.1.2 GPRS 频段 142
  6.1.3 GPRS 功能 142
  6.1.4 GPRS 业务及应用场景 143
6.2 GPRS 应用架构 144
  6.2.1 GSM 网络结构 144
  6.2.2 GPRS 网络结构 145
  6.2.3 应用架构 145
6.3 GPRS 模块 147
  6.3.1 GPRS 模块简介 147
  6.3.2 GPRS 模块硬件系统 149
6.4 GPRS 应用与开发基础 152
  6.4.1 概述 152
  6.4.2 AT 指令示例 153
  6.4.3 AT 指令测试 155
小结 161
练习 162

实 践 篇

实践 1 无线通信技术概述 164
实践指导 164
  实践 1.G.1 164
  实践 1.G.2 166
实践 2 AVR 基本原理及应用 168

实践指导 168
  实践 2.G.1 168
  实践 2.G.2 171
  实践 2.G.3 177
  实践 2.G.4 185

实践 3 蓝牙技术 190
  实践指导 190
    实践 3.G.1 190
    实践 3.G.2 196

实践 4 WiFi 技术 211
  实践指导 211
    实践 4.G.1 211
    实践 4.G.2 214

实践 5 UHF 无线数传技术 223
  实践指导 223

    实践 5.G.1 223
    实践 5.G.2 227

实践 6 GPRS 技术 233
  实践指导 233
  实践 6.G.1 233
  实践 6.G.2 234
  实践 6.G.3 235
  知识拓展 241

附录 1 ATmega16 I/O 空间分配表 243
附录 2 ATmega16 熔丝位配置 245
附录 3 蓝牙模块的 AT 指令集 249
附录 4 WiFi 模块的 AT 指令集 256
附录 5 CC1101 寄存器 264
附录 6 MG323 的 AT 指令集 268

理论篇

第1章 无线通信技术概述

本章目标

- ◆ 了解无线通信技术的发展历史和趋势。
- ◆ 熟悉无线通信技术的分类。
- ◆ 掌握蓝牙、WiFi、UHF 无线数传、GPRS 技术的特点。
- ◆ 了解常见无线通信开发技术的方法。

学习导航

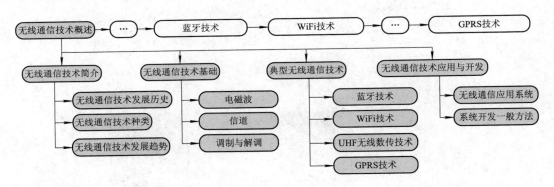

1.1 无线通信技术简介

无线通信(Wireless Communication)是指利用电磁波信号在自由空间的传播特性进行信息交换的一种通信方式。无线通信技术发展至今，已从最初的模拟通信方式转变为数字通信方式，在功能上也由模拟功能转变为完全实现了数字语音、数据、传真、图像等业务的传输。近些年来，信息通信领域中发展最快、应用最广的就是无线通信技术。

1.1.1 无线通信技术发展历史

随着科技水平的提高，为了不断适应时代发展的步伐，同时满足人类日益增长的对通信服务的要求，无线通信技术已由固定方式发展为移动方式，并大致经历了下述五个重要的发展阶段：

♦　20 世纪 20 年代初期到 50 年代初期为无线通信技术发展的第一阶段。此时，无线通信技术主要用于舰船及军用，采用短波及电子管技术。由于技术等方面的原因，无线通信技术的应用范围较小，功能也相对单一。

♦　20 世纪 50 年代到 60 年代为无线通信技术发展的第二阶段。频段扩展至超高频(Ultra High Frequency，UHF) 450 MHz，通信设备器件被应用于移动环境的专用系统中，并实现了向半导体器件技术的过渡。

♦　20 世纪 70 年代初期到 80 年代初期为无线通信技术发展的第三阶段。频段扩展至 800 MHz，产生了第一代通信技术系统。美国贝尔实验室提出了蜂窝移动网理论。

♦　20 世纪 80 年代初期到 90 年代中期为无线通信技术发展的第四阶段。频段扩展至 900 MHz～1.9 GHz，继第一代数字移动通信兴起后，第二代数字移动通信逐渐兴起和大发展，并逐步向个人移动通信业务方向迈进。

♦　20 世纪 90 年代中期至今为无线通信技术发展的第五阶段。随着数据通信与多媒体业务需求的发展，适应移动数据、移动计算及移动多媒体运作需要的第三代移动通信技术逐步兴起，其全球标准化及相应的融合工作、样机研制和现场试验工作正在快速推进。

随着全球化标准的制定，无线通信技术正在实现多样化、融合化与创新化。

1.1.2　无线通信技术种类

随着无线通信技术的逐步深化与发展，现代无线通信技术的种类也在进一步完善与更新。一般认为，现代无线通信技术有下述几种分类。

根据传输距离，可将无线通信技术分为近距离无线通信技术、短距离无线通信技术、中距离无线通信技术和长距离无线通信技术。

♦　近距离无线通信技术的传输距离通常在一米以内，在电子设备间进行非接触式点对点数据传输，例如 RFID(射频识别)技术及其衍生的 NFC(近场通信)技术。

♦　短距离无线通信技术的传输距离通常在一米至几百米，如红外(IrDA)、蓝牙(Bluetooth)、WiFi(Wireless Fidelity)、HomeRF 技术、UWB 技术、UHF 无线数传技术和 Zigbee 技术。

♦　中距离无线通信技术的传输距离通常在几百米至几千米，例如微波通信，视距范围内可实现视频传输。

♦　长距离无线通信技术有短波通信和长波通信，通过电离层反射可实现几百千米的语音和数据传输。另外，通用分组无线服务技术(GPRS)、全球移动通信系统(GSM)、第三代移动通信(3G)、第四代移动通信(4G)等技术通过移动通信蜂窝组网，也可实现广域范围的长距离无线通信。

按照移动性，可将无线通信技术分为移动无线接入技术和固定无线接入技术。

♦　固定无线接入技术主要包括：3.5 GHz 无线接入 MMDS(多路微波分配系统)、LMDS(区域多点传输服务)。

♦　移动无线接入技术主要包括：通用分组无线服务技术(GPRS)、基于 IEEE 802.15 的无线个域网(WPAN)、基于 IEEE 802.11 的无线局域网(WLAN)、基于 IEEE 802.16e 的 WiMAX 和基于 IEEE 802.20 的无线广域网(WWAN)等。

1.1.3 无线通信技术发展趋势

无线通信技术是社会信息化的重要支撑，随着信息化社会的到来，其发展趋势主要体现为下述几个方面：

◇ 联合化和一体化：发展无线通信网络需要联合各种技术手段，采取一体化的思路规划和建设网络，以满足不同用户和场合的需要。

◇ 宽带化：窄带、低速的网络会逐渐被宽带网络所取代，例如第三代移动通信系统可达到理论下行速率 7.2 Mb/s。

◇ 网络的融合化：主要包括核心网的融合、接入技术的融合和业务的融合等。其中，核心网的融合主要表现为移动网络与固定网络融合，通信网、计算机网与广播电视网融合(即三网融合)，以及信息通信网络与基于传感器和 RFID 的物联网融合。

◇ 无线通信终端的信息个人化：未来的通信终端必将是移动智能网与 IP 技术的进一步融合，不同用户的通信终端可以互不干涉，适时检测网络环境，完成网络感知与选择，并可以优化软件升级下载。

◇ 无线通信技术的跨行业创新应用：伴随着无线通信技术的进一步发展，不同的行业对无线通信的迫切需求也与日俱增。目前，无线通信技术正在把多个学科的物联网，如健康、生物、环境、信息等彼此联系起来，而且关联度越来越高。

总之，无线通信技术将以最先进的技术和最大的融合度来满足不同用户在不同环境中的需求。

1.2 无线通信技术基础

无线通信技术涉及领域较多，技术复杂，其中有几个重要的概念：电磁波、信道以及调制与解调。

1.2.1 电磁波

电磁波由同相振荡且互相垂直的电场和磁场在空间以波的形式移动，其传播方向垂直于电场与磁场构成的平面。电磁波按照频率由低到高可依次划分为无线电波、红外线、可见光、紫外光、X 射线和伽马射线等。其中，无线电波的频率从 3 Hz 至 300 GHz，对应的波长为 1000 km 至 1 mm，包含(超)长波、中波、短波和微波波段。通常无线电波波段的划分如表 1-1 所示。

表 1-1　无线电波波段划分

波段	波 长	频段	频 率	传播方式	主要用途
超长波	1000 km～100 km	VLF(甚低频)	3 Hz～30 Hz	空间波为主	海岸潜艇通信、远距离通信、超远距离通信
长波	10 000 m～1000 m	LF(低频)	30 Hz～300 kHz	地波为主	越洋通信、中距离通信、地下岩层通信、远距离导航

续表

波段		波　长	频段	频　率	传播方式	主要用途
中波		1000 m～100 m	MF (中频)	300 kHz～3 MHz	地波与天波	船用通信、业余无线电通信、移动通信、中距离导航
短波		100 m～10 m	HF(高频)	3 MHz～30 MHz	天波与地波	远距离短波通信、国际定点通信
微波	米波	1 m～10 m	VHF (甚高频)	30 MHz～300 MHz	空间波	电离层散射、流星余迹通信、人造电离层通信、对空间飞行体通信、移动通信
	分米波	0.1 m～1 m	UHF (特高频)	300 MHz～3000 MHz	空间波	小容量微波中继通信、对流层散射通信、中容量微波通信
	厘米波	1 cm～10 cm	SHF (超高频)	3 GHz～30 GHz	空间波	大容量微波中继通信、数字通信、卫星通信
	毫米波	1 mm～10 mm	EHF (极高频)	30 GHz～300 GHz	空间波	卫星通信、对流层散射通信、微波接力通信、波导通信

表 1-1 中的传播方式是指无线电波的传播方式。无线电波因波长的不同会产生不同的传播特性，可以分为三种形式：

◇　地波：沿地球表面空间向外传播的无线电波。如中、长波均利用地波方式传播。

◇　天波：依靠电离层的反射作用传播的无线电波。如短波多利用这种方式传播。

◇　空间波：沿直线传播的无线电波。它包括由发射点直接到达接收点的直射波和经地面反射到接收点的发射波，如微波的电视和雷达多采用空间波方式传播。

1.2.2　信道

信道可以从狭义和广义两方面理解。狭义信道即信号传输的媒质，分为有线信道和无线信道。广义信道除包括传输媒质外还包括有关的转换器，如发送设备、接收设备、馈线与天线、调制器、解调器等。本小节只简要介绍广义信道。

广义信道按功能可以分为模拟信道(即调制信道)和数字信道(即编码信道)。广义信道模型如图 1-1 所示。

在图 1-1 所示的广义信道模型中：

◇　调制信道(模拟信道)：传输模拟信号的信道称为模拟信道。其主要组成部分有发转换器、媒质和收转换器。模拟信道传送数字信号必须经过数字信号和模拟信号之间的转换。

◇　编码信道(数字信道)：数字信道是一种离散信道，它只能传送离散的数字信号。其组成部分包括调制器和解调器以及两者之间的调制信道。

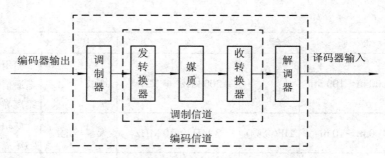

图 1-1 广义信道模型

1.2.3 调制与解调

通常来讲，调制与解调主要通过调制解调器使模拟信号与数字信号相互转换。调制把数字信号转换成方便传输的模拟信号；解调把模拟信号转换为数字信号。两者合称调制解调。

调制解调按照不同的方式可作如下分类：

◇ 按调制信号的形式分，可分为模拟调制和数字调制。
◇ 按载波信号的种类分，可分为脉冲调制、正弦波调制和强度调制(如对非相干光调制等)。
◇ 按调制方式分，可分为幅度调制、频率调制、相位调制、复合调制和多级调制。
◇ 按解调方式分，可分为包络检波法(仅适用于幅度调制)和同步检波法(适用于大部分调制)。

1.3 典型无线通信技术

目前，短距离无线通信领域较为热门的技术有蓝牙、WiFi、UHF 无线数传、Zigbee 等，长距离无线通信领域中应用较广泛的为 GPRS 技术。关于 Zigbee 技术，请参考本书系列教材之《Zigbee 开发技术及实践》。

本节仅对各项技术作简单的介绍，在后续章节中将重点讲解其理论基础和技术应用。

1.3.1 蓝牙技术

蓝牙(Bluetooth)是一种低成本、低功率、短距离无线连接技术标准，是实现数据与语音无线传输的开放性规范。蓝牙工作在全球开放的 2.4 GHz ISM(Industry Science Medicine)频段，无需申请许可即可免费使用。

1. 起源

蓝牙技术诞生于 1994 年，是瑞典爱立信公司开发的一种低功耗、低成本的无线接口，用以建立手机及其附件间的通信。该技术陆续获得 PC 行业业界巨头的支持。1998 年 5 月，爱立信、英特尔、东芝、诺基亚和 IBM 五家公司组成的"蓝牙特别兴趣小组(SIG，又称蓝牙技术联盟)"把蓝牙无线技术的理念正式推向社会，使其成为无线技术的全球规范。

蓝牙英文名称为 Bluetooth，取自中世纪欧洲丹麦的一个开国皇帝 Harald Blatand(英文解释为 Bluetooth)的名字，他为统一四分五裂的瑞典、丹麦、芬兰立下了汗马功劳。瑞典爱立信公司为这种即将全球通用的无线通信技术命此名，有一统天下的含义。

蓝牙协议的最初版本为 IEEE 802.15.1，传输速率可达 1 Mb/s，由 SIG 负责开发。IEEE 802.15.1 的最初标准是基于蓝牙 1.1 实现的，后期又发展了多个版本的标准。

2. 特点

蓝牙技术作为一种短距离的无线通信技术，主要有下述特点：

◇　全球范围适用。蓝牙工作在 2.4 GHz 的 ISM 频段，全球大多数国家 ISM 频段的范围是 2.4 GHz～2.4835 GHz，使用该频段无需向各国的无线电资源管理部门申请许可证。

◇　能同时传送语音和数据。蓝牙采用电路交换和分组交换技术，支持异步数据信道、三路语音信道以及异步数据与同步语音同时传输的信道。

◇　安全性好。与工作在相同频段的其他系统相比，蓝牙跳频更快，数据包更短，能够更有效地减少同频干扰，具有较高的安全性。

◇　传输距离短。蓝牙的传输距离一般是 10 m 左右，虽然在增加功率或加上某些外设后可达到 100 m，但并非常规的使用方法。

◇　功耗低。在通信连接状态下，蓝牙设备有激活、呼吸、保持和休眠模式，后 3 种模式均是为了节能所规定的低功耗模式。

◇　便于集成。蓝牙模块体积较小，轻薄，可以很方便地嵌入个人移动设备内部。

3. 应用

蓝牙技术主要用于点对点的文件传输，通过彼此之间的配对连接进行信息交换。目前，蓝牙技术的应用非常普遍，产品涉及 PC、移动电话等信息设备，以及 A/V 设备、汽车电子、家用电器和工业设备等领域，如各种无线设备(如 PDA、手机等)、图像处理设备、消费娱乐产品、汽车产品、家用电器、楼宇无线局域网、医疗健身设备、玩具等。

4. 发展前景

目前，众多厂商已纷纷研制和推出自己的蓝牙模块和产品。随着蓝牙芯片价格和耗电量的不断降低，蓝牙已成为消费电子产品和手机的必备功能。利用个人都拥有手机的优势，蓝牙技术可以应用在更加广阔的领域。

1.3.2　WiFi 技术

WiFi(Wireless Fidelity，无线高保真)是另一种目前流行的无线通信协议，与蓝牙一样，它也属于短距离无线通信技术，使用的是 2.4 GHz 的频段。

WiFi 是以太网的一种无线扩展，基于 IEEE 802.11 无线传输标准，有多个版本，如 IEEE 802.11a、IEEE 802.11b、IEEE 802.11g 和 IEEE 802.11n。WiFi 速率可以高达上百兆每秒，并且非常容易接入以太网。

1. 起源

最初的 WiFi 协议是在 1997 年提出的，称为 IEEE 802.11，主要目的是提供 WLAN(无线局域网)接入，也是目前 WLAN 的主要技术标准。它的工作频率也是 2.4 GHz，最高速率可达 11 Mb/s。在恶劣环境下，可动态切换到较低的速率上以保证通信。在办公环境下的作用范围约为 100 m，在室外可以达到 300 m。

2. 特点

尽管 WiFi 技术还存在一些问题，如无线通信质量不是很稳定，数据安全性能也有待进一步提高，但它仍具有如下特点和优势：

◇ 覆盖范围广。IEEE 802.11b 的无线电波覆盖半径最远可达 300 m，Vivato 公司推出的新型交换机能把目前 WiFi 无线网络的通信距离扩大到约 6.5 km。

◇ 传输速度快。IEEE 802.11b 最高速率可达 11 Mb/s，在设备配套的情况下，速率可以达到 22 Mb/s，IEEE 802.11a/g 为 54 Mb/s，最新的 IEEE 802.11n 为 300 Mb/s。

◇ 业务可集成。WiFi 技术在开放式通信系统互联(OSI)参考模型的数据链路层上与以太网完全一致，所以可以利用已有的有线接入资源，迅速部署无线网络，形成无缝覆盖。

◇ 较低的厂商进入门槛。厂商只要在机场、车站、咖啡店等公共场所设置"热点"，并通过高速线路将因特网接入上述场所。只要用户携带的无线通信设备在"热点"覆盖的范围内，即可高速接入因特网，可为厂商省去大量铺设电缆的资金。

◇ 无线接入。WiFi 最主要的优势在于无需布线，可以不受布线条件的限制，因此非常适合移动办公用户。

3. 应用

WiFi 因其自由、便捷和互联网接入的特点得到了广泛的应用，室内可用于机场、大型办公室、车间、酒店宾馆、智能仓库等，室外可用于城市建筑物群间通信、学校校园网络、工矿企业厂区自动化等。WiFi 有下述几种典型的行业应用：

◇ 交通运输：航空行李及货物控制、移动售票、无线安全监控、停车管理系统、机场因特网访问无线接入等。

◇ 医疗：病房看护监控、生理支持系统及监护、急救系统监控等。

◇ 教育：迅速构建校区网络、学生宿舍网络接入系统、学术交流的临时性网络等。

与早前应用于手机上的蓝牙技术不同，WiFi 技术主要用于无线联网方式，而且具有更大的覆盖范围和更高的传输速率，因此 WiFi 手机成为了目前移动通信业界的时尚潮流。

4. 发展前景

随着 4G 时代的到来，越来越多的电信运营商也将目光投向了 WiFi 技术。WiFi 覆盖小、带宽高，4G 覆盖大、带宽低，两种技术有着相互对立的优缺点，取长补短，相得益彰。WiFi 技术具有的低成本及无线、高速的特征也非常符合 4G 时代的应用要求。将 WiFi 技术与 4G 技术相结合，在特定的区域和范围内发挥对 4G 的重要补充作用，会使 WiFi 技术具有更加广阔的发展前景。

1.3.3 UHF 无线数传技术

UHF 频段是频率为 300 MHz～3000 MHz 的特高频无线电波，波长相对较短，天线尺寸相对较小，容易操作。

1. 概述

UHF 无线数传技术是一种工作于 UHF 频段的数据传输技术，在数据收、发过程中，用户可以在链路上传输任意比特编码的信息，而不必关注协议的任何限制。该技术可以为用户提供高速、稳定、可靠，数据终端永远在线，多种协议转换的虚拟专用网络。

2. 特点

由于 UHF(分米波波段)电磁波的特点，使 UHF 无线数传技术具有下述优点：

✧　稳定性高。UHF 信道是一种传输特性比较稳定的信道，不依靠电离层传播，没有短波存在的明显的衰落现象，信道质量比较稳定。

✧　读/写距离远。UHF 无线数传技术的读/写距离可达 100 m～1000 m。

✧　通信速率较高。

3. 应用

无线数传技术一般用于条件比较恶劣的工业远程控制与测量场合，典型的应用如下：

✧　航海通信。

✧　LED 屏幕控制。

✧　POS 机的联网。

✧　交通联网控制。

✧　PLC 控制与管理。

✧　停车场设备联网控制。

✧　水利、电力、油田数据监测。

✧　其他 RS232/485 设备联网应用。

1.3.4　GPRS 技术

GPRS 是长距离无线通信技术的一种，全称是通用分组无线服务技术(General Packet Radio Service)，位于第二代(GSM)和第三代(3G)移动通信技术之间，经常被描述成 "2.5G"。

1. 概述

GPRS 技术通过利用 GSM 网络中未使用的 TDMA(时分多址)信道，提供中速的数据传递。GPRS 突破了 GSM 网只提供电路交换的思维方式，采用分组交换方式，仅通过在 GSM 基础上增加相应的功能实体和对现有的基站系统进行部分改造即可实现。这种改造的投入相对来说并不大，但得到的用户数据速率却相当可观。

2. 特点

GPRS 技术目前应用非常广泛，具有下述优点：

✧　广域覆盖。GPRS 覆盖在 GSM 的物理层和网络实体之上，理论上在手机可以打电话的地方都可以通过 GPRS 无线上网。

✧　资源利用率高。GPRS 采用分组交换传输模式，用户并不固定占用无线信道，只有在发送或接收数据期间才占用资源，使多个用户可高效地共享同一无线信道，提高了资源的利用率。

✧　传输速率高。相对于 GSM 的 9.6 kb/s 访问速度而言，GPRS 具有 56 kb/s～115 kb/s 的传输速度，是 GSM 的 10 倍。

✧　接入速度快。GPRS 能提供快速、即时的连接，大幅提高一些事务(如信用卡核对、远程监控等)的效率，并使已有的 Internet 应用操作更加便捷、流畅。

◇ 丰富的数据业务。GPRS 包含丰富的数据业务，如点对点、点对多点广播、点对多点群呼、IP 广播等业务。

◇ 按流量计费。GPRS 按传输的数据量计费，只要不进行数据传输，哪怕是 GPRS 服务一直在线，也不必担心费用问题，真正体现了少用少付费的原则。

除上述优点外，GPRS 技术也存在一些问题，如会发生包丢失现象，调制方式不是最优，存在转接延迟等。

3. 应用

GPRS 是移动运营商提供的一种服务，在远程突发性数据实时传输中具有不可比拟的优势，其应用主要分为面向个人用户的横向应用和面向集团用户的纵向应用两种。

对于横向应用，GPRS 主要有网上冲浪、E-mail、文件传输、数据库查询、增强型短消息等业务。

对于纵向应用，GPRS 主要有下述几类：

◇ 遥测、遥感、遥控：气象、水文系统收集数据，对灾害进行遥测和远程操作。

◇ 防盗警报：汽车防盗警报，遥控商业及住宅的防盗警报等。

◇ 车辆智能调度：银行运钞车、邮政运输车监控调度，移动车辆监控调度和指示等。

◇ 远程监控：机房、热力系统监控和远程维护管理系统，医疗监控等。

◇ 移动性数据查询系统：公安移动性数据(身份证、犯罪档案等)查询，交警移动性数据(车辆、司机档案等)查询等。

◇ 无线接入系统：无线磁卡电话，无线 IC 卡，无线 POS 机，无线 ATM 等。

1.4 无线通信技术应用与开发

无线通信技术的开发与其他技术(例如嵌入式)一样，需要有一定的方法和流程。本节将首先介绍无线通信应用系统的一般构成，然后讲解无线通信应用与开发的一般方法和流程。

1.4.1 无线通信应用系统

实际工程中无线通信应用系统的开发，通常使用基于"单片机+应用模块+外围电路"的硬件结构，其结构如图 1-2 所示。

在典型的无线应用系统框架中，有下述组成部分：

◇ 单片机。它是无线通信应用系统的控制中心，内部通常含有 I/O 接口和 ADC 等电路。常见的有 MCS51、AVR、ARM 等芯片。

◇ 应用模块。应用模块通常通过匹配电路与单片机的通信接口相连，一般在确定采用某种开发技术后，应选择购买合适的集成应用模块(如若选用蓝牙技术，则应选择购买相应的蓝牙模块)。

◇ 外围电路。它主要包括传感器、晶振、放大器、开关电源、按键、LED、LCD 等相关电路，以及根据需要选择的芯片和外围接口等。

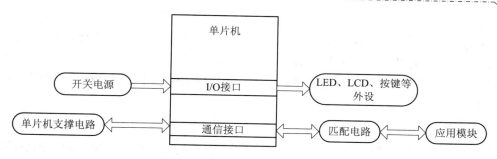

图 1-2　典型的无线通信应用结构

1.4.2　系统开发一般方法

在无线通信应用领域，系统开发的一般方法和步骤依次为：基本输入/输出分析、确定技术方案、硬件系统开发设计、软件系统设计、系统测试和整理归纳。

1. 基本输入/输出分析

对系统进行输入/输出分析是整个工程的第一步，通常以单片机为核心展开。输入分析和输出分析均可分为开关量与模拟量。另外，还可以对通信输入、键盘输入、通信输出、显示输出进行必要的列表。

2. 确定技术方案

在进行无线通信应用和开发时，应根据项目需求中对功能、成本、体积、功耗的种种要求，结合各种技术的优势和应用方向，确定技术开发方案。具体来说，可考虑如下因素：

◇　传输距离。应根据通信距离的需要，选择合适的技术方案，如若需在几十米内进行无线通信，应在几种短距离无线通信技术中选择。

◇　硬件成本和开发周期。在同样满足通信要求的情况下，尽量选择硬件成本低、开发周期短的技术方案。

◇　数据传输率。在对数据传输速率要求较高的场合，如需要传送的数据是图片或者视频，那么一般选择 WiFi 传输；在对数据传输速率要求不高的场合，如需要传送的是语音数据，蓝牙也可以较好地支持。

◇　功耗。在对断电操作要求较高的场合，应选用功耗低的技术。一般而言，WiFi 功耗较大，Zigbee、蓝牙、GPRS 技术功耗较低，UHF 无线数传技术功耗一般。

◇　是否需要连接互联网。若设备需要连接互联网，一种方式是使用"节点+网关"的形式，另一种方式就是使用 WiFi。

◇　设备需要组成何种类型的网络。若设备需要组成星型网络，则可以使用 Zigbee、WiFi 和 UHF 无线数传技术；若设备需要组成网状网络，则可以使用 UHF 无线数传模块(需自己实现路由、转发机制)，也可以使用 ZigBee 技术。

3. 硬件系统开发设计

硬件系统的开发设计通常按照下述步骤进行：

(1) 选择单片机型号。无线通信应用系统的开发是以单片机芯片为核心展开的，所以首先应进行单片机选型。应在综合考虑成本、元件购买途径、用户需求的基础上，尽量选用自己比较熟悉的芯片，以节省开发的周期。

(2) 选择相应技术模块。在考虑性能、复杂度和成本的基础上，选择购买相应的技术模块(若公司实力很强，也可选择进行底层芯片的开发)。

(3) 设计并制作硬件系统。这一步主要是绘制相应的硬件原理图，并制成 PCB 板，测试正确后再进行下一步。

4. 软件系统设计

在软件系统设计方面，主要是进行应用层程序的编写和调试。根据已选定模块的数据手册，结合模块指令编写相关的控制程序并进行调试。必要时，可编写相应的上位机软件。

5. 系统测试

测试是一个过程，也是系统开发过程中的一个基本要素。测试的目标是发现系统中的缺陷，从而使系统更加完善，对环境的适应能力更强。为了达到测试目标，每一个测试过程都包含制定计划、列出测试清单和执行测试的用例，编写程序，进行相关调试。

6. 整理归纳

产品交付用户使用后，接收用户信息反馈，完善系统，进行文档分类和整理，积累开发经验与素材。

小 结

通过本章的学习，学生应该掌握：

◆ 无线通信技术正朝着联合化和一体化、宽带化、融合化、信息个人化、跨行业创新应用的方向发展。

◆ 无线电波的频率从 3 Hz 至 300 GHz，对应的波长为 1000 km 至 1 mm，包含(超)长波、长波、中波、短波和微波波段。

◆ 目前，短距离无线通信领域较为热门的技术有蓝牙、WiFi、UHF 无线数传、Zigbee等；长距离无线通信领域中较广泛的应用为 GPRS 技术。

◆ 蓝牙技术主要特点有：全球范围适用，能同时传送语音和数据，安全性好，成本和功耗低，便于集成。

◆ WiFi 技术主要优点有：覆盖范围广，传输速度快，业务可集成，较低的厂商进入门槛，无线接入。

◆ UHF 无线数传技术主要优点有：稳定性高，读/写距离远，通信速率较高。

◆ GPRS 技术主要优点有：广域覆盖，资源利用率高，传输速率高，接入速度快，丰富的数据业务，按流量计费。

练 习

1. 电磁波是由同相振荡且互相垂直的_____在空间以波的形式移动的，其传播方向垂直于_____构成的平面。

2. 信道可以从狭义和广义两方面理解，狭义信道即_____，分为_____和

_____；广义信道还包括_____，广义信道按功能可以分为_____和

_____。

3．短距离无线通信技术的传输距离通常在_____，如_____、_____、

_____、_____、_____、_____、_____。

4．_____，_____和_____是 UHF 无线数传技术的优点。在我国，该频段

包含有_____、_____、_____和_____四个免申请频段。

5．比较蓝牙、WiFi、UHF 无线数传和 GPRS 等技术的应用场合。

6．简述无线通信应用系统开发的一般方法和流程。

第 2 章　AVR 基本原理及应用

本章目标

◆　了解 ATmega16 的特点、外部引脚。
◆　理解 ATmega16 的存储器映像。
◆　了解 AVR 熔丝位的作用。
◆　掌握 ATmega16 通用 I/O 口的配置和使用。
◆　掌握 ATmega16 中断的配置和使用。
◆　掌握 ATmega16 定时器的配置和使用。
◆　掌握 USART 和 SPI 的配置和使用。

学习导航

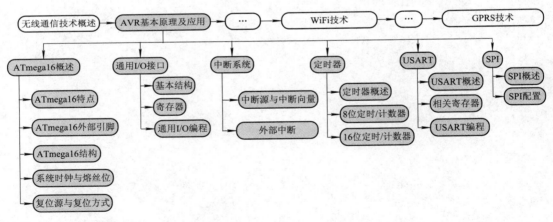

任务描述

➤【描述 2.D.1】

编写一个点亮和熄灭 LED 灯的程序。

➤【描述 2.D.2】

采用查询方式，编写一个按键控制 LED 灯亮、灭的程序。

➤ 【描述 2.D.3】

采用中断方式，编写一个按键控制 LED 灯亮、灭的程序。

➤ 【描述 2.D.4】

采用定时器 T/C0 的溢出中断，实现蜂鸣器每间隔 2 s 鸣响一次。

➤ 【描述 2.D.5】

采用定时器 T/C1 的比较匹配中断方式，实现 LED 灯间隔 1 s 闪亮(500 ms 亮、500 ms 灭)。

➤ 【描述 2.D.6】

编写一个测试程序，实现 ATmega16 与 PC 之间的 USART 串口通信。

2.1　ATmega16 概述

ATmega16 作为一款中档功能的 AVR 单片机，较全面地体现了 AVR 的特点，不仅适合对 AVR 的了解和使用的入门学习，同时也满足一般应用。本章将详细讲解 ATmega16 的特点、封装、结构、I/O 接口、中断系统、定时器、USART 和 SPI。

2.1.1　ATmega16 特点

ATmega16 功能丰富、性能较高，具有下述主要特点：

◇　采用先进 RISC 结构的 AVR 内核，大多数指令的执行时间为单个指令周期；

◇　片内含 16 KB 的 Flash 程序存储器、1 KB 的 SRAM 数据存储器及 512 字节 EEPROM 数据存储器；

◇　片内含 JTAG 接口，支持扩展的片内 ISP 调试功能，可实现对片内 Flash、EEPROM、熔丝位配置等的下载编程；

◇　丰富的外围接口：3 个定时/计数器接口、模拟比较器和模/数转换器接口、面向字节的两线接口 TWI(兼容 IIC 硬件接口)，1 个 USART 和 1 个 SPI 串行接口等；

◇　宽电压：ATmega16L 为 2.7 V～5.5 V，ATmega16 为 4.5 V～5.5 V，ATmega16A 为 2.7 V～5.5 V；

◇　高速度：ATmega16L 为 0～8 MHz，ATmega16 为 0～16 MHz，ATmega16A 为 0～16 MHz；

◇　低功耗：ATmega16L 工作在 1 MHz、3 V、25℃时的典型功耗，正常模式为 1.1 mA，空间模式为 0.35 mA，掉电模式时小于 1 μA。

◇　多达 21 种类型的内外部中断源；

◇　片内含上电复位电路以及可编程的掉电检测复位电路 BOD；

◇　片内含有 1 MHz/2 MHz/4 MHz/8 MHz 经过标定、可校正的 RC 振荡器，可作为系统时钟使用；

◇ 有 6 种休眠模式支持节点方式工作。

⚠ **注意**：本书配套开发板采用的单片机型号是 ATmega16A。ATmega16A 电压范围更宽，速度更快，同时功耗更低，基本结构及功能与 ATmega16 和 ATmega16L 相同。在后续的讲解中，以 ATmega16 为例讲解相关结构及原理。

2.1.2 ATmega16 外部引脚

ATmega16 有 3 种典型的封装形式，分别为 PDIP-40(双列直插)、TQFP-44(方形)和 MLF-44(贴片形式)，相应的外部引脚封装图如图 2-1 所示。

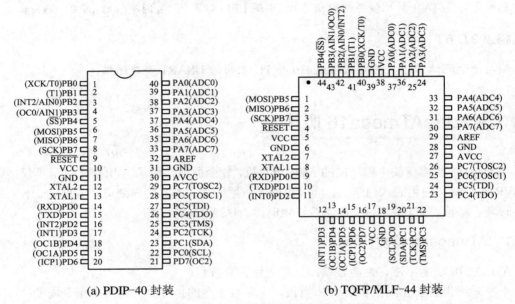

(a) PDIP-40 封装　　　　　　　　(b) TQFP/MLF-44 封装

图 2-1　ATmega16 的引脚与封装示意图

ATmega16 引脚的功能较多，本书将这些功能分为两类：特殊功能引脚和 I/O 引脚。

1. 特殊功能引脚

ATmega16 的特殊功能引脚，主要有电源引脚、系统晶振引脚和芯片复位引脚。

电源引脚包括 VCC、AVCC、AREF 和 GND，其功能分别概括如下：

◇ **VCC**：芯片供电(片内数字电路电源)输入引脚，使用时连接到电源正极。

◇ **AVCC**：端口 A 和片内 ADC 模拟电路电源输入引脚，不使用 ADC 时，直接连接到电源正极；使用 ADC 时，应通过一个低通电源滤波器与 VCC 相连。

◇ **AREF**：使用 ADC 时，可作为外部 ADC 参考源的输入引脚。

◇ **GND**：芯片接地引脚，使用时接地。

系统晶振引脚为 XTAL2 和 XTAL1，其功能概括如下：

◇ **XTAL2**：片内反相振荡放大器的输出端。

◇ **XTAL1**：片内反相振荡放大器和内部时钟操作电路的输入端。

芯片复位引脚为 RESET 引脚，其主要功能是引起芯片的硬件复位，具体做法为在该引脚上施加一个最小脉冲宽度为 1.5 μs 的低电平。

2. I/O 引脚

ATmega16 的 I/O 引脚有 4 个 8 位端口，分成 PA、PB、PC 和 PD，全部是可编程控制的双(多)功能复用的 I/O 引脚。

4 个端口的第一功能均是通用双向数字输入/输出(I/O)口，每一位都可以由指令设置为独立的输入或输出口。除了作为通用输入/输出引脚外，每个 I/O 引脚还具有第二功能，芯片引脚图中括号内的名称即代表其第二功能，需通过设置相应的寄存器使能位开启。

默认情况下，按第一功能处理。各引脚第一功能简要说明如下：

◇　当 I/O 口设置为输入方式时，引脚内部还配置有上拉电阻，可通过编程设置为上拉有效或上拉无效。

◇　芯片 RESET 复位后，所有 I/O 口的默认状态为输入方式，上拉电阻无效，即 I/O 为输入三态高阻状态。

◇　当 I/O 口设置为输出方式时，在 5 V 工作电压下，若其输出为高电平，则可以输出 20 mA 的电流；若其输出为低电平，则可以最大吸收 40 mA 的电流。

2.1.3　ATmega16 结构

ATmega16 主要由 AVR CPU(内核)、存储器(Flash、SRAM、EEPROM)、各种功能的外围和 I/O 接口，以及相关的数据、控制和状态器等组成。本节将重点介绍内核和存储器结构以及状态寄存器 SREG。

1. 内核结构

AVR 内核是 ATmega16 的核心部分，由算术逻辑单元 ALU、程序计数器 PC、指令寄存器、指令译码器和 32 个 8 位通用寄存器组成。限于本书的篇幅，关于 ALU、PC、指令寄存器和指令译码器不作讲解，可参见 AVR 的相关教材。本节只介绍 32 个 8 位通用寄存器。

ATmega16 的 32 个 8 位通用寄存器 R0～R31 构成一个"快速访问通用寄存器组"，访问时间为 1 个时钟周期，其结构图如图 2-2 所示。

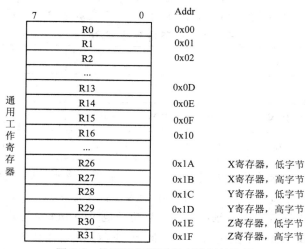

图 2-2　快速访问通用寄存器组结构图

在图 2-2 中，最后 6 个寄存器 R26～R31 除了用作通用寄存器外，还可以两两合并，组成 3 个 16 位的寄存器 X、Y、Z，作为对数据存储器空间(使用 X、Y、Z)和程序存储器空间(仅使用 Z)的间接寻址寄存器使用。

2. 存储器结构

ATmega16 在片内集成了 Flash 程序存储器、SRAM 数据存储器和 EEPROM 数据存储器，这 3 个存储器空间相互独立，物理结构也不同。

1) Flash 程序存储器

ATmega16 具有 16 K × 8 或 8 K × 16 的支持 ISP 的 Flash 存储器，用于存放程序指令代码，以 16 位(字)为一个存储单元。作为数据读取时，以字节为单位。地址空间为 0x0000～0x1FFF。

2) SRAM 数据存储器

ATmega16 共有 1120 个数据存储器，包含片内 SRAM 及映射到数据存储器空间的 32 个 8 位通用寄存器和 64 个 8 位 I/O 寄存器，均以 8 位(字节)为一个存储单元。其中，各个组成部分的地址范围如下：

✧ 32 个通用寄存器：映射到数据存储器空间的地址为 0x0000～0x001F。

✧ 64 个 I/O 寄存器：I/O 空间地址为 0x00～0x3F；映射到数据存储器空间的地址为 0x0020～0x005F。其寄存器空间分配表详见附录 1。

✧ 片内 SRAM：数据存储器空间地址为 0x0060～0x045F。

3) EEPROM 数据存储器

ATmega16 包含 512 字节的 EEPROM 数据存储器，用于保存系统的设定参数、固定表格和掉电后的数据等，可以提高系统的保密性。它以 8 位(字节)为一个存储单元，地址范围为 0x0000～0x01FF，按字节读/写。

3. SREG

SREG 是一个 8 位寄存器，用来存放指令执行后的有关状态和结果的标志。每一位状态标志位均代表不同的含义，其状态通常是在程序执行中自动形成的，也可根据需要人为修改。SREG 在 I/O 空间的地址为 0x3F(0x005F)，其定义如表 2-1 所示。

表 2-1 状态寄存器 SREG

Bit	7	6	5	4	3	2	1	0
名称	I	T	H	S	V	N	Z	C
读/写	R/W	R/W	R/W	R/W	R/W	R/W	R/W	R/W
初始值	0	0	0	0	0	0	0	0

在表 2-1 中，Bit7 位为全局中断使能位。I 位置 1 时，使能全局中断，CPU 可以响应中断请求；I 位清 0 时，全局中断禁止，CPU 不响应任何中断请求。

⚠ 注意：在表示 I/O 寄存器的地址时，括号外面的地址为 I/O 空间的地址，括号里面的地址为映射到 SRAM 空间的地址。例如 SREG 地址为 0x3F(0x005F)，I/O 空间地址为 0x3F，映射到 SRAM 空间地址为 0x005F。

2.1.4　系统时钟与熔丝位

AVR 单片机的运行需要有时钟的驱动，而时钟源的选择需要设置相关熔丝位。本小节将讲解 ATmega16 的系统时钟和熔丝位的设置。

1. 系统时钟

系统时钟为控制器提供时钟脉冲，是控制器的心脏。系统时钟频率越高，单片机的执行节拍越快，处理速度也越快。ATmega16 的最高工作频率为 16 MHz。

ATmega16 的系统时钟源可以选择下述 3 种方式提供：

✧　直接使用片内的 1 MHz/2 MHz/4 MHz/8 MHz 的 RC 振荡源，由于 RC 振荡源本身的频率与标称值有较大的误差，而且受温度变化影响较大，会影响系统稳定性，因此实际中较少使用。

✧　在引脚 XTAL1 和 XTAL2 上外接由晶振和电容构成的谐振电路，配合片内的 OSC 振荡电路构成的振荡源，可提供 0～16 MHz 的频率，灵活性高，精度和稳定度也高。这是常用的系统时钟驱动方式。

✧　直接使用外部的时钟源输出的脉冲信号。

本教材的开发板采用 7.3728 MHz 的外部晶振作为系统时钟源。

2. 熔丝位及配置

AVR 单片机中有一组专用的与芯片功能、特性、参数配置相关的可编程熔丝位。其中，几个专用的熔丝位用于配置芯片要使用的系统时钟源的类型。

AVR 的熔丝位有 0 和 1 两种状态。

✧　0：允许编程。

✧　1：禁止编程。

熔丝位的配置(编程)可以通过并行方式、ISP 串行方式和 JTAG 串行方式实现，可进行多次编程。ATmega16 出厂时的缺省配置设定为使用内部 1 MHz 的 RC 振荡源作为系统时钟，因此，在第一次使用前，必须先正确配置熔丝位，使其与使用的系统源类型相匹配。具体配置参见附录 2。

⚠ 注意：熔丝位的误操作可能锁死芯片，导致芯片无法正常工作。通常在芯片出厂后，在无加密锁定状态下载运行代码和数据，配置相关的熔丝位，设置好系统时钟源，然后配置芯片的加密锁定位将其锁定。

2.1.5　复位源与复位方式

复位是单片机芯片本身的硬件初始化操作，主要功能是把程序计数器的 PC 初始化为 0x0000，使单片机从 0x0000 单元开始执行程序，同时绝大部分的寄存器(通用寄存器和 I/O 寄存器)也被复位操作清 0。

ATmega16 有下述 5 种复位方式：

✧　系统上电复位。ATmega16 内部含上电复位电路，当系统电源电压 VCC 低于上电复位门限电平时，单片机复位。

✧　外部复位。外部复位是由外加在 RESET 引脚上的低电平产生的。当 RESET 引脚为拉至低电平且低电平持续时间大于 1.5 μs 时，单片机复位。

◇ 掉电检测复位。ATmega16 有一个片内 BOD(电源检测)电路，用于对运行中的系统电压 VCC 检测。当 BOD 使能且 VCC 低于掉电检测复位门限(4 V 或 2.7 V，通过熔丝位设置)时，单片机复位。

◇ 看门狗复位。ATmega16 内部集成了一个看门狗定时器 WDT。当 WDT 使能且 WDT 超时溢出时，单片机复位。

◇ JTAG 复位。当使用 JTAG 接口时，可由 JTAG 口控制单片机复位。

在上述 5 种复位方式中，系统上电复位是正常的上电开机过程，使 CPU 和其他内部功能部件均处于一个确定的初始状态，并从这个状态开始工作。除此之外，当系统在运行中出现错误或受到电源的干扰出现错误时，也可以通过其他几种方式使系统进入复位初始化操作。

2.2 通用 I/O 接口

ATmega16 有 4 组 8 位的通用 I/O 接口，分别是 PORTA、PORTB、PORTC、PORTD(简称 PA、PB、PC、PD)，对应芯片上的 32 个 I/O 引脚。其第一功能可作为数字通用 I/O 接口使用，而复用功能可分别用于中断、定时/计数器等。本节主要介绍通用 I/O 的第一功能，第二功能将在后续内容中逐步讲解。

2.2.1 基本结构

通用 I/O 口的工作方式和表现特征是由 I/O 寄存器来控制的。每组通用 I/O 口都配备有 3 个 8 位寄存器，分别是方向控制寄存器 DDRn、数据寄存器 PORTn 和输入引脚寄存器 PINn，其中，n 表示 A、B、C、D。所有的端口引脚都有上拉电阻，可使 I/O 引脚保持高电平，防止外界干扰影响电平变化。通用 I/O 口结构示意图如图 2-3 所示。

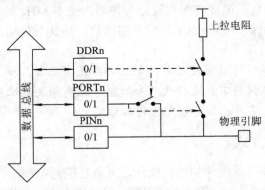

图 2-3 通用 I/O 结构示意图

在图 2-3 中，方向控制寄存器 DDRn 控制 I/O 口的输入输出方向；PORTn 决定输出电平。具体配置如下所述：

◇ 当设置为输出(DDRn=1)时，内部上拉电阻无效，此时 PORTn 中的数据通过一个推挽电路输出到外部引脚。当 PORTn=1 时，I/O 引脚呈现高电平，同时可以输出 20 mA 的电流；而当 PORTn=0 时，I/O 引脚呈现低电平，同时可以吸纳 20 mA 的电流。

❖　当设置为输入(DDRn=0)时，读取外部引脚电平时应读取 PINn 的值，读得的值即为外部引脚上的真实电平。在该方式下，PORTn 可以控制使用或者不使用内部的上拉电阻。

I/O 口引脚的配置表如表 2-2 所示。

表 2-2　I/O 引脚配置表

DDRn	PORTn	PUD	I/O 方式	内部上拉电阻	引脚状态说明
0	0	×	输入	无效	三态(高阻)
0	1	0	输入	有效	外部引脚拉低时输出电流(μA)
0	1	1	输入	无效	三态(高阻)
1	0	×	输出	无效	推挽 0 输出，吸收电流(40mA)
1	1	×	输出	无效	推挽 1 输出，输出电流(20mA)

从表 2-2 中可以看出，I/O 口在输出方式下，由于采用推挽电路，因此具备较强的驱动能力，可以直接驱动 LED 等小功率外围器件。表中的 PUD 为寄存器 SFIOR 中的标志位，相当于全部 I/O 口的内部上拉电阻的总开关。

❖　当 PUD=1 时，ATmega16 所有 I/O 内部上拉电阻都不起作用。

❖　当 PUD=0 时，各 I/O 口的内部上拉电阻取决于 PORTn 的设置。

ATmega16 的 I/O 口复位后的初始状态全部为输入工作方式，内部上拉电阻无效，外部引脚呈高阻态。

⚠ 注意：在硬件电路设计时，可利用 ATmega16 内部 I/O 口内部的上拉电阻，以节省外部的上拉电阻。

2.2.2　寄存器

方向控制寄存器 DDRn、数据寄存器 PORTn 和输入引脚寄存器 PINn 是各个端口的 3 个寄存器，其详细描述如表 2-3 所示。

表 2-3　ATmega16 的 I/O 寄存器列表

名称	I/O 空间地址	SRAM 空间地址	作　　用
PORTA	0x1B	0x003B	A 口数据寄存器
DDRA	0x1A	0x003A	A 口方向寄存器
PINA	0x19	0x0039	A 口输入引脚寄存器
PORTB	0x18	0x0038	B 口数据寄存器
DDRB	0x17	0x0037	B 口方向寄存器
PINB	0x16	0x0036	B 口输入引脚寄存器
PORTC	0x15	0x0035	C 口数据寄存器
DDRC	0x14	0x0034	C 口方向寄存器
PINC	0x13	0x0033	C 口输入引脚寄存器
PORTD	0x12	0x0032	D 口数据寄存器
DDRD	0x11	0x0031	D 口方向寄存器
PIND	0x10	0x0030	D 口输入引脚寄存器

从表 2-3 中可以看出，每组 I/O 口的寄存器的情况相同，只是地址不一样。下面以 PA 口为例说明各个端口的寄存器每个位的定义及使用方法。数据寄存器 PORTA 的定义如表 2-4 所示。

表 2-4　数据寄存器 PORTA

Bit	7	6	5	4	3	2	1	0
名称	PORTA7	PORTA6	PORTA5	PORTA4	PORTA3	PORTA2	PORTA1	PORTA0
读/写	R/W	R/W	R/W	R/W	R/W	R/W	R/W	R/W
初始值	0	0	0	0	0	0	0	0

数据方向寄存器 DDRA 具体定义如表 2-5 所示。

表 2-5　数据方向寄存器 DDRA

Bit	7	6	5	4	3	2	1	0
名称	DDRA7	DDRA6	DDRA5	DDRA4	DDRA3	DDRA2	DDRA1	DDRA0
读/写	R/W	R/W	R/W	R/W	R/W	R/W	R/W	R/W
初始值	0	0	0	0	0	0	0	0

输入引脚寄存器 PINA 具体定义如表 2-6 所示。

表 2-6　输入引脚寄存器 PINA

Bit	7	6	5	4	3	2	1	0
名称	PINA7	PINA6	PINA5	PINA4	PINA3	PINA2	PINA1	PINA0
读/写	R	R	R	R	R	R	R	R
初始值	N/A	N/A	N/A	N/A	N/A	N/A	N/A	N/A

2.2.3　通用 I/O 编程

通用 I/O 口常用于单片机对外数据输出和输入及 LED 驱动和按键检测等。将 ATmega16 的 I/O 口作为通用 I/O 口使用时，首先应根据系统的硬件电路，正确设置输入/输出方式。

1. 输出配置

在 ATmega16 开发中，通常使用 C 语言对寄存器进行操作。若要设置 PB0 和 PB4 输出 0，可采用下述程序代码实现。

【示例 2-1】　I/O 口输出设置。

```
#define BIT0    0
#define BIT1    1
#define BIT2    2
#define BIT3    3
#define BIT4    4
#define BIT5    5
#define BIT6    6
#define BIT7    7

DDRB |= ( 1<< (BIT0) ) | ( 1<< (BIT4) );
```

```
PORTB &= ～ ( 1<< (BIT0) | ( 1<< (BIT4) );
```

2. 输入配置

若要设置 PB0 和 PB4 为输入，开启内部上拉电阻，可采用下述程序代码实现。

【示例 2-2】　I/O 口输入设置。

```
DDRB |= (1<<BIT0) | (1<<BIT4); //PB0,PB4 端口设为输出
PORTB|= (1<<BIT0) | (1<<BIT4); //PB0,PB4 输出高电平
DDRB &= ～ ( (1<<BIT0) | (1<<BIT4) ); //PB0,PB4 端口设为输入，开启内部上拉电阻
```

从上述代码可以看出，先将引脚设置为高电平输出，再将引脚设置为输入状态，便可开启芯片内部的上拉电阻。

本书配套的实验开发板中，ATmega16 的 PC6 和 PC7 引脚分别与 LED1 和 LED2 相连，其电路如图 2-4 所示。当引脚输出为低电平时，对应的 LED 灯亮；当引脚输出为高电平时，对应的 LED 灯灭。

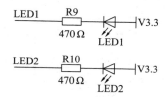

图 2-4　共阳极 LED

3. 编程应用

下述内容用于实现任务描述 2.D.1，编写一个点亮和熄灭 LED 灯的程序。

程序代码如下：

【描述 2.D.1】　main.c。

```
#include<iom16.h>

void delay_ms(unsigned int ms);                    //1 ms 延时函数

void main(void)
{
DDRC  |=  ( 1<<PC6 ) | ( 1<<PC7 );                  //将 PC6，PC7 设置为输出
while(1)
{
    PORTC  &=  ～( ( 1<<PC6) | (1<<PC7) );          //LED1 和 LED2 亮
    delay_ms(500); //延时 500ms
    PORTC  |=  (1<<PC6) | (1<<PC7);                 //LED1 和 LED2 灭
    delay_ms(500);                                  //延时 500 ms
}
}
void delay_ms(unsigned int ms)                      //1 ms 延时函数
```

```
    {
        unsigned int i;
        unsigned int j;
        for(i = ms;i > 0; i--)
            for(j = 1400;j > 0; j--)
                {;}
    }
```

将程序下载至开发板中，系统上电复位或按下复位按键，可以观察实验结果：LED1
和 LED2 同时闪烁。

在实验开发板中，4 个按键的电路图如图 2-5 所示，其中 SW2 连接至 ATmega16 的 PD2
管脚。从图中可以看出，当 SW2 按下时，PD2 为低电平；当 SW2 弹起时，PD2 为高电平。

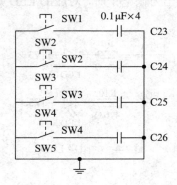

图 2-5　按键原理图

下述内容用于实现任务描述 2.D.2，采用查询方式，编写一个按键控制 LED 灯亮、灭
的程序。

程序代码如下：

【描述 2.D.2】　　main.c。

```
#include<iom16.h>


/**********************宏定义*************************/
#define    uchar unsigned char
#define    uint    unsigned int


/**********************函数声明**********************/
void IO_init();
void led_control(uchar i);
void delay_ms(uint ms);
uchar read_key();


/********************主函数***********************/
```

```c
void main(void)
{
    uchar key_state;
    IO_init();
    while(1)
    {
        key_state = read_key();              //读按键的状态
        led_control(key_state);
    }
}
```

```c
/******************I/O 口初始化设置*******************/
void IO_init()
{
    PORTC |= 1<<PC6;                 //将 PC6 置高电平，防止上电时 LED1 亮
    DDRC  |= 1<<PC6;                 //将 PC6 设置为输出，低电平时 LED1 亮
    DDRD |= 1<<PD2;                  //PD2 端口设为输出
    PORTD|= 1<<PD2;                  //PD2 输出高电平
    DDRD &= ～(1<<PD2);              //PD2 端口设为输入，开启内部上拉电阻
}
```

```c
/****************LED1 亮灭控制*****************/
void led_control(uchar i)
{
    switch(i)
    {
        case 0:
        PORTC &= ～(1<<PC6);         //PC6 置低电平，LED1 亮
        break;
        case 1:
        PORTC |= 1<<PC6;             //PC6 置高电平，LED1 灭
        break;
        default:
        break;
    }
}
```

```c
/********************毫秒延时函数*******************/
void delay_ms(uint ms)
```

```
{
    uint i;
    uint j;
    for(i = ms;i > 0; i--)
        for(j = 1400;j > 0; j--)
            {;}
}
```

/*****************读取按键状态，含延时去抖动判定*****************/
```
uchar read_key()
{
    if(!PIND_Bit2)                    //PIND2 为 0
    {
        delay_ms(20);                 //延时 20 ms 去抖动
        {
        if(!PIND_Bit2)
            return 0;                 //PIND2 仍为 0，SW2 按下，返回值 0
        else
            return 1;     //PIND2 不为 0，由于按键抖动引起瞬时低电平，SW2 并未按下
        }
    }
    else                              //PIND2 不为 0，SW2 未按下，返回 1
    {
        return 1;
    }
}
```

将程序下载至开发板中，按下复位按键，可以观察到实验现象：当 SW2 按下时，LED1
被点亮；当 SW2 弹起时，LED1 熄灭。

2.3 中断系统

中断是 CPU 在执行期间，由于系统内发生非寻常或非预期的急需处理事件，使 CPU
停止正在执行的程序而转去执行相应的事件处理程序，待处理完毕后自动返回原程序处执
行的过程。本节将介绍 ATmega16 的中断源与中断向量、外部中断的工作原理及简单编程
应用。

2.3.1 中断源与中断向量

AVR 单片机的中断系统具有中断源种类多、门类全的特点，便于设计实时、多功能、

高效率的嵌入式应用系统。其中，ATmega16 共有 21 个中断源和中断向量，中断向量表如表 2-7 所示。

表 2-7　ATmega16 中断向量表

向量号	程序地址	中断源	中　断　定　义
1	0x000	RESET	外部引脚电平引发的复位，上电复位，掉电检测复位，看门狗复位，以及 JTAG AVR 复位
2	0x002	INT0	外部中断请求 0
3	0x004	INT1	外部中断请求 1
4	0x006	TIMER2 COMP	定时器/计数器 2 比较匹配
5	0x008	TIMER2 OVF	定时器/计数器 2 溢出
6	0x00A	TIMER1 CAPT	定时器/计数器 1 事件捕捉
7	0x00C	TIMER1 COMPA	定时器/计数器 1 比较匹配 A
8	0x00E	TIMER1 COMPB	定时器/计数器 1 比较匹配 B
9	0x010	TIMER1 OVF	定时器/计数器 1 溢出
10	0x012	TIMER0 OVF	定时器/计数器 0 溢出
11	0x014	SPI, STC	SPI 串行传输结束
12	0x016	USART, RXC	USART, RX 结束
13	0x018	USART, UDRE	USART 数据寄存器空
14	0x01A	USART, TXC	USART, TX 结束
15	0x01C	ADC	ADC 转换结束
16	0x01E	EE_RDY	EEPROM 就绪
17	0x020	ANA_COMP	模拟比较器
18	0x022	TWI	两线串行接口
19	0x024	INT2	外部中断请求 2
20	0x026	TIMER0 COMP	定时器/计数器 0 比较匹配
21	0x028	SPM_RDY	保存程序存储器内容就绪

在这 21 个中断中，包含 1 个非屏蔽中断(RESET)、3 个外部中断(INT0、INT1、INT2)和 17 个内部中断。其中：

◇　RESET 是系统复位中断，也称系统复位源，是 ATmega16 中唯一的一个不可屏蔽中断。当 ATmega16 由于各种原因被复位后，程序将跳到复位向量(默认为 0x0000)处，在该地址处通常放置一条跳转指令，跳转到主程序继续执行。

◇　INT0、INT1 和 INT2 是 3 个外部中断源，分别由 ATmega16 芯片的外部引脚 PD2，PD3 和 PB2 上的电平变化或状态触发。

◇　17 个内部中断包括 3 个定时/计数器相关中断、USART 和 SPI 传送中断等。

关于具体意义和使用方法，后续章节将会详细讲解，此处不再详述。

2.3.2 外部中断

ATmega16 有 3 个外部中断源，分别是 INT0、INT1 和 INT2，由芯片外部引脚 PD2、PD3 和 PB2 上的电平变化或状态作为中断触发信号。

1. 触发方式

3 个外部中断的触发方式如表 2-8 所示。

表 2-8　外部中断的 4 种触发方式

触发方式	INT0	INT1	INT2	说　明
上升沿	✓	✓	✓(异步)	
下降沿	✓	✓	✓(异步)	
任意电平变化	✓	✓	——	
低电平	✓	✓	——	无中断标志

从表 2-8 中可以看出，INT0 和 INT1 均有上升沿触发、下降沿触发、任意电平变化触发和低电平触发 4 种方式，其中低电平触发无中断标志位。INT2 有上升沿和下降沿触发 2 种方式，通过异步方式进行检测，即不需要 I/O 时钟信号。

⚠️ **注意**：一旦开启了外部中断允许，I/O 引脚便已开启了第二功能。即使引脚 PD2、PD3、PB2 设为输出状态，引脚上的电平变化也会产生外部中断触发请求。

2. 相关寄存器

与外部中断相关的寄存器有：状态寄存器 SREG、通用中断控制寄存器 GICR、通用中断标志寄存器 GIFR、微控制器控制寄存器 MCUCR、微控制器状态与控制寄存器 MCUCSR。

1) SREG

SREG 的 BIT7(I 位)为全局中断使能位，响应中断后，I 位由硬件自动清零。使能全局中断通常采用下述程序代码实现：

```
SREG=0x80;
```

2) GICR

GICR 各位的定义如表 2-9 所示。

表 2-9　通用中断控制寄存器 GICR

Bit	7	6	5	4	3	2	1	0
名称	INT1	INT0	INT2	—	—	—	IVSEL	IVCE
读/写	R/W	R/W	R/W	R	R	R	R/W	R/W
初始值	0	0	0	0	0	0	0	0

GICR 的高 3 位分别是 INT1、INT0 和 INT2 的中断允许控制位，为 1 时表示中断允许。GICR 的低 5 位与外部中断的设置无关。若要开启 INT0、INT1 和 INT2 中断允许，可通过下述程序代码实现：

```
GICR |= ( 1<<INT0)|( 1<<INT1)|( 1<<INT2);
```

3) GIFR

GIFR 各位定义如表 2-10 所示。

表 2-10　通用中断标志寄存器 GIFR

Bit	7	6	5	4	3	2	1	0
名称	INTF1	INTF0	INTF2	—	—	—	—	—
读/写	R/W	R/W	R	R	R	R	R	R
初始值	0	0	0	0	0	0	0	0

GIFR 的 INTF1、INTF0、INTF2 分别是 INT1、INT0 和 INT2 的中断标志位，当外部中断引脚的变化满足触发条件(通过 MCUCR 和 MCUCSR 设置)后，相应的中断标志位会自动置 1。如果此时 SREG 中的 I 位和 GICR 中的对应中断允许控制位均为 1，ATmega16 才会响应中断。执行中断服务程序时，INTFn(n=0,1,2)会由硬件自动清 0，用户也可通过软件写 1 清零。

清除 INTF0、INTF1 和 INTF2 可通过下述程序代码实现：

```
GIFR |= ( 1<<INTF0)|( 1<<INTF1)|( 1<<INTF2);
```

4) MCUCR

MCUCR 定义如表 2-11 所示。

表 2-11　微控制器控制寄存器 MCUCR

Bit	7	6	5	4	3	2	1	0
名称	SM2	SE	SM1	SM0	ISC11	ISC10	ISC01	ISC00
读/写	R/W	R/W	R/W	R/W	R/W	R/W	R/W	R/W
初始值	0	0	0	0	0	0	0	0

MCUCR 的高 4 位与外部中断的设置无关，其他四位是 INT0(ISC01、ISC00)和 INT1(ISC11、ISC00)的中断触发方式控制位。具体设置如表 2-12 所示。

表 2-12　INT0 和 INT1 的中断触发方式

ISCn1	ISCn0	说　明
0	0	INTn 低电平触发
0	1	INTn 下降沿和上升沿均可触发
1	0	INTn 下降沿触发
1	1	INTn 上升沿触发

若要设置 INT0 和 INT1 为下降沿触发方式，可通过下述程序代码实现：

```
MCUCR = 0X0A;
```

 注意：MCU 对 INT0、INT1 引脚的电平值采样在边沿检测之前。如果选择脉冲边沿触发或是电平变化中断的方式，必须保证 INT0、INT1 引脚上的脉冲宽度大于一个时钟周期才能触发中断。如果选择低电平触发，则低电平必须保持到当前指令执行完才能触发中断。

5) MCUCSR

MCUCSR 的定义如表 2-13 所示。

表 2-13　MCUCSR 的定义

Bit	7	6	5	4	3	2	1	0
名称	JTD	ISC2	—	JTRF	WDRF	BORF	EXTPF	PORF
读/写	R/W	R/W	R	R/W	R/W	R/W	R/W	R/W
初始值	0	0	0	5 个 RESET 复位标志				

MCUCSR 只有 ISC2 位与外部中断有关，是 INT2 的中断触发控制位，具体设置如表 2-14 所示。

表 2-14　INT2 中断触发方式

ISC2	说　　明
0	INT2 下降沿将产生一个异步中断请求
1	INT2 的上升沿将产生一个异步中断请求

若要设置 INT2 为下降沿触发方式，可通过下述程序代码实现：

```
MCUCSR |= (1<<ISC2);
```

通常，外部中断的控制方法和步骤为

(1) 设置外部中断触发方式，INT0 和 INT1 设置 MCUCR 寄存器的相应位，INT2 设置 MCUCSR 的相应位；

(2) 开启相应的外部中断，将 GICR 中的相应位置 1；

(3) 开总中断，SREG 的 I 位置 1；

(4) 编写中断服务子函数。

⚠ 注意：在对外部中断进行初始化(定义或改变触发方式)时，首先应将 GICR 中对应的中断允许控制位清 0，禁止 MCU 响应中断后再设置触发方式。在使能中断允许前，一般先通过对 INTFn 写 1 清除相应的中断标志位，然后使能中断，以防止在改变 ISCn 的过程中误触发中断。

3. 外部中断编程

如果要开启 INT0 中断，设置 INT0 为下降沿触发方式，通常用下述程序代码实现：

【示例 2-3】　中断初始化设置。

```
GICR &= ~(1<<INT0);        //清除 INT0 中断允许控制位，屏蔽 INT0 中断
MCUCR =0X02;               //设置 INT0 下降沿触发
GIFR |= (1<<INTF0);        //清除 INT0 中断标志位
GICR |= (1<<INT0);         //置位 INT0 中断允许控制位，开启 INT0 中断
SREG |= 0x80;              //开启全局中断
```

下述内容用于实现任务描述 2.D.3，采用中断方式，编写一个按键控制 LED 亮、灭的程序。硬件电路同任务描述 3.D.1。

程序代码如下：

【描述 2.D.3】　main.c。

```
#include <iom16.h>

void init(void);           //端口和中断初始化

/************************主函数***************************/
void main(void)
{
    init();
```

```
        while(1)
        {;}
    }


/********************端口和中断初始化设置********************/
void init(void)
{
        PORTC=0XFF;                 //C 口全部引脚为高电平，保证上电时 LED 灯不亮
        DDRC |= 1<<PC6;             //PC6 输出
        DDRD |= 1<<PD2;             //PD2 端口设置为输出
        PORTD |= 1<<PD2;            //PD2 端口输出高电平
        DDRD &= ～(1<<PD2);         //PD2 端口设为输入，开启内部上拉电阻
        GICR &= ～(1<<INT0);        //清除 INT0 中断允许控制位，屏蔽 INT0 中断
        MCUCR =0X02;               //设置 INT0 下降沿触发
        GIFR |= 1<<INTF0;          //清除 INT0 中断标志位
        GICR |= 1<<INT0;           //置位 INT0 中断允许控制位，开启 INT0 中断
        SREG |= 0x80;              //开启全局中断
}


/********************* INT0 中断服务程序*********************/
#pragma vector=INT0_vect
__interrupt void int0_server()
{
        if(PORTC & (1<<PC6))        //PC6 为高电平，LED 灯灭
            PORTC &=～(1<<PC6);     //PC6 置 0，点亮 LED1
        else                        //PC6 为低电平，LED 灯亮
            PORTC |= 1<<PC6;        //PC6 置 1，熄灭 LED1
}
```

将程序下载至开发板中，按下复位按键，可以观察到实验现象：每次 SW2 按下时，LED1 的状态将发生改变。第一次 SW2 按下，LED1 亮；第二次 SW2 按下，LED1 灭……

2.4　定时器

在工业生产及各种控制系统中，常常需要实现定时或计数的功能。采用软件延时程序进行定时，不仅精度不高，还会占用系统资源，降低 CPU 的利用率；相比之下，采用定时/计数器进行定时，不仅精确度高，而且提高了 CPU 的利用率。本节将详细介绍 ATmega16 的定时器的基本原理和应用。

2.4.1 定时器概述

ATmega16 内部有 3 个通用定时器/计数器：2 个 8 位的定时器/计数器(T/C0 和 T/C2)，1 个 16 位的定时/计数器(T/C1)。这 3 个通用定时/计数器除了能够实现通常的定时计数功能外，还具有捕获、比较、脉宽调制输出(PWM)等功能，其主要功能比较如表 2-15 所示。

表 2-15 定 时 器

名称	T/C0 和 T/C2	T/C1
位宽	8 位计数器	16 位设计(即允许 16 位的 PWM)
通道	单通道计数器	2 个独立的输出比较单元
输出缓冲	—	双缓冲的输出比较寄存器
输入捕捉	—	一个输入捕捉单元
输入噪声	—	输入捕捉噪声抑制器
比较匹配	比较匹配发生时清除定时器(自动加载)	
PWM 脉冲	无干扰脉冲，相位正确的 PWM	
可变 PWM 周期	—	可变的 PWM 周期
频率发生器	频率发生器	
外部事件计数器	外部事件计数器	
预分频器	10 位的时钟预分频器	
中断源	溢出和比较匹配中断源(TOV0 和 OCF0)	4 个独立的中断源(TOV1、OCF1A、OCF1B 与 ICF1)

3 个定时/计数器的计数时钟源可以来自外部引脚，也可以来自芯片内部的系统时钟源。使用外部时钟信号源时，通常作为计数器使用，用于记录外部脉冲的个数；使用内部系统时钟时，可选择几种不同频率的计数源，这些计数源由内部预分频器对主时钟的不同分频构成(1/1，1/8，1/64，1/256，1/1024)，通常作为定时器和波形发生器使用。

⚠️ 注意：外部引脚输入的脉冲信号不通过内部预分频器。

2.4.2 8 位定时/计数器

在 3 个定时/计数器中，T/C0 和 T/C2 均为单通道 8 位定时/计数器，两者的主要结构和大部分功能是相同或相似的，下面以 T/C0 为例进行详细讲解。

T/C0 可以产生计数器溢出中断和比较匹配输出中断两种中断请求信号。T/C0 的计数值存放在 TCNT0 中，可以选择为向上计数(为 0 时将产生溢出中断 TOVO)或向下计数(为 0xFF 时将产生溢出中断 TOVO)。T/C0 的输出比较值则存放在 OCR0 中，计数值 TCNT0 与 OCR0 相等时，将产生比较匹配输出中断 OCF0。

1. 工作模式

T/C0 可以工作在下述四种模式：普通模式、CTC 模式、快速 PWM 模式和相位可调 PWM 模式。

✧　普通模式：计数器为单向加 1 计数器，当计数寄存器 TCNT0 由 0xFF 返回 0x00 时，溢出标志位 TOVO 将被置 1。在该模式下，也可以使用比较匹配功能产生定时中断。

✧　CTC 模式：又称比较匹配清 0 模式，计数器为单向加 1 计数器，将 TCNT0 的值与寄存器 OCR0 的值进行比较，当两者相等时，将比较匹配标志 OCF0 置 1，产生中断申请，同时将 TCNT0 的值清 0，重新开始加 1 计数。在 CTC 模式下，还可利用比较输出产生占空比为 50%的方波输出，此时，应将输出信号 OC0 设置为触发方式。

✧　快速 PWM(脉冲宽度调制)模式：PWM 有频率、占空比和相位 3 个参数，通过改变输出波形的占空比改变输出电压，可用于实现 D/A、调节电压或电流、改变电动机转速等。T/C0 工作在该模式时，可采用溢出或正(反)向比较匹配中断方式，通过调整 OCR0 的值可改变输出波形的占空比。

✧　相位修正 PWM 模式：相位修正 PWM 模式可以产生高精度相位可调的 PWM 波形，输出波形的占空比也由 OCR0 的值决定。该模式采用双程计数方式，从 0x00 一直加到 0xFF；下一个计数脉冲到达时，从 0xFF 减 1 计数直到 0x00。因此产生的 PWM 波的频率比快速 PWM 低，适用于电机控制类的应用。

2. 相关寄存器

与 T/C0 相关的寄存器如表 2-16 所示。

表 2-16　T/C0 相关寄存器

类别	名　称	寄存器变量名
定时器寄存器	控制寄存器	TCCR0
	计数寄存器	TCNT0
	比较寄存器	OCR0
中断寄存器	中断标志寄存器	TIFR
	中断屏蔽寄存器	TIMSK
	状态寄存器	SREG

1) T/C0 控制寄存器 TCCR0

TCCR0 各位的定义如表 2-17 所示。

表 2-17　控制寄存器 TCCR0

Bit	7	6	5	4	3	2	1	0
名称	FOC0	WGM00	COM01	COM00	WGM01	CS02	CS01	CS00
读/写	R/W	R/W	R/W	R/W	R/W	R/W	R/W	R/W
初始值	0	0	0	0	0	0	0	0

TCCR0 各个位的详细描述如表 2-18 所示。

表 2-18   TCCR0 各位描述

名　　称	描　　述
FOC0 (Bit7)	强制输出比较(仅在 WGM00 指明非 PWM 模式时才生效)。 使用 PWM 时，写 TCCR0 要对其清 0。对其写 1 后，波形发生器将立即进行比较操作，比较匹配输出引脚 OC0 将按照 COM01:0 的设置输出相应的电平
WGM01:0(Bit6,3)	波形产生模式： WGM01:0=00，普通模式，计数上限值为 0xFF； WGM01:0=01，相位修正 PWM 模式，计数上限值为 0xFF； WGM01:0=10，CTC 模式，计数上限值为 OCR0； WGM01:0=11，快速 PWM 模式，计数上限值为 0xFF
COM01:0 (Bit5,4)	比较匹配输出方式，决定了比较匹配发生时输出引脚 OC0 的电平。当 OC0 连接到物理引脚上时，COM01:0 的功能依赖于 WGM01:0 的设置。 在 WGM01:0=00 或 10 时，COM01:0 的功能如下： COM01:0=00，正常的端口操作，不与 OC0 相连接； COM01:0=01，比较匹配时 OC0 取反； COM01:0=10，比较匹配时 OC0 清 0； COM01:0=11，比较匹配时 OC0 置位
CS02:0 (Bit2:0)	时钟选择位，详细描述如下： CS02:0=000 时，无时钟源(T/C1 停止)； CS02:0=001 时，Clk(系统时钟，无预分频)； CS02:0=010 时，Clk/8(来自预分频器)； CS02:0=011 时，Clk/16(来自预分频器)； CS02:0=100 时，Clk/256(来自预分频器)； CS02:0=101 时，Clk/1024(来自预分频器)； CS02:0=110 时，外部 T0 脚、下降沿驱动； CS02:0=111 时，外部 T0 脚、上升沿驱动

当选用使用外部时钟源时，无论 T0 引脚是否定义为输出功能，在 T0 引脚上的逻辑信号电平的变化都会驱动 T/C0 计数，这个特性允许用户通过软件来控制计数。

2) T/C0 计数寄存器 TCNT0

TCNT0 是 T/C0 的计数值寄存器，该寄存器可以直接被读/写访问，写 TCNT0 寄存器将会在下一个时钟周期中阻止比较匹配。在计数器运行的过程中，修改 TCNT0 的数值有可能丢失一次 TCNT0 与 OCR0 的比较匹配。

TCNT0 的定义如表 2-19 所示。

表 2-19   计数寄存器 TCNT0

Bit	7	6	5	4	3	2	1	0
名称	TCNT0							
读/写	R/W	R/W	R/W	R/W	R/W	R/W	R/W	R/W
初始值	0	0	0	0	0	0	0	0

3) 输出比较寄存器 OCR0

OCR0 寄存器包含一个 8 位的数据，不断与 TCNT0 的值进行比较，两者相等时，产生比较匹配事件，可以用来产生输出比较中断或者在 OC0 引脚上产生波形。

OCR0 各位的定义如表 2-20 所示。

表 2-20　输出比较寄存器 OCR0

Bit	7	6	5	4	3	2	1	0
名称	OCR0							
读/写	R/W	R/W	R/W	R/W	R/W	R/W	R/W	R/W
初始值	0	0	0	0	0	0	0	0

4) 定时/计数器中断屏蔽寄存器 TIMSK

TIMSK 各位定义如表 2-21 所示。

表 2-21　定时/计数器中断屏蔽寄存器 TIMSK

Bit	7	6	5	4	3	2	1	0
名称	OCIE2	TOIE2	TICIE1	OC1E1A	OCIE1B	TOIE1	OCIE0	TOIE0
读/写	R/W	R/W	R/W	R/W	R/W	R/W	R/W	R/W
初始值	0	0	0	0	0	0	0	0

TIMSK 的 Bit[1:0]位是和 T/C0 有关的，Bit[5:2]位是和 T/C1 有关的，Bit[7:6]是和 T/C2 有关的。TIMSK 各个位的详细描述如表 2-22 所示。

表 2-22　TIMSK 各位描述

名称	描　　述
OCIE2	T/C2 输出比较匹配中断使能。 当 OCIE2 和 I 位均为 1 时，T/C2 的输出比较匹配 A 中断使能。当 T/C2 发生输出比较匹配中断，即 TIFR 上的 OCF2 置位时，将立即执行输出比较匹配 A 中断服务程序
TOIE2	T/C2 溢出中断使能。 当 TOIE2 和 I 位均为 1 时，T/C2 的溢出中断使能。当 T/C2 发生溢出，即 TIFR 的 TOV2 位被置位时，将执行 T/C2 溢出中断服务程序
TICIE1	T/C1 输入捕获中断使能。 当 TICIE1 和 I 位均为 1 时，T/C1 的输入捕获中断使能。当 TIFR 的 ICF1 置位，将执行 T/C1 输入捕获中断服务程序
OCIE1A	输出比较 A 匹配中断使能。 当 OCIE1A 和 I 位均为 1 时，T/C1 的输出比较 A 匹配中断使能。一旦 TIFR 上的 OCF1A 置位，将立即执行输出比较 A 匹配中断服务程序
OCIE1B	输出比较 B 匹配中断使能。 当 OCIE1B 和 I 位均为 1 时，T/C1 的输出比较 B 匹配中断使能。一旦 TIFR 上的 OCF1B 置位，将立即执行输出比较 B 匹配中断服务程序
TOIE1	T/C1 溢出中断使能。 当 TOIE1 和 I 位均为 1 时，T/C1 的溢出中断使能。当 TIFR 的 TOV1 位被置位时，将执行 T/C1 溢出中断服务程序
OCIE0	T/C0 输出比较匹配中断使能。 当 OCIE0 和 SREG 的 I 位均为 1 时，T/C0 的输出比较匹配中断使能。当 T/C0 发生比较匹配，且 TIFR 的 OCF0 置位时，中断服务程序得以执行
TOIE0	T/C0 溢出中断使能。 当 TOIE0 和 SREG 的 I 位均为 1 时，T/C0 的溢出中断使能。当 T/C0 发生溢出，且 TIFR 的 TOV0 置位时，中断服务程序得以执行

5) 定时/计数器中断标志寄存器 TIFR

TIFR 各位定义如表 2-23 所示。

表 2-23　定时/计数器中断标志寄存器 TIFR

Bit	7	6	5	4	3	2	1	0
名称	OCF2	TOV2	ICF1	OCF1A	OCF1B	TOV1	OCF0	TOV0
读/写	R/W	R/W	R/W	R/W	R/W	R/W	R/W	R/W
初始值	0	0	0	0	0	0	0	0

TIFR 的 Bit[1:0]位是和 T/C0 有关的，Bit[5:2]位是和 T/C1 有关的，Bit[7:6]是和 T/C2 有关的。TIFR 各个位的详细描述如表 2-24 所示。

表 2-24　TIFR 各位描述

名　称	描　　述
OCF2	T/C2 输出比较标志 2。 当 TCNT2 与 OCR2 匹配成功时，OCF2 被置 1。此位在中断服务程序时由硬件自动清 0，也可以通过写 1 清 0。当 SREG 的 I 位、OCIE2 和 OCF2 均置位时，将执行中断服务程序
TOV2	T/C2 溢出标志位，发生溢出时将被置位。执行相应的中断服务程序时由硬件自动清 0，也可以通过写 1 来清 0。当 SREG 的 I 位、TOIE2 和 TOV2 都置位时，中断服务程序得以执行
ICF1	T/C1 输入捕获标志位。 外部引脚 ICP1 出现捕获事件时 ICF1 置位。另外，当 ICR1 作为计数器的 TOP 值时，一旦计数器的值达到 TOP，ICF1 也置位。执行输入捕获中断服务程序时由硬件自动清 0，也可以对其写 1 来清 0
OCF1A	T/C1 输出比较 A 匹配标志位。 当 TCNT1 与 OCR1A 匹配成功时，OCF1A 被置 1。执行强制输出比较匹配 A 中断服务程序时 OCF1A 自动清 0，也可以通过写 1 清 0。强制输出比较(OCF1A)不会置位 OCF1A
OCF1B	T/C1 输出比较 B 匹配标志位。 当 TCNT1 与 OCR1B 匹配成功时，OCF1B 被置 1。执行强制输出比较匹配 B 中断服务程序时 OCF1B 自动清 0，也可以通过写 1 清 0。强制输出比较(OCF1B)不会置位 OCF1B
TOV1	T/C1 溢出标志位，该位的设置与 T/C1 的工作方式有关。 工作于普通模式和 CTC 模式时，T/C1 溢出时 TOV1 置位
OCF0	T/C0 输出比较标志，当 T/C0 与 OCR0 的值匹配时，OCF0 置位。 OCF0 可以在中断服务程序中由硬件自动清 0，也可以通过写 1 来清 0。当 SREG 的 I 位、OCIE0(比较匹配中断使能)和 OCF0 均置位时，中断服务程序得以执行
TOV0	T/C0 溢出标志，当 T/C0 溢出时，TOV0 置位。 TOV0 可以在中断服务程序中由硬件自动清 0，也可以通过写 1 来清 0。当 SREG 的 I 位、TOIE0(溢出中断使能)和 TOVO 都置位时，中断服务程序得以执行

3. 编程应用

下述内容用于实现任务描述 2.D.4，采用定时器 T/C0 的溢出中断实现蜂鸣器每间隔 2 s 鸣响一次。蜂鸣器电路如图 2-6 所示，BEEP 与 ATmega16 的 PD7 引脚相连。

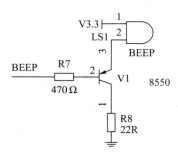

图 2-6　蜂鸣器驱动电路

当采用外部 7.3728 MHz 晶振频率、1024 分频时，每计 1 个脉冲为 1/7200 s(7.3728/1024 = 7200 Hz)。若初值为 56，T0 从 56 开始计数计满 255 后，在下一个脉冲到达时将置位 TOVO 产生中断，即计数次数为 200。因此，从开始计数到溢出所用时间为 1/7200 × 200 = 1/36 s。定时计数器溢出中断 72 次恰好为 2 s。

T/C0 的初始化程序如下：

【描述 2.D.4】　(1) Timer0_init( )。

```
void Timer0_init()
{
    SREG = 0x00;            //关闭全局中断
    TCCR0 = 0x05;           //普通模式，不使用比较匹配输出，T/C0 开始计数，频率为
                            //系统时钟 1024 分频
    TCNT0 = 0x38;           //计数初始值为 56
    TIMSK |= (1<<TOIE0);    //T/C0 溢出中断使能，比较匹配中断屏蔽
    TIFR |= (1<<TOV0);      //清除 T/C0 溢出中断标志
    SREG = 0x80;            //开全局中断
}
```

根据上述内容，编写主函数程序如下：

【描述 2.D.4】　(2) main.c。

```
#include<iom16.h>

unsigned int i=0;          //溢出次数计数变量
unsigned int flag=0;       //2 s 时间标志位

void main( void )
{
    PORTD =0xFF;           //端口 D 初始化
```

```
        DDRD |= (1<<PD7);           //PD7 端口设置为输出，高电平，蜂鸣器不响
        Timer0_init();              //T/C0 初始化
        while(1)
        {
            if(flag!=0)
            {
                if(flag==1)
                {
                    PORTD &=  ～(1<<PD7);
                }
                else
                {
                    PORTD |= (1<<PD7);
                    flag=0;
                }
            }
        }
    }


    #pragma vector=TIMER0_OVF_vect
    __interrupt void time1_server()     //T/C0 溢出中断服务程序
    {
        TIFR |= 0X01;               //溢出时，清 0 溢出标志位
        TCNT0 = 0X38;              //给计数器重新赋初值
        i++;
        if(i == 72)                //溢出次数达 72 次，2 s 时间标志位为 1
        {
            flag++;
            i=0;
        }
    }
```

实验结果：开发板上电复位后，蜂鸣器每间隔 2 s 鸣响一次，鸣响时长为 2 s。

2.4.3 16 位定时/计数器

T/C1 是一个 16 位的多功能定时/计数器，可以实现精确的程序定时、波形测量和信号测量。T/C1 与 T/C0 共享一个预分频器，但它们的时钟源选择是相互独立的。与 T/C0 相比，T/C1 的计时宽度和长度大大增加，功能也更加强大。

1. 工作模式

T/C1 的工作方式包括定时/计数方式、输出比较方式、输入捕获方式和 PWM 方式。

◇　在 T/C1 的 PWM 方式下，有多种不同的计数器上限(TOP)值可供选择，可产生频率可调、相位可调以及频率相位均可调的多种 PWM 波；同时，配备了 2 个比较匹配输出单元 OC1A、OC1B 和比较匹配寄存器 OCR1A、OCR1B，可以得到相同频率、不同占空比的 2 路 PWM 输出。

◇　输入捕获功能可用于精确捕捉一个外部事件的发生，记录时间发生的时间印记，还可用于频率和周期的精确测量。捕捉外部事发生的触发信号由引脚 ICP1 输入，也可通过模拟比较器单元来实现。

2. 相关寄存器

T/C1 有多个 16 位的寄存器，这些寄存器均由 2 个 8 位的寄存器组成，对它们的读/写操作须遵循特定的步骤。与定时/计数器 T/C1 相关的寄存器如表 2-25 所示。

表 2-25　T/C1 相关寄存器

类　别	名　称	寄存器变量名
定时器寄存器	控制寄存器	TCCR1A
		TCCR1B
	计数寄存器	TCNT1L
		TCNT1H
	比较寄存器 A	OCR1AL
		OCR1AH
	比较寄存器 B	OCR1BL
		OCR1BH
	捕获寄存器	ICR1L
		ICR1H
中断寄存器	中断标志寄存器	TIFR
	中断屏蔽寄存器	TIMSK
	状态寄存器	SREG

在表 2-25 中，有 3 个中断寄存器在前面已经作了详细介绍，此处只讲解几个定时器寄存器。

1) T/C1 控制寄存器 A(TCCR1A)

TCCR1A 的定义如表 2-26 所示。

表 2-26　控制寄存器 TCCR1A

Bit	7	6	5	4	3	2	1	0
名称	COM1A1	COM1A0	COM1B1	COM1B0	FOCIA	FOCIB	WGM11	WGM10
读/写	R/W	R/W	R/W	R/W	W	W	R/W	R/W
初始值	0	0	0	0	0	0	0	0

TCCR1A 各个位的详细描述如表 2-27 所示。

表 2-27　TCCR1A 各位描述

名　称	描　述
COM1A1:0(Bit[7:6])	通道 A 的比较匹配输出模式，控制 OC1A 的状态。 OC1A 与物理引脚相连时，COM1A1:0 的功能由 WGM13:0 的设置决定。当 WGM13:0 设置为普通模式与 CTC 模式下时，COM1A1:0 的功能描述如下： COM1A1:0=00 时，普通端口操作，非 OC1A 功能； COM1A1:0=01 时，比较匹配时 OC1A 电平取反； COM1A1:0=10 时，比较匹配时清零 OC1A(输出低电平)； COM1A1:0=11 时，比较匹配时置位 OC1A(输出高电平)
COM1B1:0(Bit[5:4])	通道 B 的比较匹配输出模式，控制 OC1B 的状态。 OC1B 与物理引脚相连时，COM1B1:0 的功能由 WGM13:0 的设置决定。当 WGM13:0 设置为普通模式与 CTC 模式下时，COM1B1:0 的功能描述如下： COM1B1:0=00 时，普通端口操作，非 OC1B 功能； COM1B1:0=01 时，比较匹配时 OC1B 电平取反； COM1B1:0=10 时，比较匹配时清零 OC1B(输出低电平)； COM1B1:0=11 时，比较匹配时置位 OC1B(输出高电平)
FOC1A (Bit3)	通道 A 强制输出比较，仅在 WGM13:0 指明非 PWM 模式时才生效。 使用 PWM 时，写 TCCR1A 时要对其清 0。对其写 1 后，立即强制波形产生单元进行比较匹配。比较匹配输出引脚 OC1A 将按照 COMA1:0 的设置输出相应的电平
FOC1B (Bit2)	通道 B 强制输出比较，仅在 WGM13:0 指明非 PWM 模式时才生效。 使用 PWM 时，写 TCCR1A 时要对其清 0。对其写 1 后，立即强制波形产生单元进行比较匹配。比较匹配输出引脚 OC1B 将按照 COMB1:0 的设置输出相应的电平
WGM11:0 (Bit[1:0])	波形发生模式，这两位与 TCCR1B 寄存器的 WGM13:2 相结合，用于控制计数器的上限值和波形发生器的工作模式。具体描述如下： WGM13:0=0000 时，普通模式，计数上限值为 0xFFFF； WGM13:0=0001 时，8 位相位修正 PWM 模式，计数上限值为 0x00FF； WGM13:0=0010 时，9 位相位修正 PWM 模式，计数上限值为 0x01FF； WGM13:0=0011 时，10 位相位修正 PWM 模式，计数上限值为 0x03FF； WGM13:0=0100 时，CTC 模式，计数上限值为 OCR1A； WGM13:0=0101 时，8 位快速 PWM 模式，计数上限值为 0x00FF； WGM13:0=0110 时，9 位快速 PWM 模式，计数上限值为 0x01FF； WGM13:0=0111 时，10 位快速 PWM 模式，计数上限值为 0x03FF； WGM13:0=1000 时，相位与频率修正 PWM 模式，计数上限值为 ICR1； WGM13:0=1001 时，相位与频率修正 PWM 模式，计数上限值为 OCR1A； WGM13:0=1010 时，相位修正 PWM 模式，计数上限值为 ICR1； WGM13:0=1011 时，相位修正 PWM 模式，计数上限值为 OCR1A； WGM13:0=1100 时，CTC 模式，计数上限值为 ICR1； WGM13:0=1101 时，保留； WGM13:0=1110 时，快速 PWM 模式，计数上限值为 ICR1； WGM13:0=1111 时，快速 PWM 模式，计数上限值为 OCR1A

2) T/C1 控制寄存器 B(TCCR1B)

TCCR1B 的定义如表 2-28 所示。

表 2-28　控制寄存器 TCCR1B

Bit	7	6	5	4	3	2	1	0
名称	ICNC1	ICES1	—	WGM13	WGM12	CS12	CS11	CS10
读/写	R/W	R/W	R	R/W	W	W	R/W	R/W
初始值	0	0	0	0	0	0	0	0

TCCR1B 各个位的详细描述如表 2-29 所示。

表 2-29　TCCR1B 各位描述

名　称	描　述
ICNC1 (Bit7)	输入捕获噪声抑制允许。 0：屏蔽输入捕获噪声抑制功能； 1：使能输入捕获噪声抑制功能，外部引脚 ICP1 的输入被滤波，输入捕获延迟 4 个时钟周期
ICES1 (Bit6)	输入捕获触发沿选择，选择使用 ICP1 上的边沿触发捕获事件。 0：下降沿触发输入捕获； 1：上升沿触发输入捕获
Bit5	保留位
WGM13:2(Bit4,3)	与 TCCR1A 寄存器的 WGM11:0 相结合，用于控制计数器的上限值和波形发生器的工作模式。具体描述参见 TCCR1A
CS12:0 (Bit[2:0])	T/C1 的时钟选择位，详细描述如下： CS12:0=000 时，无时钟源(T/C1 停止)； CS12:0=001 时，Clk(系统时钟，无预分频)； CS12:0=010 时，Clk/8(来自预分频器)； CS12:0=011 时，Clk/16(来自预分频器)； CS12:0=100 时，Clk/256(来自预分频器)； CS12:0=101 时，Clk/1024(来自预分频器)； CS12:0=110 时，外部 T1 脚、下降沿驱动； CS12:0=111 时，外部 T1 脚、上升沿驱动

3) 计数寄存器 TCNT1H 和 TCNT1L

T/C1 的计数寄存器 TCNT1 由 2 个 8 位的计数器 TCNT1H 和 TCNT1L 组成，可直接被 CPU 读/写访问。在计数器运行期间不能修改 TCNT1 的内容，否则有可能丢失一次 TCNT1 与 OCR1A 的匹配比较操作。TCNT1 的定义如表 2-30 所示。

表 2-30　计数寄存器 TCNT1

Bit	15	14	13	12	11	10	9	8
名称	TCNT1H							
读/写	R/W	R/W	R/W	R/W	R/W	R/W	R/W	R/W
初始值	0	0	0	0	0	0	0	0
Bit	7	6	5	4	3	2	1	0
名称	TCNT1L							

4) 输出比较寄存器 OCR1AH 和 OCR1AL 与 OCR1BH 和 OCR1BL

输出比较寄存器包含通道 A 输出比较寄存器 OCR1A 和通道 B 输出比较寄存器 OCR1B，均为 16 位寄存器。该寄存器中的数据与 TCNT1 中的计数值进行比较，一旦数据匹配相等，将产生一个输出比较匹配中断申请，或者改变 OC1x(x=A,B)的输出逻辑电平。

OCR1A 和 OCR1B 均为双向可读/写寄存器，系统复位后的初始值为 0。以 OCR1A 为例，其定义如表 2-31 所示。

表 2-31　输出比较寄存器 OCR1A

Bit	15	14	13	12	11	10	9	8
名称	OCR1AH							
读/写	R/W	R/W	R/W	R/W	R/W	R/W	R/W	R/W
初始值	0	0	0	0	0	0	0	0
Bit	7	6	5	4	3	2	1	0
名称	OCR1AL							

5) 输入捕捉寄存器 ICR1H 与 ICR1L

16 位的输入捕捉寄存器 ICR1 由 ICR1H 和 ICR1L 组成。当外部引脚 ICP1 或模拟比较器有输入捕捉触发信号产生时，计数器 TCNT1 中的值写入 ICR1 中。ICR1 的值可以作为计数器的 TOP 值(当 T/C1 控制寄存器的对应位 WGM1[3:0]=1000，1010，1100，1110 时)。ICR1 的定义如表 2-32 所示。

表 2-32　输入捕捉寄存器 ICR1

Bit	15	14	13	12	11	10	9	8
名称	ICR1H							
读/写	R/W	R/W	R/W	R/W	R/W	R/W	R/W	R/W
初始值	0	0	0	0	0	0	0	0
Bit	7	6	5	4	3	2	1	0
名称	ICR1L							

3. 编程应用

下述内容用于实现任务描述 2.D.5，采用定时器 T/C1 的比较匹配中断方式，实现 LED 灯间隔 1 s 闪亮(500 ms 亮、500 ms 灭)。硬件电路参见图 2-4。

采用外部 7.3728 MHz 晶振频率、1024 分频时，每计 1 个脉冲为 1/7200 s(7.3728/1024 = 7200 Hz)。若比较匹配值为 3600，定时计数器 T/C1 从 0 开始计数，则到输出比较匹配中断所用时间恰好为 1/7200 × 3600 = 0.5 s = 500 ms。

程序代码如下：

【描述 2.D.5】 main.c。

/*******************定时器 T/C1 输出比较匹配 A 中断*******************

实现 LED1 和 LED2 间隔 1s 闪亮一次，LED1 和 LED2 分别接 ATmega16 的 PC6 和 PC7 口/

#include<iom16.h>

```
    void Timer1_init();                    //T/C1 初始化
    void IO_init();                        //端口 C 初始化
    int i=0;                               //控制 led 变量
/************************主函数************************/
    void main( void )
    {
        IO_init();
        Timer1_init();
        TIFR |=(1<<OCF1A);                 //清除 T/C1 输出比较 A 匹配标志
        TIMSK |= (1<<OCIE1A);              //使能 T/C1 输出比较 A 匹配中断
        SREG =0x80;                        //使能全局中断
        while(1);
    }


/********************T/C1 初始化函数********************/
    void Timer1_init()
    {
//将 T/C1 设置为 CTC 工作模式，计数上限为 OCR1A
        TCCR1A =0x00;
        TCCR1B |=(1<<WGM12);
        TCCR1B &=  ～(1<<WGM13);

//将 T/C1 设置为 1024 分频，7200 Hz
        TCCR1B |=(1<<CS12)|(1<<CS10);
        TCCR1B &=～  (1<<CS11);

//将 T/C1 计数初值和比较匹配值
        OCR1A = 3600;                      //设置计数器 T/C1 的比较值为 3600，500 ms 定时
        TCNT1=0x0000;                      //设置计数初值为 0
    }


/********************端口 C 初始化函数********************/
    void IO_init()
    {
        PORTC =0xFF;
        DDRC |=(1<<PC6)|(1<<PC7);          //将 PC6 和 PC7 设置为输出，高电平，LED1 和 LED2 不亮
    }


/********************输出比较 A 匹配中断服务程序********************/
```

```
#pragma vector=TIMER1_COMPA_vect
__interrupt void time1_server()
{
    if(i==0)
    {
        PORTC &= ~((1<<PC6)|(1<<PC7));     //将 PC6 和 PC7 置低电平, LED1 和 LED2 亮
        i=1;
    }
    else
    {
        PORTC |= (1<<PC6)|(1<<PC7);         //将 PC6 和 PC7 置高电平, LED1 和 LED2 灭
        i=0;
    }
}
```

实验结果: LED1 和 LED2 同时每间隔 1 s 闪亮(500 ms 亮、500 ms 灭)。

2.5 USART

为了支持与采用不同通信方式的器件方便地交换数据,ATmega16 集成了 3 个独立的串行通信接口单元, 分别是通用同步/异步收/发器 USART、串行外设接口 SPI、两线串行接口 TWI(IIC)。本节将介绍 ATmega16 的通用同步/异步串行收/发器 USART。

2.5.1 USART 概述

USART(Universal Syncharonous/Asynchronous Receiver/Transmitter)是一个全双工的同步/异步串行收/发器, 也是 ATmega16 自带的一个高度灵活的串行通信接口, 主要由时钟发生器、发送器和接收器 3 部分组成。

1. USART 特点

USART 的主要特点如下:
✧ 全双工操作, 独立的串行接收和发送寄存器, 可同时进行收、发操作。
✧ 支持异步或同步操作。
✧ 主机或从机提供时钟的同步操作。
✧ 高精度的波特率发生器。
✧ 支持 5、6、7、8 或 9 个数据位, 1 个或 2 个停止位的串行数据帧结构。
✧ 硬件支持的奇偶校验操作。
✧ 硬件支持的数据溢出检测。
✧ 硬件支持的帧错误检测。
✧ 噪声滤波, 包括错误的起始位检测, 以及数字低通滤波器。

◇　三个独立的中断：TX 发送结束，TX 发送数据寄存器空，以及 RX 接收结束。

◇　多处理器通信模式。

◇　倍速异步通信模式。

2. USART 的帧结构

ATmega16 的串行数据帧由数据字加上同步位(开始位与停止位)以及用于纠错的奇偶校验位构成。具体来说，一个完整的数据帧按照传输的先后顺序依次包括：

◇　1 个起始位；

◇　5、6、7、8 或 9 个数据位；

◇　无校验位或奇校验或偶校验位；

◇　1 或 2 个停止位。

在实际编程应用中，通常将数据帧的结构设置为 1 个起始位、8 个数据位、无校验、1 个停止位。

2.5.2　相关寄存器

在 ATmega16 中，与 USART 相关的寄存器有：

◇　USART 数据寄存器(UDR)；

◇　USART 控制状态寄存器 A(UCSRA)；

◇　USART 控制状态寄存器 B(UCSRB)；

◇　USART 控制状态寄存器 C(UCSRC)；

◇　波特率寄存器(UBRRL 和 UBRRH)。

1. UDR

UDR 数据寄存器实际上是两个物理分离的寄存器，分别是发送数据缓冲寄存器(TXB)和接收数据缓冲寄存器(RXB)，它们共享同一个 I/O 地址。当把待发送的数据写入 UDR 时，其实是写入 TXB 中；当读 UDR 时，读的是 RXB 中的数据。数据寄存器 UDR 各位定义如表 2-33 所示。

表 2-33　数据寄存器 UDR

Bit	7	6	5	4	3	2	1	0
名称	RXB[7：0] UDR 读 TXB[7：0] UDR 写							
读/写	R/W	R/W	R/W	R/W	R/W	R/W	R/W	R/W
初始值	0	0	0	0	0	0	0	0

只有当 UCSRA 寄存器的 UDRE 标志位置位后，才可以对 UDR 进行写操作，否则写入的数据会被 USART 发送器忽略。当数据写入发送缓冲寄存器后，若发送器的移位寄存器为空，数据将被加载到发送移位寄存器，然后从 TXD 引脚串行输出。

2. UCSRA

USART 控制状态寄存器 UCSRA 各位定义如表 2-34 所示。

表 2-34 控制状态寄存器 UCSRA

Bit	7	6	5	4	3	2	1	0
名称	RXC	TXC	UDRE	FE	DOR	PE	U2X	MPCM
读/写	R/W	R/W	R/W	R/W	R/W	R/W	R/W	R/W
初始值	0	0	1	0	0	0	0	0

表 2-34 中各位的详细描述如表 2-35 所示。

表 2-35 UCSRA 描述

名 称	描 述
RXC	USART 接收结束中断标志位。 0：清除中断标志，在读 UDR(RXB)时自动完成； 1：产生接收完成中断请求
TXC	USART 发送结束中断标志位。 0：执行发送完成中断时，由硬件自动清 0，也可以通过写 1 来清 0； 1：产生发送完成中断
UDRE	USART 数据寄存器空中断标志位，一般不用此中断。 0：UDR 数据寄存器不为空； 1：UDR 数据寄存器为空
FE	接收帧出错标志位。 0：接收数据无帧错误，重写 UCSRA 的操作将设置 FE 为 0； 1：接收数据帧出错
DOR	接收数据溢出出错标志位。 0：未发生接收数据溢出，重写 UCSRA 的操作将设置 DOR 为 0； 1：接收数据溢出，一直保持到接收缓冲 UDR 被读取
PE	校验错误标志位。 0：接收数据无校验错误，重写 UCSRA 的操作将设置 DOR 为 0； 1：数据检验出错
U2X	USART 传输速率倍速。只在异步模式下有效，同步通信时应置为 0。 0：传输速率不倍速； 1：异步通信的波特率分频器的分频比由 16 降为 8，传输速率加倍
MPCM	多机通信模式允许，对发送模块无影响。 0：屏蔽多机通信模式； 1：使能多机通信模式，接收到的数据帧必须含地址信息，否则将被忽略

对 UCSRA 的初始化通常用下述程序代码实现：

```
UCSRA = 0X00;   //屏蔽多机通信模式，传输速率不倍速，不产生 UDR 数据寄存器空中断
```

3. UCSRB

控制和状态寄存器 UCSRB 各位的定义如表 2-36 所示。

表 2-36 控制状态寄存器 UCSRB

Bit	7	6	5	4	3	2	1	0
名称	RXCIE	TXCIE	UDRIE	RXEN	TXEN	UCSZ2	RXB8	TXB8
读/写	R/W	R/W	R/W	R/W	R/W	R/W	R/W	R/W
初始值	0	0	0	0	0	0	0	0

表 2-36 中各位的详细描述如表 2-37 所示。

表 2-37 UCSRB 描述

名 称	描 述
RXCIE	RX 接收完成中断允许。 0：屏蔽接收完成中断请求； 1：允许响应接收完成中断请求
TXCIE	TX 发送完成中断允许。 0：屏蔽发送完成中断请求； 1：允许响应发送完成中断请求
UDRIE	USART 数据寄存器空中断允许。 0：屏蔽发送数据寄存器 UDR 空中断请求； 1：允许响应发送数据寄存器 UDR 空中断请求
RXEN	数据接收允许。 0：禁止 USART 接收数据； 1：允许 USART 接收数据
TXEN	数据发送允许。 0：禁止 USART 发送数据； 1：允许 USART 发送数据
UCSZ2	数据字位数大小。该位与 UCSRC 寄存器中的 UCSZ[1:0]位一起使用，用于设置接收和发送数据帧中数据字位的个数(5、6、7、8、9 位)
RXB8	接收数据的最高位，必须在读 UDR 之前读取
TXB8	发送数据的最高位，必须在 UDR 写入前写入

对 UCSRB 的初始化通常用下述程序代码实现：

/*使能 USART 发送和接收数据，允许接收完成中断，屏蔽发送完成中断和数据寄存器空中断*/
UCSRB |= (1<<RXEN)|(1<<TXEN)|(1<<RXCIE);

4. UCSRC

控制和状态寄存器 UCSRC 各位的定义如表 2-38 所示。

表 2-38 控制状态寄存器 UCSRC

Bit	7	6	5	4	3	2	1	0
名称	URSEL	UMSEL	UPM1	UPM0	USBS	UCSZ1	UCSZ0	UCPOL
读/写	R/W	R/W	R/W	R/W	R/W	R/W	R/W	R/W
初始值	0	0	0	0	0	0	0	0

表 2-38 中各位的描述如表 2-39 所示。

表 2-39　UCSRC 描述

名　称	描　述
URSEL	在寄存器 UCSRC 和 UBRRH 之间进行选择，两者占用相同的 I/O 地址空间 0x20。更新 UCRSC 时为 1，更新 UBRRH 时为 0
UMSEL	USART 工作模式选择，0 为异步模式，1 为同步模式
UPM[1：0]	用于允许和选择或验证校验位的类型
USBS	用于选择插入到发送帧中的停止位的个数。接收器不受该位的影响。 0：1 位停止位； 1：2 位停止位
UCSZ[1：0]	传送或接收字符长度，同 UCSRB 寄存器中的 UCSZ2 位一起使用，用于设置接收和发送数据帧中的数据位数
UCPOL	时钟极性选择，只在同步模式下使用。在异步模式下应将该位写为 0

对 UPM 的设置涉及两位，具体定义如表 2-40 所示。

表 2-40　校验方式设置

UPM1	UPM0	校验方式	UPM1	UPM0	校验方式
0	0	无校验	1	0	使能偶检验
0	1	保留	1	1	使能奇校验

对 UCSZ 的设置涉及三位，具体定义如表 2-41 所示。

表 2-41　传送或接收字符长度设置

UCSZ2	UCSZ1	UCSZ0	字符长度/位
0	0	0	5
0	0	1	6
0	1	0	7
0	1	1	8
1	0	0	保留
1	0	1	保留
1	1	0	保留
1	1	1	9

在实际应用中，若要设置 USART 为异步通信模式，帧格式为 8 位数据位、无校验方式、1 位停止位，通常用下述程序代码实现：

```
UCSRA |= (1<<URSEL)|(1<<UCSZ1)|(1<<UCSZ0);
UCSRA &= ～((1<<UMSEL)|(1<<UPM1)|(1<<UPM0)|(1<<USBS)|(1<<UCPOL));
```

5. UBRRL 和 UBRRH

在 USART 编程应用中，异步模式比较常用，通信的收、发双方通过波特率保持一致。UBRRH 和 UBRRL 构成了一个 12 位波特率寄存器 UBRR，包含了 USART 的波特率信息。

其中，UBRRH 包含了 USART 波特率高 4 位，UBRRL 包含了低 8 位，波特率的改变将造成正在进行的数据传输受到破坏，写 UBRRL 将立即更新波特率分频器。(说明：UCSRC 与 UBRRH 公用一个 I/O 地址)。

波特率寄存器 UBRRL 和 UBRRH 的定义如表 2-42 所示。

表 2-42　波特率寄存器 UBRRL 和 UBRRH

Bit	15	14	13	12	11	10	9	8
名称	URSEL	—	—	—	UBRR[11：8](UBRRH)			
读/写	R/W	R	R	R	R/W	R/W	R/W	R/W
初始值	0	0	0	0	0	0	0	0
Bit	7	6	5	4	3	2	1	0
名称	UBRR[7：0](UBRRL)							
读/写	R/W	R/W	R/W	R/W	R/W	R/W	R/W	R/W
初始值	0	0	0	0	0	0	0	0

表 2-42 中各位的描述如表 2-43 所示。

表 2-43　UBRR 描述

名称	描述
URSEL	在寄存器 UCSRC 和 UBRRH 之间进行选择。更新 UCRSC 时为 1，更新 UBRRH 时为 0
Bit[14:12]	保留位，考虑到兼容性使用，写入时置 0
UBRR[11：0]	USART 波特率设置寄存器，由 UBRRH 的低 4 位和 UBRRL 的 8 位构成一个 12 位的寄存器，用于对 USART 传送或接收波特率的设置。若波特率设置被改变，则正在进行的接收和发送将被打断

在 7.3728 MHz 晶振频率下，UBRR 的设置波特率设置如表 2-44 所示。

表 2-44　fosc=7.3728 MHz 时 UBRR 设置

波特率 /(kb/s)	fosc=7.3728 MHz				波特率 /(kb/s)	fosc=7.3728 MHz			
	U2X=0		U2X=1			U2X=0		U2X=1	
	UBRR	Error/(%)	UBRR	Error/(%)		UBRR	Error/(%)	UBRR	Error/(%)
2.4	191	0.0	383	0.0	57.6	7	0.0	15	0.0
4.8	95	0.0	191	0.0	76.8	5	0.0	11	0.0
9.6	47	0.0	95	0.0	115.2	3	0.0	7	0.0
14.4	31	0.0	63	0.0	230.4	1	0.0	3	0.0
19.2	23	0.0	47	0.0	250	1	−7.8	3	−7.8
28.8	15	0.0	31	0.0	500	0	−7.8	1	−7.8
38.4	11	0.0	23	0.0	1000	—	—	0	−7.8

在选择通信波特率时，一般以误差最小为原则。设置波特率的示例程序如下：

```
UBRRH &= ～(1<<URSEL);    //选择 UBRRH 寄存器
UBRRL = 0X2F;            //UBRR=47，波特率为 9.6 kb/s
```

⚠ 注意：如果要读取 UBRRH 的值，只要读一次即可。读 UCSRC 的值时，需要对该地址连续读 2 次(注意关中断，防止中断打断连续的读时序)，第 2 次读到的才是 UCSRC 的值。另外，UBRRH 的高位总是 0，而 UCSRC 的高位总是 1。

2.5.3 USART 编程

下述函数程序代码用于实现读取 UCSRC 寄存器的值。

【示例 2-4】 Usart_ReadUCSRC( )。

```
unsigned char Usart_ReadUCSRC(void)
{
        unsigned char ucsrc;
        ucsrc = UBRRH;
        ucsrc = UCSRC;
        return ucsrc;
}
```

在 USART 通信中，串口初始化是决定通信能否正常进行的第一步，主要是对上述几个 USART 寄存器的设置，函数程序代码如下：

【示例 2-5】 Usart_init( )。

```
Void Usart_init(void)
{
        SREG   &= ~(1<<7);              //全局中断屏蔽
        UCSRA = 0x00;                   //USART 传输速率不倍速，不产生 UDRE 数据寄存器空中断
        UBRRH &= ~(1<<URSEL);       //选择 UBRRH 寄存器
        UBRRL =0x2F;                   //UBRR=47，波特率为 9.6 kb/s
        UCSRB |= (1<<RXEN)+(1<<TXEN);       //允许 USART 发送和接收数据
        UCSRB |= (1<<RXCIE);           //接收完成中断允许，发送完成中断屏蔽
        SREG   |= (1<<7);              //开全局中断
}
```

下述函数程序代码用于实现单字节的数据发送，函数参数 data 为要发送的字符。

【示例 2-6】 Usart_transmit( )。

```
Void Usart_transmit(unsigned char data)
{
        while(!(UCSRA &(1<<UDRE)));       //等待发送缓存器空
        UDR = data;
}
```

下述内容用于实现任务描述 2.D.6，编写一个测试程序，实现 ATmega16 与 PC 之间的 USART 串口通信。

由于 PC 使用的是 RS232 标准电平，而 ATmega16 使用的是 TTL 电平，因此需要通过 MAX3232 芯片进行电平转换。通过 JP4 使用跳线选择使用 RS232，实现单片机与 PC 之间的串口通信，如图 2-7 所示。

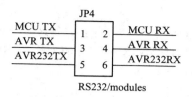

图 2-7 串口跳线选择

编写主函数程序代码如下：

【描述 2.D.6】 main.c。

```
#include<iom16.h>
#include<string.h>

#define uchar unsigned char
#define uint unsigned int

uchar tx_buf[30];                                //定义发送缓冲数组

void Usart_init(void);                           //串口初始化
void Usart_TransTest(uchar *p);                  //串口字符串发送函数
void delay_ms(uint ms);                          //1 ms 延时函数

/*********************串口发送测试主函数*****************************/
int main( void )
{
    Usart_init();                                //串口初始化
    while(1)
    {
        memcpy(tx_buf,"usart transmit testing\r\n",24);    //字符串内存拷贝函数
        Usart_TransTest(tx_buf);                 //发送字符串
        delay_ms(500);
    }
    return 0;
}

/***********************串口初始化函数************************/
void Usart_init(void)
{
    SREG   &= ~(1<<7);                           //全局中断屏蔽
    UBRRH &= ~(1<<URSEL);                        //选择 UBRRH 寄存器
    UBRRL =0X2F;                                 //UBRR=47，波特率为 9.6kb/s
```

```
        UCSRA = 0x00;
        UCSRB |= (1<<RXCIE);              //接收完成中断允许，发送完成中断屏蔽
        UCSRB |= (1<<RXEN)|(1<<TXEN);     //允许 USART 发送和接收数据
        SREG   |= (1<<7); //开全局中断
}


/***********单片机串口字符串发送函数，发送的字符在 PC 超级终端上显示*********/
void Usart_TransTest(uchar *p)
{
        for(; *p!='\0';p++)
        {
                while(!(UCSRA & (1<<UDRE)));      //等待发送寄存器空
                UDR=*p;                          //发送数据
        }
}


/***********************1 毫秒延时函数************************/
void delay_ms(uint ms)
{
        uint i;
        uint j;
        for(i = ms;i > 0; i--)
                for(j = 1400;j > 0; j--)
                {;}
}
```

程序运行后，使用超级串口工具观察到的实验结果如图 2-8 所示。

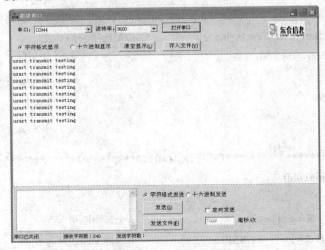

图 2-8   USART 发送测试结果

2.6　SPI

串行外设接口 SPI(Serial Peripheral Interface)总线系统是一种同步串行外设接口，允许 MCU 与各种外围设备以串行方式进行通信及数据交换，具有电路简单、控制方便、通信速度快、通信可靠等优点。很多器件如 LCD 模块、Flash/EEPROM 存储器、数据输入/输出设备都采用了 SPI 接口。本节将对 SPI 接口的基本原理和应用作详细讲解。

2.6.1　SPI 概述

SPI 接口一般用于系统板上芯片之间的短距离通信,如单片机与外围 EEPROM 存储器、A/D 及 D/A 转换器、实时时钟 RTC 等器件的直接扩展和连接。采用 SPI 串行总线可以简化系统结构，降低系统成本，使系统具有灵活的可扩展性。

1. 特点

SPI 允许 ATmega16 和外设之间，或几个 AVR 单片机之间以标准 SPI 接口协议兼容的方式进行高速的同步数据传输。ATmega16 SPI 的特点如下：

- 全双工、3 线同步数据传输；
- 可选择的主/从机操作模式；
- LSB 首先发送或 MSB 首先发送；
- 7 种可编程的比特率；
- 传输结束中断标志；
- 写冲突标志检测；
- 可以从闲置模式被唤醒(从机模式下)；
- 作为主机时具有倍速模式(CK/2)。

2. 系统组成

典型的 SPI 通信系统由一个主机、一个从机以及它们之间的 4 根信号线组成，通信连接如图 2-9 所示。

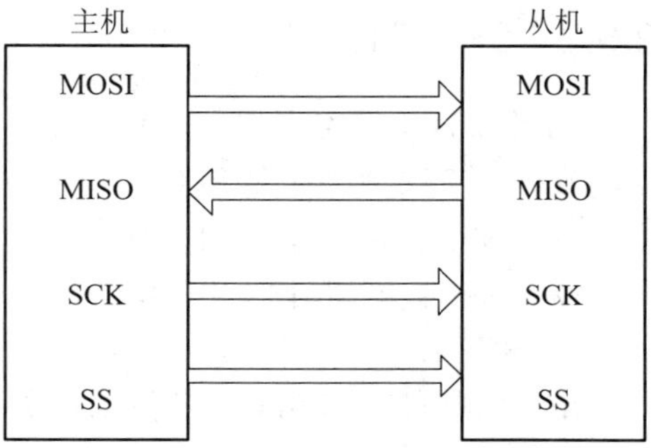

在 ATmega16 中，SPI 共涉及四个管脚：

- MOSI：主机输入/从机输出数据线，与 PB5 复用；
- MISO：从机输入/主机输出数据线，与 PB6 复用；
- SCK：同步时钟，与 PB7 复用；
- SS：从机选择线，低电平有效，与 PB4 复用。

图 2-9　典型 SPI 通信系统

3. 工作原理

在 SPI 通信中，主机控制占据主导地位，决定了通信的起始和结束。通信双方的数据传输是在主机的控制下，进行双向同步数据交换。SCK 和 SS 均由主机发出，从机只在 SS

信号有效时才响应 SCK 上的时钟信号进行数据传输。

SPI 的本质是在同步时钟作用下的串行移位过程。当主机要发起一次传输时，首先将 SS 信号拉低；然后在内部产生的 SCK 作用下，将 SPI 数据寄存器中的数据逐位移出，并通过 MOSI 信号线传送至从机。从机一旦检测到 SS 有效后，在 SCK 的作用下，也将自己移位寄存器中的内容通过 MISO 信号线逐位移入主机寄存器。

4. 工作模式

在介绍 SPI 的工作模式之前，首先介绍两个基本概念：同步时钟极性 CPOL 和同步时钟相位 CPHA。

CPOL：SPI 总线处在传输空闲时 SCK 信号线的状态。

◇ CPOL=0：SPI 传输空闲时，SCK 信号线的状态保持在低电平 0。

◇ CPOL=1：SPI 传输空闲时，SCK 信号线的状态保持在高电平 1。

CPHA：进行 SPI 传输时，对数据线进行采样/锁存点(主机对 MISO 采样、从机对 MOSI 采样)相对于 SCK 上时钟信号的位置。

◇ CPHA=0：同步时钟的前沿为采样锁存，后沿为串行移出数据。

◇ CPHA=1：同步时钟的前沿为串行移出数据，后沿为采样锁存。

其中，当 SS 拉低、SPI 开始通信时，SCK 脱离空闲状态的第 1 个电平跳变沿为同步时钟的前沿，随后的第 2 个跳变沿为后沿。

根据同步时钟的极性 CPOL 和同步时钟的相位 CPHA，SPI 可以分为 4 种不同的工作模式。4 种模式的定义如表 2-45 所示。

表 2-45 SPI 的 4 种工作模式

SPI 模式	CPOL	CPHA	移出数据	锁存数据
0	0	0	下降沿	上升沿
1	0	1	上升沿	下降沿
2	1	0	上升沿	下降沿
3	1	1	下降沿	上升沿

2.6.2 SPI 配置

与 SPI 有关的寄存器有下述几个：

◇ SPI 控制寄存器 SPCR；

◇ SPI 状态寄存器 SPSR；

◇ SPI 数据寄存器 SPDR。

1. SPCR

SPI 控制寄存器 SPCR 各位的定义如表 2-46 所示。

表 2-46 控制寄存器 SPCR

Bit	7	6	5	4	3	2	1	0
名称	SPIE	SPE	DORD	MSTR	CPOL	CPHA	SPR1	SPR0
读/写	R/W	R/W	R/W	R/W	R/W	R/W	R/W	R/W
初始值	0	0	0	0	0	0	0	0

表 2-46 中各位的详细描述如表 2-47 所示。

表 2-47　SPCR 各位描述

名　　称	描　　述
SPIE (Bit7)	SPI 中断允许位。 0：屏蔽 SPI 中断； 1：响应 SPI 中断。 当 I 和 SPIE 均为 1，且 SPSR 寄存器的 SPIF 位为 1 时，系统响应 SPI 中断
SPE (Bit6)	SPI 允许位，对 SPI 的任何操作都必须先将该位置位。 0：关闭 SPI 接口； 1：允许(使能)SPI 接口
DORD (Bit5)	数据移出顺序。 0：LSB 数据传送方式，低位在前； 1：MSB 数据传送方式，高位在前
MSTR (Bit4)	主/从机选择位。 0：从机方式； 1：主机方式
CPOL (Bit3)	SCK 时钟极性选择。 0：SCK 在闲置时为低电平； 1：SCK 在闲置时为高电平
CPHA (Bit2)	SCK 时钟相位选择，和 CPOL 共同决定了 SPI 的工作模式。 0：同步时钟的前沿为采样锁存，后沿为串行移出数据； 1：同步时钟的前沿为串行移出数据，后沿为采样锁存
SPR1:0 (Bit[1:0])	SPI 时钟速率选择，与寄存器 SPSR 的 SPI2X 位一起，用于设置主机模式下产生的串行时钟 SCK 的速率

SCK 和振荡器的时钟频率 fosc 关系如表 2-48 所示。

表 2-48　SPI 时钟 SCK 速率选择

SPI2X	SPR1	SPR0	SCK 频率
0	0	0	fosc/4
0	0	1	fosc/16
0	1	0	fosc/64
0	1	1	fosc/128
1	0	0	fosc/2
1	0	1	fosc/8
1	1	0	fosc/32
1	1	1	fosc/64

2. SPSR

SPI 状态寄存器 SPSR 各位的定义如表 2-49 所示。

表 2-49　状态寄存器 SPSR

Bit	7	6	5	4	3	2	1	0
名称	SPIF	WCOL	—	—	—	—	—	SPI2X
读/写	R/W	R/W	R	R	R	R	R	R/W
初始值	0	0	0	0	0	0	0	0

表 2-49 中各位的详细描述如表 2-50 所示。

表 2-50　SPSR 各位描述

名　称	描　述
SPIF (Bit7)	SPI 中断标志。 0：串行数据传送中； 1：串行数据传送已完成。 响应 SPI 中断后，SPIF 由硬件自动清 0，也可用软件方式清 0
WCOL (Bit6)	写冲突标志。在 SPI 的数据传送过程中向 SPI 的数据寄存器 SPDR 写入数据，会置位 WCOL。清零，WCOL 只能通过下述软件方式：先读取 SPI 状态寄存器 SPSR(读 SPSR 的操作会自动清除 SPIF 和 WCOL 位)，然后实行一次对 SPI 数据寄存器 SPDR 的操作
Bit[5:1]	保留位
SPI2X (Bit0)	倍速 SPI 选择。在主机方式下，该位置 1 时，SPI 的速度(SCK 的频率)将加倍。(SCK 和振荡器的时钟频率 fosc 关系参见表 2-48)

⚠ 注意：当 SPI 设置为从机模式时，SCK 必须低于 fosc/4 才能保证有效的数据传输。

3. SPDR

SPI 数据寄存器 SPDR 为可读/写的寄存器，用于在通用寄存器组与 SPI 移位寄存器之间传输数据。写数据到该寄存器时，将启动或准备数据传送；读该寄存器时，读到的是移位寄存器配备的接收缓冲区中的值。SPDR 各位的定义如表 2-51 所示。

表 2-51　数据寄存器 SPDR

Bit	7	6	5	4	3	2	1	0
名称	MSB							LSB
读/写	R/W	R/W	R/W	R/W	R/W	R/W	R/W	R/W
初始值	NA	NA	NA	NA	NA	NA	NA	NA

同 ATmega16 的其他模块一样，在 SPI 使用之前要先进行合理的初始化设置。在进行初始化设置时，要注意下述几点：

◇　正确设置通信速率。当 SPI 配置为主机时，时钟信号由系统时钟经预分频器产生，ATmega16 支持的最高位传输速度为 fosc/2。当 SPI 配置为从机时，时钟信号由 SCK 引脚提供，与内部始终无关。

◇　正确设置时钟相位和极性。通信双方必须在时钟相位和极性上严格一致，因此应根据外设芯片的工作时序确定双方的工作模式。

◇　正确配置 SS 引脚。在主机模式下，SS 引脚会影响 SPI 接口的工作方式，尽量设置为输出。在主机工作方式下，SS 引脚不会自动产生控制信号，须由用户编程实现。

SPI 的初始化示例程序如下：

【示例 2-7】　SPI_init( )。

```
void SPI_init(void)
{
        SREG &= ～(1<<7);                //关闭全局中断
        PORTB=0x00;                     //PORTB 初始化
```

```
    DDRB|=(1<<PB4)|(1<<PB5)|(1<<PB7);      //SS、MOSI 和 SCK 引脚设输出，低电平
    SPCR |= (1<<SPIE)|(1<<SPE)|(1<<MSTR);   //SPI 中断允许、使能 SPI、主机模式
    SPCR &= ～((1<<DORD)|(1<<CPOL)|(1<<CPHA));   //模式 0、数据移出顺序为 MSB
    SPCR |= (1<<SPR0);
    SPCR &=～ (1<<SPR1);
    SPSR |= (1<<SPI2X);                    //选择 SPI 时钟频率为 fosc/8，即 1 MHz
    SREG |= (1<<7);                        //使能全局中断
}
```

小　结

通过本章的学习，学生应该了解和掌握：

◆ ATmega16 主要由 AVR CPU(内核)、存储器(Flash、SRAM、EEPROM)、各种功能的外围和 I/O 接口，以及相关的数据、控制和状态器等组成。

◆ ATmega16 的 I/O 引脚有 4 个 8 位端口，分成 PA、PB、PC 和 PD，全部是可编程控制的双(多)功能复用的 I/O 引脚。

◆ ATmega16 有 3 个外部中断源，分别是 INT0、INT1 和 INT2，由芯片外部引脚 PD2、PD3 和 PB2 上的电平变化或状态作为中断触发信号。

◆ SREG 的 BIT7(I 位)为全局中断使能位，在响应中断后，I 位由硬件自动清零。

◆ ATmega16 内部有 3 个通用定时器/计数器：2 个 8 位的定时器/计数器(T/C0 和 T/C2)和 1 个 16 位的定时/计数器(T/C1)。

◆ USART 是一个全双工的同步/异步串行收/发器，也是 ATmega16 自带的一个高度灵活的串行通信接口，主要由时钟发生器、发送器和接收器 3 部分组成。

◆ SPI 接口一般用于系统板上芯片之间的短距离通信，如单片机与外围 EEPROM 存储器、A/D 及 D/A 转换器、实时时钟 RTC 等器件的直接扩展和连接。

练　习

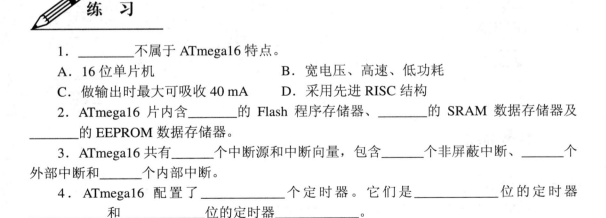

1. _____不属于 ATmega16 特点。
A．16 位单片机　　　　　　　　B．宽电压、高速、低功耗
C．做输出时最大可吸收 40 mA　　D．采用先进 RISC 结构

2．ATmega16 片内含_____的 Flash 程序存储器、_____的 SRAM 数据存储器及_____的 EEPROM 数据存储器。

3．ATmega16 共有_____个中断源和中断向量，包含_____个非屏蔽中断、_____个外部中断和_____个内部中断。

4．ATmega16 配置了_____个定时器。它们是_____位的定时器_____和_____位的定时器_____。

5．USART 是一个全双工的_____，也是 ATmega16 自带的一个高度灵活的串行通信接口，主要由_____、_____和_____3 部分组成。

6．简述 SPI 接口中用到的四个管脚及其功能。

第3章 蓝牙技术

本章目标

- ◆ 了解蓝牙基本技术规范。
- ◆ 了解蓝牙协议体系结构。
- ◆ 掌握蓝牙设备的工作状态。
- ◆ 了解蓝牙数据包结构和蓝牙编址。
- ◆ 掌握蓝牙模块的分类及选型。
- ◆ 掌握 AT 指令的基本概念。
- ◆ 掌握蓝牙模块的配对连接。

学习导航

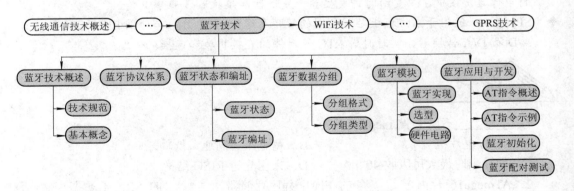

任务描述

➤ 【描述 3.D.1】

采用 AT 指令实现蓝牙模块连接前的初始化设置。

➤ 【描述 3.D.2】

实现蓝牙模块和手机之间的配对连接，进行数据收/发测试。

3.1　蓝牙技术概述

在日常生活中，蓝牙技术被广泛地用于消费电子和手机中。本节将对蓝牙技术规范和几个基本概念作简要介绍。

3.1.1　技术规范

蓝牙技术从产生至今，共发展了六个规范版本，分别是 V1.1、V1.2、V2.0、V2.1、V3.0 和 V4.0。

◇　V1.1 规范：1998 年最早期版本。传输率约在 748 kb/s～810 kb/s，容易受同频率产品干扰，通信质量较差。

◇　V1.2 规范：兼容 V1.1，与 V1.1 具有相同的传输速率，但增加了抗干扰跳频功能。

◇　V2.0 规范：V1.2 的改良提升版，传输率约在 1.8 Mb/s～2.1 Mb/s，可同时传输语音、图片和文件。

◇　V2.1 规范：2004 年版本，在装置配对流程和短距离的配对方面作了改善，可在两个支持蓝牙的手机之间互相进行配对与通信传输，具备更佳的省电效果。

◇　V3.0 规范：2009 年版本。该规范通常被称为蓝牙高速传输技术，使蓝牙传输拓展到更大的文件，传输速率更高，功耗更低。

◇　V4.0 规范：2010 年版本。它包括三个子规范，即传统蓝牙技术、高速蓝牙和新的蓝牙低功耗技术。该版本改进之处主要体现在电池续航时间、节能和设备种类上，有效传输距离也提升为 60 m。

以上每个规范版本均可以按通信距离再分为 Class A 和 Class B：

◇　Class A：传输功率高、传输距离远，但成本高、耗电量大，不适合作为个人通信产品，多用于部分商业特殊应用场合，通信距离大约在 80 m～100 m 距离之间。

◇　Class B：目前最流行的制式，通信距离大约在 8 m～30 m 之间，视产品的设计而定，多用于手机、蓝牙耳机、蓝牙适配器等个人通信产品，耗电量和体积较小，方便携带。

随着蓝牙技术的不断提高和完善，蓝牙 SIG 在早期版本的基础上添加了增强速率 EDR(Enhanced Data Rate)技术，如 V2.0+EDR、V2.1+EDR，实现了 3 倍于原先规范的传输速率，并得到了广泛的应用。

3.1.2　基本概念

蓝牙技术涉及面广，技术复杂，本节将介绍蓝牙技术的几个基本概念。

◇　主/从设备：蓝牙通常采用点对点的配对连接方式，主动提出通信要求的设备是主设备(主机)，被动进行通信的设备为从设备(从机)。

◇　蓝牙设备状态：蓝牙设备有待机和连接两种主要状态，处于连接状态的蓝牙设备可有激活、保持、呼吸和休眠 4 种状态。

◇　对等网络 Ad-hoc：蓝牙设备在规定的范围和数量限制下，可以自动建立相互之间的联系，而不需要一个接入点或者服务器，这种网络称为 Ad-hoc 网络。由于网络中的每台设备在物理上都是完全相同的，因此又称为对等网。

◇ 跳频扩频技术(FHSS)：收、发信机之间按照固定的数字算法产生相同的伪随机码，发射机通过伪随机码的调制，使载波工作的中心频率不断跳跃改变，只有匹配接收机知道发射机的跳频方式，可以有效排除噪音和其他干扰信号，正确地接收数据。

◇ 时隙：蓝牙采用跳频扩频技术，跳频频率为 1600 跳/秒，即每个跳频点上停留的时间为 625 μs，这 625 μs 就是蓝牙的一个时隙，在实际工作中可以分为单、多时隙。

◇ 蓝牙时钟：蓝牙时钟是蓝牙设备内部的系统时钟，是每一个蓝牙设备必须包含的，决定了收/发器的时序和跳频。蓝牙时钟频率为 3.2 kHz，该时钟不会被调整或关掉。

3.2 蓝牙协议体系

蓝牙系统遵循蓝牙协议体系，采用分层的结构。本节将详细讲解蓝牙协议体系，以及蓝牙系统的软、硬件实现。

蓝牙协议采用分层结构，遵循开放系统互连 OSI(Open System Interconnection)参考模型，按照各层协议在整个蓝牙协议体系中所处的位置，蓝牙体系可分为底层协议、中间层协议和高端应用层协议三大类，如图 3-1 所示。

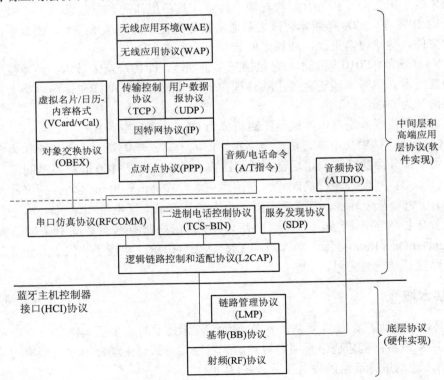

图 3-1 蓝牙协议体系

在图 3-1 中，蓝牙的协议体系层次之间的关系如下所述：

◇ 底层协议与中间层协议共同组成核心协议(Core)，绝大部分蓝牙设备都要实现这些协议。

◇　高端应用层协议又称应用规范(Profiles)，是在核心协议基础上构成的面向应用的协议。

◇　还有一个主机控制接口(Host Controller Interface，HCI)，由基带控制器、连接管理器、控制和事件寄存器等组成，是蓝牙协议中软、硬件之间的接口。

1. 蓝牙底层协议

蓝牙底层协议用于实现蓝牙信息数据流的传输链路，是蓝牙协议体系的基础，主要包括下述几个单元：

◇　射频(RF)协议：主要定义频段与信道安排、发射/接收机特性等。它通过 2.4 GHz频段规范物理层无线传输技术，实现数据流的过滤和传输。

◇　基带(BB)协议：为基带数据分组提供同步定向连接(Synchronous Connection Orented，SCO)和异步无连接(Asynchronous Connectionless，ACL)两种物理链路，对不同数据类型都会分配一个特殊信道，用于传递连接管理和控制信息等。

◇　链路管理协议(LMP)：主要负责蓝牙设备间连接的建立、拆除和安全控制，控制无线设备的节能模式和工作周期，以及微微网内各设备单元的连接状态。

2. 蓝牙中间层协议

蓝牙中间层协议完成数据帧的分解与重组、服务质量控制、组提取等功能，为上层应用服务，并提供与底层协议的接口，主要包括下述几个单元：

◇　蓝牙主机控制器接口(HCI)协议：位于 L2CAP 和 LMP 之间，为上层协议提供进入LMP 和 BB 的统一接口和方式。HCI 传输层包括 USB、RS232、UART 和 PC 卡。

◇　逻辑链路控制与适配协议(L2CAP)：主要完成数据的拆装、服务质量控制，协议的复用、分组的分割和重组及组管理等功能。

◇　串口仿真协议(RFCOMM)：又称线缆替换协议，仿真 RS232 的控制和数据信号，可实现设备间的串行通信，为使用串行线传送机制的上层协议提供服务。

◇　电话控制协议(TelCtrl)：包括二进制电话控制协议(TCS-BIN)和 AT 命令集电话控制命令。其中，TCS-BIN 是在蓝牙设备间建立语音和数据呼叫的控制信令。

◇　服务发现协议(SDP)：为上层应用程序提供一种机制来发现可用的服务，是所有用户模式的基础。

3. 蓝牙高端应用层协议

高端应用层位于蓝牙协议体系的最上部分，主要包括下述几个单元：

◇　对象交换协议(OBEX)：只定义传输对象，而不指定特定的传输数据类型，可以是从文件到电子商务卡、从命令到数据库等任何类型。

◇　网络访问协议：包括 PPP、TCP、IP 和 UDP 协议，用于实现蓝牙设备的拨号上网，或通过网络接入点访问因特网和本地局域网。

◇　无线应用协议(WAP)：支持移动电话浏览网页、收取电子邮件和其他基于因特网的协议，可在数字蜂窝电话和其他小型无线终端上实现因特网业务。

◇　无线应用环境(WAE)：可提供用于 WAP 电话和个人数字助理 PDA 所需的各种应

用软件。

◇ 音频协议(AUDIO)：可在一个或多个蓝牙设备之间传递音频数据，并通过在基带上直接传输 SCO 分组实现。

3.3 蓝牙状态和编址

蓝牙技术主要用于点对点的文件传输，可通过配对连接过程实现。主设备搜索周围蓝牙从设备地址，发起配对连接，输入配对口令，通过后则可建立连接。在建立连接的过程中，蓝牙设备的状态也不断发生变化。本节将讲解蓝牙设备的状态和编址。

3.3.1 蓝牙状态

蓝牙设备主要运行在待机(Standby)和连接(Connection)两种状态。从待机到连接状态，需经历寻呼、寻呼扫描、查询、查询扫描、主响应、从响应、查询相应 7 个子状态。

1. 待机状态

待机状态是蓝牙单元的默认状态，除本地时钟以低功率模式驱动外，其他功能都处于闲置状态。设备每隔 1.28 s 就周期性地"侦听"信息，一旦设备被唤醒便处于连接状态，将在预先设定的 32 个跳频频率上接听信息。跳频数目因地区而异，多数国家都采用 32 个跳频频率。

2. 连接状态

在连接建立后，蓝牙设备可以处于激活(Active)、保持(Hold)、呼吸(Sniff)和休眠(Park)4 种模式。其中，后 3 种为节能状态，按照电源能耗由低到高依次为休眠、保持和呼吸。蓝牙的 4 种连接状态如表 3-1 所示，4 种状态之间是可以相互转化的。

表 3-1　蓝牙连接状态

状态	描　　述
激活 (Active)	在该模式下，主单元和从单元通过侦听、发送或者接收数据包而主动参与信道操作。主单元和从单元相互保持同步
呼吸 (Sniff)	该模式下，主单元只能有规律地在特定的时隙发送数据，从单元只在指定的时隙上"嗅探"消息，可以在空时隙睡眠而节约功率。呼吸间隔可以根据应用需求做适当调整
保持 (Hold)	该模式下，设备只有一个内部计数器在工作，不支持 ACL 数据包，可为寻呼、扫描等操作提供可用信道。保持模式一般用于连接几个微微网或能耗低的设备。在进入该模式前，主节点和从节点就从节点处于保持模式的持续时间达成一致。当时间耗尽时，从节点将被唤醒并与信道同步，等待主节点的指示
休眠 (Park)	当从单元无需使用微微网信道却又打算和信道保持同步时，可以进入休眠模式，在该模式下，设备几乎没有任何活动，不支持数据传送，偶尔收听主设备的消息并恢复同步、检查广播消息。设备被赋予一个休眠成员地址(Parking Member Address：PM_ADDR)并失去其活动成员地址(Active Member Address：AM_ADDR)

3. 状态转换

蓝牙设备由待机到连接状态所经历的 7 个子状态的详细描述如表 3-2 所示。

表 3-2　7 个转换子状态描述

子状态	描　　述
寻呼 (Page)	该子状态被主单元用来激活和连接从单元，主单元通过在不同的跳频信道内传送从单元的设备识别码(DAC)来发出寻呼消息
寻呼扫描 (Page Scan)	在该子状态下，从单元在一个窗口扫描存活期内以单一跳频侦听自己的设备接入码(DAC)
从响应 (Slave Responce)	从单元在该子状态下响应主单元的寻呼消息。如果处于寻呼扫描子状态下的从单元和主单元寻呼消息相关即进入该状态
主响应 (Master Responce)	主单元在该状态下发送 FHS 数据包给从单元。如果主单元收到从单元的响应后，则进到该子状态。当从单元收到主单元发送的 FHS 数据包后，将进入连接状态
查询 (Inquiry)	该子状态被主单元用于收集蓝牙设备地址，发现相邻蓝牙设备的身份
查询扫描 (Inquiry Scan)	在该子状态下，蓝牙设备侦听来自其他设备的查询。此时扫描设备可以侦听一般查询接入码(General Inquiry Access Code，GIAC)或者专用查询接入码(Dedicated Inquiry Access Code，DIAC)
查询响应 (Inquiry Responce)	对查询而言，只有从单元才可以响应而主单元则不能。从单元用 FHS 数据包响应，该数据包包含了从单元的设备接入码、内部时钟和某些其他从单元信息

各个子状态之间可以相互转换，状态转换过程如图 3-2 所示。

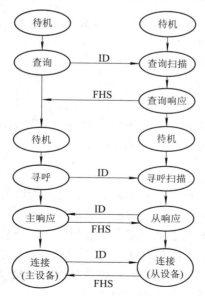

图 3-2　状态转换过程

从图 3-2 中可以看出，蓝牙从待机到连接状态需经历下述步骤：

(1) 主设备使用识别码(GIAC/DIAC)查询一定范围内的蓝牙设备。

(2) 处于查询扫描状态的蓝牙设备侦听到查询信息后，会发送自己的地址和时钟信息(FHS 数据包)给主设备，进入查询响应状态。

(3) 主设备在发现范围内的蓝牙设备之后，寻呼这些设备。

(4) 处于寻呼扫描状态的从设备被该主设备寻呼到，用自己的设备访问码作为响应，进入从响应状态。

(5) 主设备接收到来自从设备的响应之后，传送自己的 FHS 数据包作为响应，进入主响应状态。

(6) 从设备收到该 FHS 数据包后，主设备和从设备即进入连接状态。

⚠ 注意：当主设备在其范围内查询其他设备时，其他设备必须处于查询扫描状态，随时监听和响应查询；当主设备寻呼其他设备时，其他设备必须处于寻呼扫描状态。

3.3.2 蓝牙编址

蓝牙有 4 种基本类型的设备地址：BD_ADDR、AM_ADDR、PM_ADDR、AR_ADDR。其中：

◇ BD_ADDR：48 位的蓝牙设备地址。

◇ AM_ADDR：3 位激活状态成员地址。

◇ PM_ADDR：8 位休眠状态成员地址。

◇ AR_ADDR：访问请求地址，休眠状态的从单元通过它向主单元发送访问消息。

1. 蓝牙设备地址

每个蓝牙设备都有一个唯一的 48 位蓝牙设备地址 BD_ADDR(Bluetooth Device Address)。BD_ADDR 由 3 段构成：

◇ LAP(低 24 位地址段)。

◇ NAP(16 位无效地址段)。

◇ UAP(高 8 位地址段)。

NAP 和 UAP 合在一起构成了 24 位地址，用作生产厂商的唯一标识码，由蓝牙权威部门分配给不同的厂商。LAP 在各厂商内部分配。

2. 从节点地址

从节点地址不是唯一的，从节点的状态不同，分配的地址也不同，有下述三种：

◇ AM_ADDR：处于激活状态下的从节点地址，该地址位于主节点发送的数据分组的分组头中。利用节点有无激活地址能把主节点和任何一个从节点区别开。

◇ PM_ADDR：处于休眠状态的成员地址，也使用 3 位二进制数描述 8 个节点的地址。从节点处于休眠状态时就能获得一个休眠成员地址 PM_ADDR。通过 BD_ADDR 或 PM_ADDR 均能识别处于休眠状态下的从节点。

◇ AR_ADDR：从节点除了激活地址、休眠地址外，还有一个访问请求地址 AR_ADDR。当从节点进入休眠状态时，将分配一个状态请求地址，用来向主节点发送一个状态请求消息，使休眠从节点能够在访问窗口内确定"从→主时隙"。

3.4 蓝牙数据分组

在蓝牙的信道中，数据是以分组的形式进行传输的，即将信息进行分组打包，时间划分为时隙，每个时隙内只发送一个数据包。蓝牙的数据包与纠错机制之间有密切的联系。本节将介绍蓝牙的数据分组技术，包括分组格式和分组类型。

3.4.1 分组格式

每个数据分组可以仅由识别码组成，也可以由识别码和分组头组成，或者由识别码、分组头和有效载荷组成。识别码和分组头的长度是固定的，有效载荷的长度可以在 0～2745 比特之间变化。标准的数据分组格式如图 3-3 所示。

识别码(72 比特) Access Code	分组头(54 比特) Header	有效载荷(0～2745 比特) Payload

图 3-3 蓝牙数据分组格式

其中：

- ◇ 识别码：用于数据同步、DC 偏移补偿和身份识别。
- ◇ 分组头：包含了链路控制(LC)信息。
- ◇ 有效载荷：携带上层的语音和数据字段。

1) 识别码

蓝牙数据分组可以有多种不同的数据类型，识别码是每个数据分组的必要组成部分。在同一个网中发送的所有分组都有相同的信道识别码，因此可以对信道上交换的所有分组进行识别，过滤从其他网中接收到的数据包。识别码也可用于寻呼和查询过程，这种情况下的识别码可单独作为信令信息，而不需要分组头和载荷。识别码的格式如图 3-4 所示。

LSB 4	64	4 MSB
头	同步字	尾

图 3-4 识别码格式

蓝牙设备单元在不同的工作模式下使用不同的识别码，识别码共有下述 3 种类型：

- ◇ 信道识别码 CAC：用于标识一个微微网。
- ◇ 设备识别码 DAC：用于指定的信令过程，比如寻呼和寻呼应答。
- ◇ 查询识别码 IAC：用于查询，分为通用查询识别码和专用查询识别码两种，前者用于检测指定范围内的其他微微网设备；后者用于检测指定范围内的专用蓝牙设备。

2) 分组头

数据包的分组头部分包含了数据包确认、乱序数据包重排的数据包编号、流控、从单元地址和报头错误检查等链路控制信息，由 6 个字段组成，共有 18 位。分组头格式如图 3-5 所示。

LSB 3	4	1	1	1	8 MSB
AM_ADDR	TYPE	FLOW	ARQN	SEQN	HEC

图 3-5 分组头格式

为了降低开销，它采用前向纠错编码方法(FEC)，在特殊情况下，分组头的第一位在序列中发 3 次，即利用 1/3 比例前向纠错编码来提高发送的可靠性，形成 54 比特的头序列。

分组头各位的描述如表 3-3 所示。

表 3-3　分组头各位描述

名　称	描　述
AM_ADDR	3 位成员地址，用于识别加入到微微网中的活动成员。 主单元为了区别各个从单元，给每个从单元分配了一个临时的 3 比特地址
TYPE	4 位类型码说明了分组是在 SCO 链路还是在 ACL 链路上传输，以及该分组是哪种 SCO 或 ACL 分组，同时还说明了分组所占用的时隙
FLOW	1 位流控，用于 ACL 链路上的分组流量控制。 0：接收方 ACL 链路接收缓冲区满，指示停止传输； 1：接收方 ACL 链路接收缓冲区清空，指示可以传输
ARQN	1 位确认指示，用于通知发送端，带有 CRC 的有效载荷接收是否成功。 0：数据接收失败； 1：数据接收成功
SEQN	1 位序列编号，用于区分新发包和重发包，每一次新的分组发送时，SEQN 将反相一次，重传时该位不变，使接收端按正确的顺序接收分组，避免重复收/发
HEC	8 位包头错误校验码，用于对包头的完整性进行检验

3) 有效载荷

有效载荷部分携带了上层的语音和数据字段。针对不同的数据链路，蓝牙分组的有效载荷可以分为语音段载荷和数据段载荷。其中，ACL 数据分组只有数据段载荷；SCO 数据分组只有语音段载荷；DV 分组则同时含有语音段载荷和数据段载荷。数据段载荷的一般格式如图 3-6 所示。

HEADER (8~16 比特) 有效载荷头	BODY 有效载荷体	CRC Code(16 比特) CRC码

图 3-6　数据段载荷格式

从图 3-6 可以看出，数据段载荷由有效载荷头、有效载荷体和 CRC 码 3 部分组成。有效载荷头用于指示逻辑信道、逻辑信道上的流量控制和载荷的长度，根据分组所占的时隙大小，其长度也有所不同，分别为 1 个或 2 个字节。CRC 码用于数据错误检测和错误纠正。

与数据段载荷不同的是，语音段载荷无有效载荷头和 CRC 码，只有有效载荷体。

3.4.2　分组类型

蓝牙数据分组的类型与使用的物理链接方式有关，主要是 SCO 和 ACL 两种链接方式。对于 SCO 和 ACL 两种链接方式，每种都有 12 种不同的分组类型和 4 种通用控制分组类型(两种链接方式所通用)。

不同链路的不同分组类型由分组头中的 TYPE 位唯一区分，可分为 5 种公共分组(为两种链接方式所通用)、4 种 SCO 分组和 7 种 ACL 分组 3 大类。其中，SCO 分组用于同步 SCO 链接，ACL 分组用于异步 ACL 链接方式。16 种分组类型的详细描述如表 3-4 所示。

表 3-4　数据分组类型描述

分组名称		描 述
公共分组	ID	由设备识别码(DAC)或查询识别码(IAC)组成，长度为 68 位，是一种可靠的分组，常用于呼叫、查询及应答过程中
	NULL	是一种不携带有效载荷的分组，由信道识别码(CAC)和分组头组成，总长度为 128 位。NULL 分组用于返回链接信息给发送端，其自身不需要确认
	POLL	与 NULL 类似，但需要一个接收端发来的确认。主单元可用它来检查从单元是否启动
	FHS	表明蓝牙设备地址和发送方时钟的特殊控制分组，常用于寻呼、主单元响应、查询响应及主/从切换等。采用 2/3 FEC 纠错编码
	DM1	一种通用分组，可以为两种物理链路传输控制消息，也可携带用户数据
SCO分组	HV1	含有 10 个信息字节，使用 1/3 FEC 纠错码，无有效载荷头和 CRC 码，常用于语音传输
	HV2	含有 20 个信息字节，使用 2/3 FEC 纠错码，无有效载荷头和 CRC 码，常用于语音传输
	HV3	含有 30 个信息字节，无 FEC 纠错码，无有效载荷头和 CRC 码，常用于语音传输
	DV	数据-语音组合包，有效载荷段分语音段和数据段两部分，可进行数据和话音的混合传输。语音字段没有 FEC 保护，从不重传；数据字段采用 2/3 FEC，可以重传
ACL分组	DM1	一种只能携带数据信息的分组，含有 18 个信息字节和 16 位 CRC，采用 2/3 FEC 编码
	DH1	类似于 DM1 分组，含有 28 个信息字节和 16 位 CRC，无 FEC 编码
	DM3	一种具有扩展有效载荷的 DM1 分组，含有 123 个信息字节和 16 位 CRC，采用 2/3 FEC 编码
	DH3	类似于 DM3 分组，含有 185 个信息字节和 16 位 CRC，无 FEC 编码
	DM5	一种具有扩展有效载荷的 DM1 分组，含有 226 个信息字节，采用 2/3 FEC 编码
	DH5	类似于 DM5 分组，含有 341 个信息字节和 16 位 CRC，但无 FEC 编码
	AUX1	类似于 DH1 分组，含有 30 个信息字节，没有 CRC

3.5　蓝牙模块

　　蓝牙模块又叫蓝牙内嵌模块、蓝牙模组，是蓝牙无线传输技术的重要实现。在实际的蓝牙应用与开发中，一般不需关注具体的协议实现，只需结合项目任务选择合适的蓝牙模块即可。本节将详细介绍蓝牙模块的实现、选型，以及与本书配套的蓝牙模块的内部结构、管脚图和外围电路。

3.5.1　蓝牙实现

　　蓝牙技术通常以蓝牙芯片的形式出现，底层协议通过硬件来实现；中间层和高端应用层协议则通过协议栈实现，固化到硬件之中。并非所有蓝牙芯片都要实现全部的蓝牙协议，但大部分都实现了核心协议，对于高端应用层协议和用户应用程序，可根据需求定制。

目前多数蓝牙芯片的底层硬件采用单芯片结构，利用片上系统技术将硬件模块集嵌在单个芯片上，同时配有微处理器(CPU)、静态随机存储器(SRAM)、闪存(Flash ROM)、通用异步收/发器(UART)、通用串行接口(USB)、语音编/译码器(CODEC)、蓝牙测试模块等。一个典型的单芯片蓝牙硬件模块结构图如图 3-7 所示。

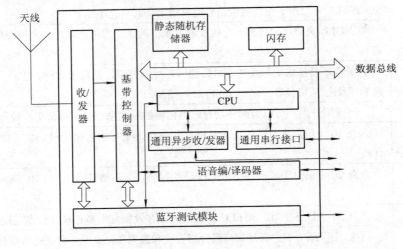

图 3-7　单芯片蓝牙硬件模块结构

⚠️ 注意：不同生产厂家推出的蓝牙芯片的结构和性能各不相同，底层协议之外所嵌入的其他功能单元也不完全相同，详情参见具体芯片手册。

蓝牙芯片可以集成到各种数字化智能终端中，方式有下述两种：

◇　单微控制器方式：所有蓝牙协议与用户应用程序都集成到一个模块中，整个处理过程由一个微处理器来完成。

◇　双微控制器方式：蓝牙底层与中高层协议分别由主机控制器和主机来实现。

在蓝牙芯片的基础上，添加微带天线、晶振、Flash、电源电路等，并根据应用需求开发所需的应用协议、应用程序和接口驱动程序，即可构成蓝牙模块，实现某些特定用途。

3.5.2　选型

选择合适的蓝牙模块，对于实现系统设计目标至关重要。本节将介绍蓝牙模块的性能指标、种类和选择。

1. 蓝牙模块性能指标

蓝牙模块的性能指标主要有下述几个：

◇　发射功率：标准的 CLASS1 模块发射功率为 20 dBm，即 100 mW；标准的 CLASS2模块发射功率小于 6 dBm，即小于 4 mW。在发射功率参数确定后，实际发射效率与射频电路、天线效率相关。

◇　接收灵敏度：蓝牙模块接收灵敏度小于−80 dBm，适当增加前置放大器，可提高灵敏度。

◇　通信距离：CLASS1 模块的标准通信距离(指在天线相互可视的情况下)为 100 m，

CLASS2 模块通信距离为 10 m。实际蓝牙模块的通信距离与发射功率、接收灵敏度及应用环境密切相关。

◇ 功耗与电流：蓝牙模块的功耗大小与工作模式相关，在查找、通信和等待时，功耗是不同的。不同的固件，因其参数设置不同，功耗也会不同。

2. 蓝牙模块种类

蓝牙模块的种类很多，可从应用、芯片、技术、性能、生产厂家等多个角度区分：

◇ 按应用分，有手机蓝牙模块、蓝牙耳机模块、蓝牙语音模块、蓝牙串口模块等。
◇ 按技术分，有蓝牙数据模块、蓝牙语音模块、蓝牙远程控制模块。
◇ 按采用的芯片分，有 ROM 版模块、EXT 版模块及 FLASH 版模块。
◇ 按性能分，有 CLASS1 蓝牙模块和 CLASS2 蓝牙模块。
◇ 按生产厂家分，有市场上有 CSR(现已被三星电子收购)、Brandcom、Eriosson、Philips 等，目前市场上大部分产品是前两家公司的方案。

3. 蓝牙模块选择

在选择蓝牙模块时，除了要考虑性能指标外，还要综合考虑成本、体积、外围电路复杂度、应用需求等因素。

与本书配套的蓝牙模块选择的是 BLK-MD-BC04-B(以下称本模块)，主要用于短距离无线数据传输，具有成本低、体积小、功耗低、收/发灵敏度高的优点。

3.5.3 硬件电路

对于一个蓝牙模块来说，首先应了解的是性能和硬件情况。本小节将讲解本模块的特点、管脚和内部结构，以及外围电路。

1. 概述

本模块采用英国 CSR 公司 BlueCore4-Ext 芯片，遵循 V2.1+EDR 蓝牙规范，支持 UART、USB、SPI、PCM、SPDIF(SONY/PHILIPS Digital Interface Format)等接口及 SPP(Serial Port Profiles)蓝牙串口协议，只需配备少许的外围元件就能实现蓝牙的功能。其主要特点如下：

◇ 蓝牙 V2.1+EDR；
◇ 蓝牙 Class 2；
◇ 内置 PCB 射频天线；
◇ 内置 8 Mb Flash；
◇ 支持 SPI 编程接口；
◇ 支持 UART、USB、SPI、PCM 等接口；
◇ 支持主/从一体；
◇ 支持软/硬件控制主/从模块；
◇ 3.3 V 电源；
◇ 支持连接 7 个从设备；
◇ 尺寸为 27 mm × 13 mm × 2 mm(长×宽×高)。

本模块主要用于短距离的数据无线传输领域，可避免繁琐的线缆连接，能直接替代串口线，可以方便地和 PC 的蓝牙设备相连，也可以用于两个模块之间的数据互通，广泛用于蓝牙无线数据传输、工业遥控和遥测、POS 系统、无线键盘和鼠标、楼宇自动化和安防、门禁系统、智能家居等领域。

2. 管脚图

本模块的管脚图如图 3-8 所示。

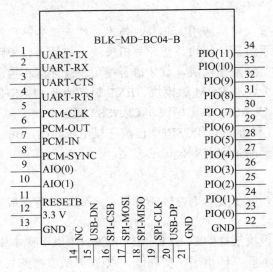

图 3-8　蓝牙模块管脚图

本模块各引脚的说明如表 3-5 所示。

表 3-5　蓝牙模块管脚图

管脚号	名　称	类　型	功　能　描　述
1	UART-TX	CMOS 输出	串口数据输出
2	UART-RX	CMOS 输入	串口数据输入
3	UART-CTS	CMOS 输入	串口清除发送
4	UART-RTS	CMOS 输出	串口请求发送
5	PCM-CLK	双向	PCM 时钟
6	PCM-OUT	CMOS 输出	PCM 数据输出
7	PCM-IN	CMOS 输入	PCM 数据输入
8	PCM-SYNC	双向	PCM 数据同步
9	AIO(0)	双向	可编程模拟输入输出口
10	AIO(1)	双向	可编程模拟输入输出口
11	RESETB	CMOS 输入	复位/重启键(低电平复位)
12	3.3 V	电源输入	+3.3 V 电源
13	GND	地	地
14	NC	输出	NC(请悬空)
15	USB-DN	双向	USB 数据负
16	SPI-CSB	CMOS 输入	SPI 片选口

续表

管脚号	名　称	类　型	功 能 描 述
17	SPI-MOSI	CMOS 输入	SPI 数据输入
18	SPI-MISO	CMOS 输出	SPI 数据输出
19	SPI-CLK	CMOS 输入	SPI 时钟口
20	USB-DP	双向	USB 数据正
21	GND	地	地
22	GND	地	地
23	PIO(0)	双向	可编程输入/输出口(0)
24	PIO(1)	输出	状态指示 LED 口
25	PIO(2)	输出	主机中断指示口
26	PIO(3)	输入	记忆清除键(短按)，恢复默认值按键(长按 3 s)
27	PIO(4)	输入	软/硬件主/从设置口：置低(或悬空)为硬件设置主/从模式；置高电平 3.3 V 为软件设置主/从模式
28	PIO(5)	输入	硬件主/从模式设置口：置低(或悬空)为从模式；置高电平 3.3 V 为主模式
29	PIO(6)	双向	可编程输入/输出口(6)
30	PIO(7)	双向	可编程输入/输出口(7)
31	PIO(8)	双向	可编程输入/输出口(8)
32	PIO(9)	双向	可编程输入/输出口(9)
33	PIO(10)	双向	可编程输入/输出口(10)
34	PIO(11)	双向	可编程输入/输出口(11)

3．内部结构

本模块的结构框图如图 3-9 所示。

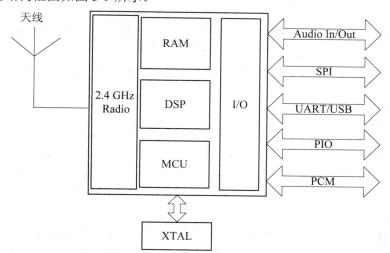

图 3-9　蓝牙模块功能框图

从图 3-9 可以看出，本模块内部含有天线、2.4 GHz 射频模块(Radio)、RAM、DSP(基带数字信号处理芯片)、MCU、晶振(蓝牙时钟)，I/O 接口等，支持 FLASH 存储、音频输入/输出(Audio In/Out)、UART/USB、SPI、PIO、PCM 等功能。

4. 外围电路

在实验开发板中本模块的外围电路如图 3-10 所示。

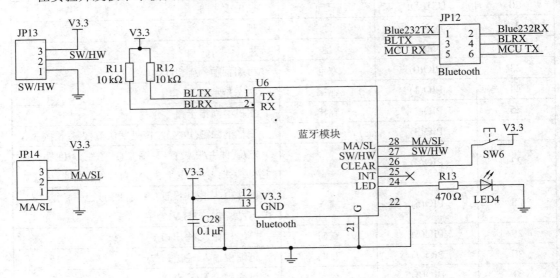

图 3-10　本模块外围电路

在图 3-10 中，通过 JP13 使用跳线选择硬/软件设置主/从方式，通过 JP14 使用跳线设置主/从模式，通过 JP12 使用跳线可选择本模块与 PC 或 ATmega16 之间进行串口通信。

3.6　蓝牙应用与开发

在实际开发中，蓝牙模块往往已经实现了蓝牙协议栈，并提供一系列指令用于设置和操作；而对用户而言，只需要有蓝牙的基本概念，并掌握这些指令即可进行蓝牙的应用开发。

实践中，蓝牙模块大多支持 AT 指令集。本节将讲解本模块的 AT 指令结构、使用方法和应用示例。

3.6.1　AT 指令概述

AT 即 Attention(注意、注意力)，AT 指令的每条命令以字母"AT"开头，因此得名。20 世纪 90 年代初，AT 指令仅被用于 Modem 操作，之后主要的移动电话生产厂商共同为 GSM 研制了一整套 AT 指令，并在此基础上将其发展，加入 GSM07.05 标准以及 GSM07.07 标准，成为了完全标准化和比较健全的指令集。

早期的 AT 指令集多用于 GSM、GPRS 模块(例如本书配套的 GPRS 模块)，用于配置和执行相应操作。由于其简单和标准化，目前越来越多的模块也开始支持 AT 指令集，例如本教材配套的蓝牙、WiFi 模块均支持 AT 指令集。

AT 指令以 AT 开头，以回车、换行字符(\r\n)结尾，不区分大小写。AT 指令的响应在数据包中，每个指令执行成功与否都有相应的返回。其他的一些非预期信息(如有人拨号进来、线路无信号等)，模块将有对应的一些信息提示，接收端可作相应的处理。

以本模块为例，说明 AT 指令的应用。本模块的 AT 指令主要分为 Command(下行命令)和 Indication(上报指令)。其中，下行命令是 PC 发给模块的；上报指令是模块发给 PC 的。本模块的 AT 指令集参见附录 3。

⚠ **注意**：用户可以通过串口和蓝牙模块进行通信，串口使用 TX、RX 两根信号线；波特率支持 1200 b/s、2400 b/s、4800 b/s、9600 b/s、14 400 b/s、19 200 b/s、38 400 b/s、57 600 b/s、115 200 b/s、230 400 b/s、460 800 b/s 和 921 600 b/s。串口缺省波特率为 9600 b/s。

3.6.2　AT 指令示例

下述内容为使用 AT 指令查询/设置蓝牙模块名称、串口通信波特率，查询串口通信模式和工作状态。

【示例 3-1】　AT 指令示例。

硬件电路：在图 3-10 中，将 JP12 的 1 与 3、2 与 4 用跳线短接，即本模块与 PC 相连，用超级串口工具可以方便地查看 AT 指令的执行结果；JP13 的 1 与 2 短接，即硬件设置为主/从方式；JP14 的 1 与 2 短接，即从机模式。

⚠ **注意**：对于硬件设置主从方式，主从模式之间的切换在下次上电后方可生效，可用AT+ROLE 指令查看。软件设置主从方式亦是如此。

1) 查询/设置本模块名称

在图 3-11 中，左下方白框显示的是 PC 发给本模块的 AT 指令，其上方白框显示的是本模块发送给 PC 的应答。首先查询本模块的名称，得到应答 BOLUTEK；然后将其改为BC04-B。两条 AT 指令之间由回车符隔开(\r\n)。

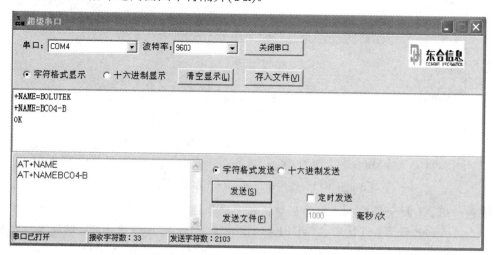

图 3-11　查询/设置本模块名称

2) 查询/设置串口通信波特率

在图 3-12 中，首先查询本模块的波特率，得到应答为 4，即波特率为 9600 b/s；若要将其改为 115 200 b/s，则需将参数值设置为 8。

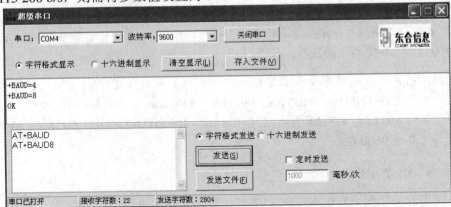

图 3-12 查询/设置串口通信波特率

⚠ 注意：蓝牙模块的波特率更改后，在超级串口中必须重新选择 PC 的波特率，使其同 AT 指令修改后的值一致，然后关闭串口并重新打开，才能继续进行正常的串口通信；否则，在超级串口上将不会显示任何后续 AT 指令的应答。波特率一般采用默认设置 9600 b/s 即可。

3) 查询串口通信模式和工作状态

在图 3-13 中，首先查询本模块的通信模式，得到应答<0，0>，即 1 位停止位，无校验，由于在超级串口中无停止位和校验位的下拉菜单，修改本模块的通信模式后与 PC 的通信模式不匹配，将无法继续正常通信，AT 指令将无效，因此不作修改；然后查询本模块的工作状态，得到应答为 3，即模块处于配对状态。

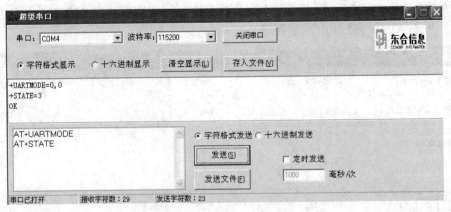

图 3-13 查询串口通信模式和工作状态

⚠ 注意：用 AT 指令修改本模块的串口通信参数和连接过程的相关参数后，若要恢复默认初始设置，可使用 AT+DEFAULT 指令实现。对本模块而言，该设置即时生效；但在超级串口中需将波特率重新选择为 9600 b/s，然后关闭串口，重新打开，方可继续进行正常的通信。

3.6.3　蓝牙初始化

蓝牙设备进行互联之前，应先使用 AT 指令对其进行初始化。初始化指令一般包含下述内容：

◇　查询/设置蓝牙模块名称；

◇　查询本地蓝牙地址；

◇　查询/设置：开启上行指令；

◇　查询/设置：设备类型；

◇　查询/设置查询访问码；

◇　查询/设置：寻呼扫描、查询扫描参数；

◇　查询/设置：是否自动搜索远端蓝牙设备；

◇　查询：蓝牙配对列表；

◇　查询/设置配对码；

◇　查询/设置连接模式：指定蓝牙地址连接/任意地址连接。

⚠ 注意：若设置为指定蓝牙地址连接，还应该使用绑定蓝牙地址指令。但要注意的是，当两个蓝牙模块匹配成功后，从设备会记忆对方的蓝牙地址，只能与它记忆的设备连接。为方便后续的蓝牙模块和其他设备之间的配对和连接，必须清除记忆的蓝牙地址码(非绑定模式)或绑定的蓝牙地址码(绑定模式)，应使用 AT+CLEAR 指令实现。

下述内容用于实现任务描述 3.D.1，采用 AT 指令实现蓝牙模块连接前的初始化设置。

硬件电路同示例 3-1，将本模块和 PC 相连，通过串口发送 AT 指令控制本模块完成连接前的相关设置；采用硬件设置主/从方式，本模块作为从机。

在超级串口上发送的 AT 指令和接收到的应答情况如图 3-14 所示。

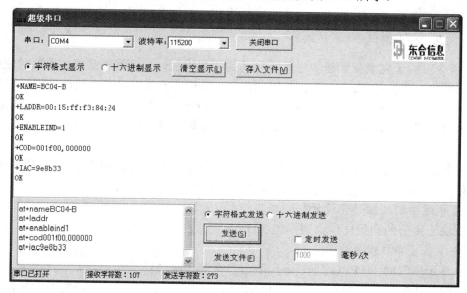

(a)

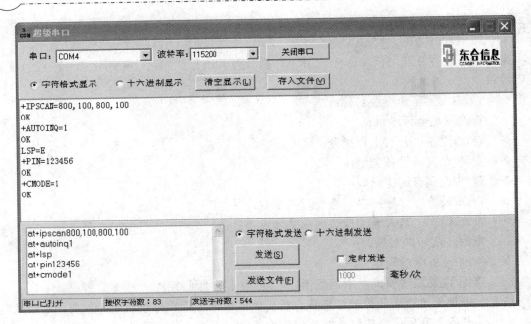

(b)

图 3-14　本模块(从机)连接前的初始化设置

图 3-14(a)使用 AT 指令依次完成了下述内容：将本模块名称设置为 BC04-B，查询本模块的 48 位设备地址，开启 indiction 上行指令，设置蓝牙设备类型，设置蓝牙查询访问码为 GIAC，以便被周围所有的蓝牙设备查询。

图 3-14(b)使用 AT 指令依次完成了下述内容：设置寻呼扫描，查询扫描参数，设置自动搜索远端蓝牙设备，查询蓝牙配对列表(无配对列表)，设置配对码为 123456，设置任意蓝牙地址连接模式。

3.6.4　蓝牙配对测试

AT 指令可用于完成蓝牙模块进行连接前的相关设置，一旦蓝牙设备之间配对连接，即进入数据透传方式，AT 指令将不再起控制作用，只相当于两个设备之间的字符串通信。使用蓝牙模块与 PC 或手机进行通信时，PC 和手机的蓝牙一般作为主机，蓝牙模块作为从机。

下述内容用于实现任务描述 3.D.2，实现蓝牙模块和手机之间的配对连接，进行数据收/发测试。

为方便查看 AT 指令和相关的应答情况，本例仍将模块与 PC 相连，通过超级串口发送和显示相关的 AT 指令。硬件电路同描述 3.D.1，具体实现步骤如下：

1) 蓝牙连接前的初始化设置

本模块连接前的初始化步骤同描述 3.D.1。

2) 安卓蓝牙串口助手安装

安装蓝牙串口助手 vPRO 到安卓手机(需自带蓝牙模块)。安装完毕后，首次进入时的欢迎页面如图 3-15(a)所示，勾选"以后不再提示"，点击"进入蓝牙串口助手"按钮，进入界面如图 3-15(b)所示，该界面左上角显示"蓝牙未连接"。

(a) 欢迎界面　　　　　　　　　　　(b) 进入后界面

图 3-15　蓝牙串口助手界面

3) 配对连接

点击"连接设备"按钮，弹出如图 3-16(a)所示的界面，在其中点击"扫描新设备"按钮，得到如图 3-16(b)所示的界面，在其他设备中显示出了搜索到的周围的蓝牙设备。

(a)　　　　　　　　　　　　　　　(b)

图 3-16　搜索界面

BC04-B 为名称，00:15:FF:F3:84:24 为蓝牙设备地址，与步骤 1)中查询到的地址完全吻合，即为本模块。选中 BC04-B，点击"连接设备"按钮，进入如图 3-17 所示的界面。

图 3-17　配对请求界面

输入步骤 1)中设置的配对码为 123456，点击"确定"按钮，即进入如图 3-18(a)所示的界面，其中，左上角显示"已连接到 BC04-B"。此时，本模块和手机已成功连接，在超级串口上则会显示应答信息(参见图 3-19 前 3 行)。在超级串口中再输入 AT 指令将不会得到相应的应答，输入的指令将原样显示在手机串口助手的接收区。在超级串口中发送 3 次"AT+PIN"指令，经数据透传后显示在手机的蓝牙串口助手接收区中，如图 3-18(b)所示。

(a)

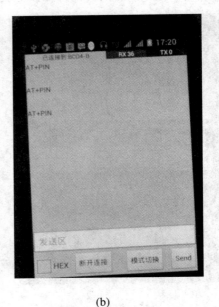

(b)

图 3-18　连接界面

由于蓝牙的有效通信距离较短，因此当蓝牙模块和手机之间超过一定(依不同的蓝牙模块而变)距离时，连接会自动断开，在超级串口上会显示如图 3-19 后 3 行所示的信息。

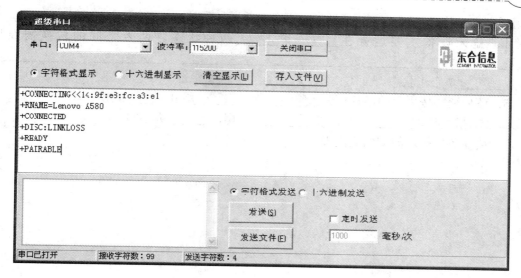

图 3-19 连接和断开应答

小 结

通过本章的学习，学生应该了解：

◆ 蓝牙技术从产生发展至今，共发展了六个规范版本，分别是 V1.1、V1.2、V2.0、V2.1、V3.0 和 V4.0。

◆ 蓝牙通常采用点对点的配对连接方式，主动提出通信要求的设备是主设备(主机)，被动进行通信的设备为从设备(从机)。

◆ 蓝牙协议采用分层结构，遵循开放系统互连 OSI(Open System Interconnection)参考模型，按照各层协议在整个蓝牙协议体系中所处的位置，蓝牙体系可分为底层协议、中间层协议和高端应用层协议三大类。

◆ 连接建立后，蓝牙设备可以处于激活(Active)、保持(Hold)、呼吸(Sniff)和休眠(Park)4 种模式。

◆ 蓝牙模块又叫蓝牙内嵌模块、蓝牙模组，是蓝牙无线传输技术的重要实现。

◆ 蓝牙模块的 AT 指令主要分为 Command(下行命令)和 Indication(上报指令)。其中，下行命令是 PC 发给蓝牙模块的；上报指令是蓝牙模块发给 PC 的。

 练 习

1. 下列不属于蓝牙连接状态的是_____。

A. 激活 　　　　B. 查询 　　　　C. 呼吸 　　　　D. 休眠

2. 下列不属于蓝牙中间层协议的是_____。

A. L2CAP 　　　　B. HCI 　　　　C. RFCOMM 　　　　D. TCP

3. 蓝牙设备按通信距离可分为_____和_____两种，其中_____

多用于个人通信产品。

4．蓝牙设备主要运行在＿＿＿＿和＿＿＿＿两种状态。两者之间的转换需经历＿＿＿＿＿、＿＿＿＿＿、＿＿＿＿＿、＿＿＿＿＿、＿＿＿＿＿、＿＿＿＿＿7个子状态。

5．蓝牙模块按采用的芯片可分为＿＿＿＿版、＿＿＿＿版和＿＿＿＿版模块。

6．AT 指令是以＿＿＿＿开头，以＿＿＿＿作结尾，＿＿＿＿大小写。

7．简述蓝牙模块的初始化流程。

第 4 章　WiFi 技术

本章目标

◆　了解 WiFi 技术标准。

◆　掌握 WiFi 拓扑结构。

◆　掌握 WiFi 协议架构。

◆　理解 WiFi 网络加入过程。

◆　了解 WiFi-M03 模块的工作模式。

◆　掌握 WiFi-M03 模块的配置方法和流程。

学习导航

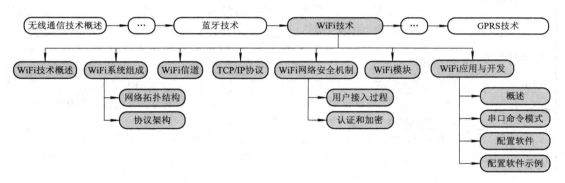

任务描述

➤【描述 4.D.1】

用配置软件实现 WiFi 模块加入网络，完成相应的数据收/发测试。

4.1　WiFi 技术概述

WiFi 是一个国际无线局域网(WLAN)标准，全称为 Wireless Fidelity，又称 IEEE 802.11b (简称 802.11b)标准。WiFi 最早是基于 IEEE 802.11(简称 802.11)协议的，发表于 1997 年，

定义了 WLAN 的 MAC 层和物理层标准。继 802.11 协议之后，相继有众多版本被推出，IEEE 802.11 家族各个版本的特点如表 4-1 所示。

表 4-1　IEEE 802.11 标准家族

标准	描　述
IEEE 802.11	发表于 1997 年，是原始标准，支持速率 2 Mb/s，工作在 2.4 GHz ISM 频段。该标准定义了物理层数据传输方式：DSSS(直接序列扩频，1 Mb/s)、FHSS(跳频扩频，2 Mb/s)和红外线传输，在 MAC 层采用了类似于有线以太网 CSMA/CD 协议的 CSMA/CA 协议
IEEE 802.11a	1999 年推出，是 802.11b 的后继标准，又称高速 WLAN 标准，工作在 5 GHz ISM 频段，采用 OFDM 调制方式，速率可高达 54 Mb/s，但与 802.11b 不兼容，并且成本也比较高
IEEE 802.11b	1999 年推出，是最初的 WiFi 标准，工作在 2.4 GHz ISM 频段，兼容 802.11。802.11b 修改了 802.11 物理层标准，使用 DSSS 和 CCK 调制方式，速率可达 11 Mb/s，是目前的主流标准
IEEE 802.11d	根据各国无线电规定做了调整，所用频率的物理层电平配置、功率电平、信号带宽可遵从当地 RF 规范，有利于国际漫游业务
IEEE 802.11e	增强了 802.11 的 MAC 层，规定所有 IEEE 802.11 无线接口的服务质量(Quality of Service，QoS)要求，能保证提供网络电话(Voice over Internet Protocol，VoIP)等业务；提供 TDMA 的优先权和纠错方法，从而提高时延敏感型应用的性能
IEEE 802.11f	定义了推荐方法和公用接入点协议，使得接入点之间能够交换需要的信息，以支持分布式服务系统，保证不同生产厂商的接入点的互联性，例如支持漫游
IEEE 802.11g	2003 年推出，工作在 2.4 GHz ISM 频段，组合了 802.11b 和 IEEE 802.11a 标准的优点，在兼容 802.11b 标准的同时，采用 OFDM 调制方式，速率可高达 54 Mb/s
IEEE 802.11h	5 GHz 频段的频谱管理，使用动态频率选择和传输功率控制，满足欧洲对军用雷达和卫星通信的干扰最小化的要求
IEEE 802.11i	指出了用户认证和加密协议的安全弱点，在安全和鉴权方面作了补充，采用高级加密标准和 IEEE 802.1x 认证
IEEE 802.11j	日本对 IEEE 802.11a 的扩充，在 4.9 GHz～5.0 GHz 之间增加 RF 信道
IEEE 802.11k	通过信道选择、漫游和 TPC 来进行网络性能优化。通过有效加载网络中的所有接入点，包括信号强度强弱的接入点，来最大化整个网络吞吐量
IEEE 802.11n	工作在 2.4 GHz 和 5 GHz ISM 频段，兼容 IEEE 802.11b/a/g，采用 MIMO(导入多重输入/输出)无线通信技术和 OFDM 等技术及更宽的 RF 信道及改进的协议栈，传输速率可高达 300 Mb/s 甚至 600 Mb/s，完全符合绝大多数个人和社会信息化的需求
IEEE 802.11o	802.11o 针对 VoWLAN(Voice over WLAN)而制定，更快速的无限跨区切换，以及读取语音比读取数据有更高的传输优先权
IEEE 802.11p	车辆环境无线接入，提供车辆之间的通信或车辆的路边接入点的通信，使用工作在 5.9 GHz 的授权智能交通系统
IEEE 802.11q	实现对 VLAN 的支持，可以使用一个 AP 向不同的用户提供不同的业务及权限
IEEE 802.11r	支持移动设备从基本业务区到基本业务区的快速切换，支持时延敏感服务，如 VoIP 在不同接入点之间的站点漫游
IEEE 802.11s	扩展了 IEEE 802.11MAC 来支持扩展业务区网状网络。IEEE 802.11s 协议使得消息在自组织多跳网状拓扑结构网络中传递
IEEE 802.11T	评估 IEEE 802.11 设备及网络的性能测量、性能指标及测试过程的推荐方法，大写字母 T 表示推荐而不是技术标准

4.2　WiFi 系统组成

WiFi 可以通过不同的网络拓扑结构进行组网，其发现和接入网络也有自身的要求和步骤。本节主要介绍 WiFi 的网络拓扑结构和协议架构。

4.2.1　网络拓扑结构

WiFi 无线网络包括两种类型的拓扑形式：基础网(Infrastructure)和自组网(Ad-hoc)。在介绍网络拓扑结构之前，首先介绍两个重要的概念。

◇　站点(Station，STA)：网络最基本的组成部分，每一个连接到无线网络中的终端(如笔记本电脑、PDA 及其他可以联网的用户设备)都可称之为一个站点。

◇　无线接入点(Access Point，AP)：无线网络的创建者，也是网络的中心节点。一般家庭或办公室使用的无线路由器是一个 AP。

1. 基础网

Infrastructure 网络是基于 AP 组建的基础无线网络，由 AP 创建、众多 STA 加入所组成。这种类型的网络特点是 AP 是整个网络的中心，网络中所有的通信都通过 AP 来转发完成。基础网的拓扑结构如图 4-1 所示。

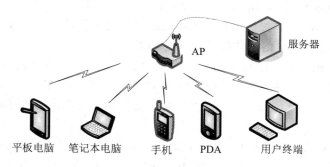

图 4-1　基础网拓扑结构

2. 自组网

Ad-hoc 网络是基于自组网的无线网络，仅由两个及以上 STA 组成，网络中不存在 AP。这种类型的网络是一种松散的结构，网络中所有的 STA 之间都可以直接通信。Ad-hoc 模式也称为对等模式，允许一组具有无线功能的计算机或移动设备之间为数据共享而迅速建立起无线连接。自组网的网络拓扑结构如图 4-2 所示。

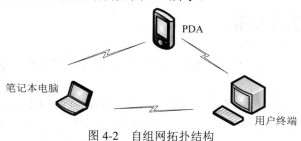

图 4-2　自组网拓扑结构

4.2.2 协议架构

WiFi 的协议体系遵循 OSI 参考模型，由物理(PHY)层、介质访问控制(MAC)层及逻辑链路控制(LLC)层、网络(IP)层、传输层(TCP/UDP)和应用层组成，其结构如图 4-3 所示。

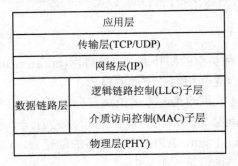

图 4-3　WiFi 协议架构

在 WiFi 的协议体系架构当中，各层及其内容如下所述：

◇　物理层：802.11b 定义了工作在 2.4 GHz ISM 频段上数据传输率为 11 Mb/s 的物理层，使用跳频扩频传输技术(Frequency-Hopping Spread Spectrum，FHSS)和直接序列扩频传输技术(Direct Sequence Spread Spectrum，DSSS)。

◇　MAC 层：MAC 层提供了支持无线网络操作的多种功能。通过 MAC 层站点可以建立网络或接入已存在的网络，并传送数据给 LLC 层。

◇　LLC 层：IEEE 802.11 使用与 IEEE 802.2 完全相同的 LLC 层和 48 位 MAC 地址，这使得无线和有线之间的桥接非常方便。但 MAC 地址只对 WLAN 唯一确定。

◇　网络层：采用 IP 协议，是互联网中最重要的协议，规定了在互联网上进行通信时应遵守的准则。

◇　传输层：采用 TCP/UDP 协议，TCP 是面向连接的协议，可以提供 IP 环境下的可靠传输；UDP 是面向非连接的协议，不为 IP 提供可靠性传输。对于高可靠的应用，传输层一般采用 TCP 协议。

◇　应用层：根据应用需求实现，如 HTTP 协议、DNS(Domain Name System，域名解析系统)协议。

其中，WiFi 协议的物理层和 MAC 层一般通过底层硬件实现，更上层的协议则通过软件实现。

4.3　WiFi 信道

信道也称为通道、频段，是以无线信号作为传输载体的数据信号传送通道。WiFi 支持多个信道，本节将介绍其信道划分。

目前主流的无线 WiFi 网络设备，不管是 802.11b/g 还是 802.11b/g/n，一般都支持 13 个信道。每个信道带宽为 22 MHz，其中有效宽度是 20 MHz，另外还有 2 MHz 的强制隔离频带。相邻的信道间有重叠，尽量不要同时使用，以免造成干扰。实际的电磁波谱使用规定因国家不同而有所差异，常用的一种信道划分如表 4-2 所示。

表 4-2　WiFi 2.4 GHz 信道划分

信道	中心频率/MHz	频率范围/MHz
1	2412	2401～2423
2	2417	2406～2428
3	2422	2411～2433
4	2427	2416～2438
5	2432	2421～2443
6	2437	2426～2448
7	2442	2431～2453
8	2447	2436～2458
9	2452	2441～2463
10	2457	2446～2468
11	2462	2451～2473
12	2467	2456～2478
13	2472	2461～2483

从表 4-2 可以明显地看出，大部分信道之间存在频谱重叠的情况。信道 1、6、11 之间是完全没有交叠的，也就是 WiFi 当中的三个不互相重叠的信道。

2.4 GHz 频段由于使用 ISM 频段，干扰较多。目前很多 WiFi 设备开始使用 5.8 GHz 附近(5.725 GHz～5.850 GHz)的频带，可用带宽为 125 MHz。该频段共划分为 5 个信道，每个信道宽度为 20 MHz，每个信道与相邻信道都不发生重叠，因而干扰较小。但是它也有缺点：5.8 GHz 频率较高，在空间传输时衰减较为严重。如果距离稍远，其性能会严重降低。

4.4　TCP/IP 协议

TCP/IP 是 Internet 最基本的协议，由网络层的 IP 协议和传输层的 TCP 协议组成。在WiFi 中，需要 TCP/IP 协议来完成数据的装包和拆包过程，以及保证数据的正确性。

1. TCP 连接及确认传送机制

TCP 为保证数据的正确，每发出一个包，都要求接收方收到后返回一个确认包；同时，发送端也要对所有接收到的包进行确认。

2. TCP 的可靠传输控制方法

TCP 协议采用确认机制和流量控制等机制保证数据传送的正确性。当采用 TCP 进行传送时，发送端通过发送计时器控制数据包的确认。

3. TCP 的慢启动与拥塞控制机制

如果发送端所传送的数据量过大，超出了网络的传送能力或者接收端的接收能力和处理能力，将可能造成网络拥塞，即数据包虽然被送上网络，但大多数数据包本身或其相应的确认在到达目的地之前被中间路由器丢弃，将引起发送端数据重传，使拥塞问题恶化。

在 TCP/IP 进行传送数据时，使用的可靠传输和流量控制机制包括慢启动机制、拥塞避免机制和快速重传与快速恢复机制：

◇ 慢启动机制一般用于数据发送起始阶段，采用较大速率传送时可能造成网络拥塞和数据丢失现象，所以发送端缓慢增加拥塞窗口以调整发送窗口，来控制数据初始流量的增加。

◇ 拥塞避免机制一般在接近门限窗口或者产生数据包丢失时启动，门限窗口是系统在发生拥塞情况下设定的拥塞窗口的最大值。当拥塞窗口达到门限窗口值时，意味着再增加数据流量将可能造成网络拥塞。

◇ 快速重传与快速恢复是一种数据确认机制。它监测数据包的确认情况，并对丢失的数据包采用快速重传和快速恢复机制予以重传。

4. TCP/IP 协议中其他重要参量

TCP/IP 协议中的重要参量包括直接拥塞指示标志(ECN)、通路最大传输单元(MTU)检测机制、头压缩、有限传送和时间标志。

◇ 直接拥塞指示标志。使用直接拥塞指示标志，中间路由器将在检测到缓存区出现拥塞之后，首先通知接收端，由接收端通知发送端降低发送窗口变量，使得数据传送速率降低，以达到拥塞控制、防止数据包丢失的目的。

◇ 通路最大传输单元检测机制。如果 IP 包的长度超过通路上的 MTU 大小，就不可避免地会产生数据包分段。

◇ 头压缩。使用 IP 头压缩技术可以减小响应时间、提高吞吐量、降低掉包率。但由于头压缩算法不传送整个 IP 包头信息，只传送连续数据包之间的数据包头变化情况，因此链路上单个 TCP 数据段的丢失将引起传送和接收的 TCP 序列号失步。

◇ 有限传送。对于拥塞窗口大小或者在窗口范围中大量数据丢失的情况，可以采用有限传送机制来提高系统的性能。

◇ 时间标志。它提供传送时间信息。TCP 对每个数据包标定时间和序列号信息，以提供网络带宽时延较大下的传送窗口控制机制。

4.5 WiFi 网络安全机制

理论上无线电波范围内的任何一个站点都可以监听并登录无线网络，所有发送或接收的数据都有可能被截取。为了使授权站点可以访问网络而非法用户无法截取网络通信，无线网络安全就显得至关重要。本节将首先介绍用户接入过程，然后介绍 WiFi 的网络安全机制。

4.5.1 用户接入过程

用户加入网络通常按下述几个步骤进行。

1. 发现可用网络

通过无线扫描的方式，可以发现可用网络。无线扫描有主动扫描和被动扫描两种方式。

◇ 被动扫描：AP 周期性地发送信标帧，其中包含 AP 的 MAC 地址、网络名称等。用户主机扫描信道，找出可能位于该区域的所有 AP 发出的信标帧。

◇　主动扫描：由用户主机发送探测请求帧，AP 发送探测响应帧回应，其中包含 AP 的 MAC 地址、网络名称等。

2. 选择网络

用户从可用网络中选择一个网络，一般选择信号最强的或最近使用过的。

3. 认证

认证是 STA 向 AP 证明其身份的过程。认证可以通过 MAC 地址进行，也可以通过用户名/口令进行。

4. 关联

如果用户想通过 AP 接入无线网络，那么必须同特定的 AP 关联。当用户通过网络名称选择指定网络并通过 AP 认证后，就可以向 AP 发送关联请求帧。AP 将用户信息添加到数据库，向用户回复关联响应，此过程也常被称为注册。关联建立后，便可以传输数据。

⚠ 注意：用户每次只可以关联到一个 AP 上，并且关联总是由用户发起的。一旦用户和一个 AP 建立连接，后续的数据传输只能在两者之间进行。当用户扫描到信号更强的新的 AP 时，需先和原来的 AP 去关联，然后才能和新的 AP 重新关联。而且在和新的 AP 建立关联前，必须经历认证过程。

4.5.2　认证和加密

安全性主要包括访问控制和加密两大部分。访问控制保证只有授权用户能访问敏感数据；加密保证只有正确的接收方才能理解数据。WiFi 的网络安全机制有认证和加密机制两种。具体来说，主要有下述几种：

◇　MAC 地址过滤。将无线网卡的 MAC 地址输入到接入点 AP 中，形成一个 MAC 地址名单，不在该名单内的无线网卡不能接入 AP。该机制只能用于认证而不能用于加密。

◇　WEP(Wired Equivalent Privacy)加密协议。WEP 加密协议主要用于 AP 端，常用的有 64 位 WEP 加密和 128 位 WEP 加密，后者安全性更高。存在固有的缺陷。

◇　WPA(WiFi Protected Access)加密协议。该协议已成为实际的行业标准。WPA 使用临时密钥完整性协议(Temporal Key Integrity Protocol，TKIP)加密技术，在很大程度上解决了 WEP 加密所隐藏的安全性问题。

◇　WPA2 加密协议。WPA2 是 WPA 的加强版，采用高级加密协议(Advanced Encryption Standard，AES)，增强了 WPA 的安全性。

◇　WPS(WiFi Protected Setup)。目前通过 WPS 认证的产品能够为用户提供两种实现方式：按钮配置(Push Button Configuration，PBC)和输入 PIN 码(Pin Input Configuration，PIN)。

◇　SNMP(Simple Network Management Protocol)协议。它是一种强大的管理网络链接设置协议，主要特点是可以被远程监测。

4.6　WiFi 模块

在 WiFi 应用系统开发中，首先应进行硬件系统的设计，包括 WiFi 模块选型，外围硬件电路搭建等。与蓝牙类似，在实际的 WiFi 应用系统开发中，一般只需结合项目需求选择合适的 WiFi 模块，而不必关心具体的协议实现。

下面以本书配套的 WiFi 模块 HLK-WIFI-M03(以下称本模块)为例，详细说明其内部结构和外围电路的搭建。

1. 概述

本模块是符合 WiFi 无线网络标准的 UART-WiFi 嵌入式模块，具有双排(2 × 4)插针式接口，内置 TCP/IP 协议栈，能够实现用户串口数据到无线网络之间的转换。通过 UART-WiFi 模块，传统的串口设备也能轻松接入无线网络。

本模块具有下述特点：

- ◇ 支持 IEEE 802.11b/g 无线标准，频率范围为 2.412 GHz～2.484 GHz。
- ◇ 可以作为 STA，支持基础网和自组网两种网络类型。
- ◇ 支持自动和命令两种工作模式。
- ◇ 支持多种参数配置方式：串口/Web 服务器/无线连接。
- ◇ 内置 Web 服务器，可使用 IE 浏览器通过无线网络远程配置模块参数。
- ◇ 支持软件 AP 模式，最多支持 4 个 STA 连接。
- ◇ 支持硬件 RTS/CTS 流控。
- ◇ 支持 WEP/WPA/WPA2 等多种安全认证机制。
- ◇ 支持快速联网和无线漫游。
- ◇ 全面支持串口透明数据传输模式，真正实现串口的即插即用。
- ◇ 支持多种网络协议：TCP/UDP/ICMP/DHCP/DNS/HTTP。
- ◇ 单 3.3 V 供电。

本模块可应用于下述领域：

- ◇ 智能公交网络，如无线刷卡机。
- ◇ 小额金融支付网络，如无线 POS 机。
- ◇ 工业设备联网，如无线传感器。
- ◇ 物联网。

2. 结构及接口

本模块底层的物理层和 MAC 层通过硬件来实现，包括 RF 模块和 BB/MAC 模块；更高层的协议则通过软件固化在硬件中。同时，模块内部也集成有 Flash 存储器、CPU 等。

本模块的外部接口如图 4-4 所示。

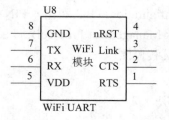

图 4-4　本模块外部接口示意图

在图 4-4 中，插针接口为双列直插 8 针引脚，相关定义如表 4-3 所示。

表 4-3 本模块插针接口

号码	功　能	方向	说　明
1	RTS/READY	O	可选功能引脚，同时连接至 LED1。 READY：输出，在命令工作模式下，表示模块的无线网络连接状态，低电平表示已连接；高电平表示未连接。 RTS：输出，RTS 信号，在自动工作模式下，本端的 RTS 信号可以直接与对端的 CTS 信号连接
2	CTS/STARTMODE/GPIO	I/O	可选功能引脚，同时连接至 LED2。 CTS：输入，CTS 信号，在自动工作模式下，本端的 CTS 信号可以直接与对端的 RTS 信号连接。 STARTMODE：输入，模块的启动模式选择。在模块启动阶段，低电平进入正常工作模式；高电平进入配置模式。 GPIO：双向通用输入、输出管脚
3	Link	O	可选功能引脚，无线传输指示信号，同时连接至 LED3，作为无线传输指示灯
4	nRST	I	可选功能引脚，复位，低电平有效
5	VDD	I	3.3 V 电源输入引脚
6	RX	I	串口数据接收
7	TX	O	串口数据发送
8	GND	I	接地

⚠ **注意：** 内侧引脚(1～4)为可选功能引脚，在不使用的情况下可以悬空。

3. 外围电路

本模块的外围电路图如图 4-5 所示。

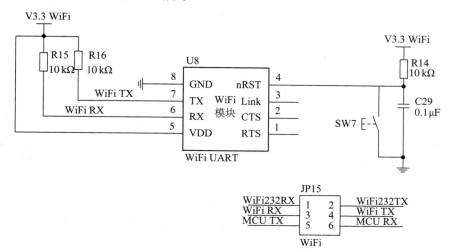

图 4-5 本模块外围电路

在图 4-5 中，通过 JP15 使用跳线可选择本模块与 PC 或 ATmega16 之间进行串口通信。从图中可以看出，本应用系统不使用 RTS、CTS 和 Link 引脚，无相关状态指示信号。1 引脚为系统复位引脚，通过 SW7 按键控制，低电平有效。

4.7 WiFi 应用与开发

在 WiFi 硬件模块的基础上，用户可以通过软件控制模块，进行无线数据传输，网络访问，以及其他的应用与开发等。本节将以本模块为例，讲解 WiFi 的应用与开发方法。

4.7.1 概述

在利用本模块进行应用与开发之前，首先应熟悉其工作模式和参数配置的方法。下述内容将简要说明其参数配置方式和工作模式。

1. 参数配置

本模块主要基于预设的参数进行工作，配置参数保存在内部的 Flash 存储器中，可以掉电保存，用户可以使用多种方式对模块的配置参数进行修改，包括：

◇　基于无线连接，使用配置管理程序。将模块与专用的无线适配器无线连接，然后运行厂商提供的配置管理应用程序。该方式无需连接互联网和任何物理线缆，在批量配置，尤其是出厂设置时特别有用。

◇　基于串口连接，使用配置管理程序。将模块与 PC 机的串口连接，然后运行厂商提供的配置管理应用程序。这种方式的优点是界面直观，操作简便。

◇　基于串口连接，使用 Windows 下的超级终端程序。将模块与 PC 机的串口连接，然后运行 Windows 下的超级终端程序，使用 AT 指令对参数进行配置。这种方式最为灵活，但是需要用户对 AT 指令集比较熟悉。

◇　基于网络连接，使用 IE 浏览器程序。该方式需要模块在已连接无线网络时使用，在一台连接到同一个无线网络中的 PC 机上，使用 IE 浏览器连接本模块内置的 Web 服务器即可。这种方式的优点是操作简便，界面直观。

2. 工作模式

本模块支持下述两种工作模式：

1) 透明数据传输模式

透明数据传输模式又称自动工作模式。在该模式下，WiFi 模块可看做一条虚拟的串口线，按照使用普通串口的方式发送和接收数据即可。用户只需预先设置好自动工作所必需的参数，以后每次模块上电后即可自动连接到预设的无线网络及服务器，能最大程度地降低用户使用的复杂度。所需设置的参数包括：

◇　无线网络参数，包括网络名称、安全模式、密钥(如果需要)。

◇　默认的 TCP/UDP 连接参数，包括协议类型、连接类型、目的地址、目的端口。

2) 命令工作模式

在命令工作模式下，用户可以通过串口下发 AT 指令，实现对模块的完全控制，包括修改配置参数、控制联网、控制 TCP/IP 连接、数据传输等。这种方式具有充分的灵活性，可以满足用户不同应用场合的特殊需求。但该模式需要用户对模块的用户控制协议有充分的了解，并且具备基本的无线网络以及 TCP/IP 网络的使用知识。

4.7.2 串口命令模式

本模块使用 AT 指令协议作为用户控制协议，内置一套包含了 40 多条系统控制及参数配置指令的 AT 指令集，所有指令均基于 ASCII 编码，使用 Windows 超级终端程序即可直接对模块进行命令控制，方便用户调试和使用。

1. AT 指令集的一般格式

1) 命令消息格式

AT+<CMD>[op][para1],[para2],[para3],[para4]…<CR>

其中，<>表示必须包含的部分；[]表示可选的部分。

◇ AT+：命令消息前缀。

◇ CMD：指令字符串。

◇ [op]：指令操作符，当命令需要带参数时，可以指定参数的操作类型，有 3 种类型：

  • =，参数/返回值前导符；

  • =!，在设置参数类命令中，表示将修改同步至 Flash；

  • =?，在设置参数类命令中，查询当前设置。

◇ <CR>：回车，ASCII 字符 0x0d，每一条 AT 命令都以回车作结尾。

2) 响应消息格式

+<RSP>[op][para1],[para2],[para3],[para4]…<CR><LF><CR><LF>

其中，<>表示必须包含的部分，[]表示可选的部分。

◇ +：响应消息前缀。

◇ RSP：响应字符串，有两种类型：

  • OK：成功；

  • ERR：失败。

◇ <CR>：回车，ASCII 字符 0x0d。

◇ <LF>：换行，ASCII 字符 0x0a。

3) 数据类型

指令中的数据类型可有以下几种：

◇ String：字符串，以双引号包围，内容不含引号，如 "this is a string"。

◇ Dec：十进制数字，如 10。

◇ Hex：十六进制数字，如 a。

◇ IP：IP 地址串，如 192.168.0.1。

◇ MAC：由 12 个十六进制数字组成，如 001EE3A80102。

WiFi 模块的所有 AT 指令集参见附录 4。

2. AT 指令示例

与蓝牙类似，将实验板上的 JP15 的 1 与 3、2 与 4 用跳线短接，并将 WiFi 串口与 PC 相连，通过超级串口操作 AT 指令进行相关操作。

打开超级串口后，首先设置正确的串口号(此例中为 COM14)，波特率设为 9600 b/s；然后点击打开串口，在超级串口输入 AT 指令，依次实现下述操作：

(1) 开启回显，返回成功。

AT+E

+OK

在超级串口发送区输入 AT+E，以回车符结束，在接收区显示 +OK，表示开启回显成功。则此后输入的每一条 AT 指令，在接收区会首先回显输入的 AT 指令，再给出应答。

(2) 空指令，返回成功。

AT+

+OK

(3) 加入/创建无线网络，返回错误信息。

AT+WJION

+ERR=-10

(4) 获取模块的物理地址，返回地址信息。

AT+QMAC

+OK=002509030a7d

该地址与模块上的 MAC 地址标签上的地址完全吻合。

(5) 查询模块工作模式。

AT+ATM

+OK=1

返回 mode=1，表示 WiFi 模块当前处于命令工作模式。

4.7.3 配置软件

WiFi 模块本身涉及 TCP/IP 协议，其 AT 指令远比蓝牙模块复杂得多。在实际的应用与开发中，可利用厂家提供的配套软件完成对 WiFi 模块的配置，方便、快捷。本小节将介绍本模块的配置软件。

在本例中，配置软件在本机中的存放路径如图 4-6 所示，双击 UART-WIFI.exe 程序，启动配置软件。

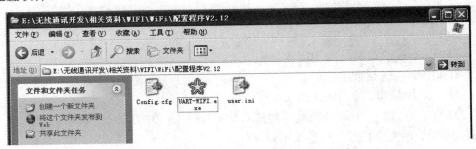

图 4-6　软件存放路径

弹出如图 4-7 所示的界面，其中页面左侧的串口连接处用于设置串口的端口号，点击"设置"按钮可对波特率和帧结构进行设置。点击"搜索模块"按钮，可搜索本模块的名称，搜索结果在下方的显示区显示。在页面的右侧，有配置参数、功能测试、固件升级、系统信息 4 个菜单，其中配置参数用于设置模块的工作模式、网络参数等；功能测试可用于搜索路由、加入及断开网络等相关测试。

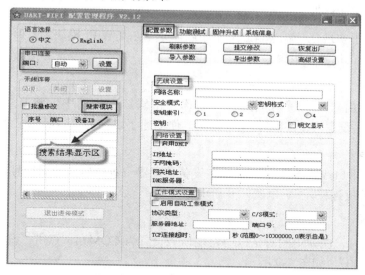

图 4-7　配置参数界面

图 4-7 中的无线设置用于设置无线网络的名称、加密类型和密钥等；网络设置可设置是否启用 DHCP 服务，即是否动态分配 IP 地址；工作模式设置区则用于设置是否启用自动工作模式，若要设置自动工作模式，应在下方的参数设置区设置好联网所需的相关参数。

选择串口线连接的端口号(此处为 COM14)，点击"搜索模块"按钮，搜索成功后点击"功能测试"菜单，出现如图 4-8 所示的界面。

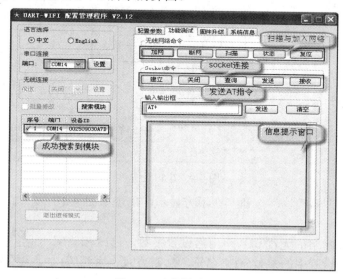

图 4-8　功能测试界面

从图 4-8 中可以看出，功能测试菜单下包含无线网络命令、Socket 命令、AT 指令输入和信息提示窗口四个区域。其中，无线网络命令用于无线网络、加入与断开网络、查看网络连接状态等；Socket 命令用于创建或关闭一条客户/服务器端连接，发送与接收内容等；AT 指令输入框可输入相应的 AT 指令。每一步操作都会在信息提示窗口中显示相关信息。

4.7.4 配置软件示例

下述内容用于实现任务描述 4.D.1，用配置软件实现 WiFi 模块加入网络，完成相应的数据收/发测试。具体操作步骤如下。

1. 网络创建

开启无线路由器，设置对应的热点名称和密码。在本例中，将其热点名称设置为"Donghe"，密码设置为 1234567890。如此，便创建了名称为"Donghe"的网络。

2. 模块准备

将本模块经串口线连接至 PC 机，在设备管理器中查看串口的端口号，在本例中其为COM14。将实验板连接 +5 V 电源，开启电源开关。

3. 模块配置

开启配置软件，在弹出的对话框中将端口号设置为 COM14，点击"设置"按钮，将波特率设置为"9600"，如图 4-9 所示。

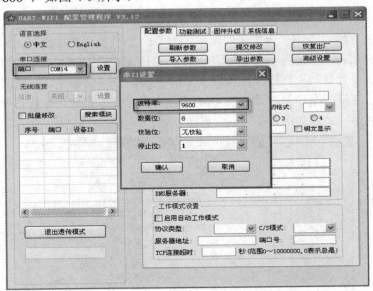

图 4-9 串口设置

然后，点击"搜索模块"按钮，在下方显示区出现如图 4-10 所示的结果。

根据所在无线网络的无线 AP/路由器设置参数，修改相关配置参数，包括无线设置中的参数(网络名称、加密方式、密钥等)，网络设置中的 IP 地址相关参数，以及工作模式设置等，如图 4-11 所示。

图 4-10 搜索 WiFi 模块

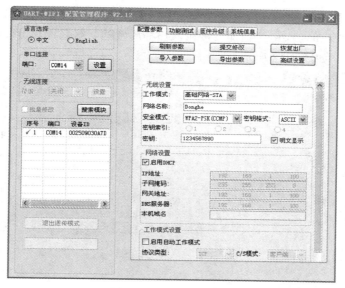

图 4-11 配置参数设置

在图 4-11 中，对相关参数作了如下设置：

◇ 模块的工作模式设置为基础网 STA 模式。

◇ 网络名称设置为"Donghe"。

◇ 密钥格式选择 ASCII 格式。

◇ 密钥中输入 1234567890。

◇ 勾选明文显示。

◇ 在网络设置区域内勾选启用 DHCP，自动获取 IP 地址。

◇ 在工作模式设置区域内，不启用自动工作模式。

然后，点击上方的"提交修改"按钮，弹出如图 4-12 所示的对话框，点击"立即复位"按钮。

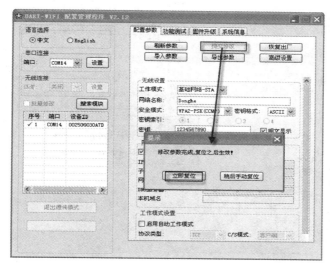

图 4-12 提交参数界面

4. 加网测试

打开功能测试菜单，点击"扫描"按钮，扫描周围的网络名称，可以看到在步骤 1 中创建的"Donghe"，如图 4-13 所示。

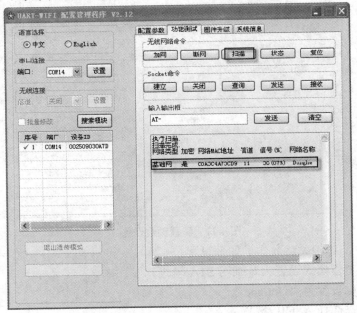

图 4-13　扫描可用网络

点击"加网"按钮，出现如图 4-14 中(1)所示的结果，加入网络未成功。再次点击"加网"按钮，出现如图 4-14 中(2)所示的结果，表示已成功加入网络"Donghe"。

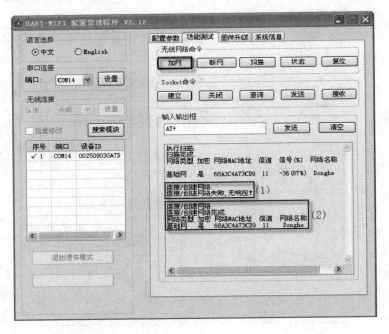

图 4-14　加入网络

点击"状态"按钮可查询当前模块的状态，结果显示为已连接，如图 4-15 所示。点击"清空"按钮，可将信息提示窗口的信息清除。

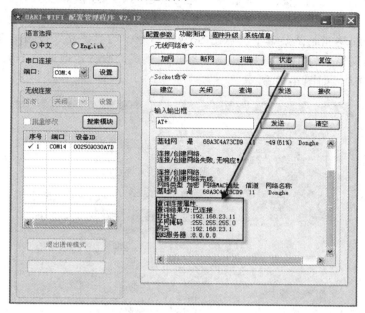

图 4-15　查询连接状态

5. 开启数据中心(服务器)

可利用本例中服务器的 TCP 通讯助手作为本模块与服务器的数据收发测试软件。启动 TCP 通讯助手后，选中"作为服务端"菜单；再在本机 IP 框中输入公网 IP 地址 117.132.15.218，在本机端口中输入端口号 7080(如果本机不具有公网 IP 地址，需在内部局域网网关上作一端口映射)。然后，点击"启动服务"按钮，即可开启服务器，界面如图 4-16 所示。

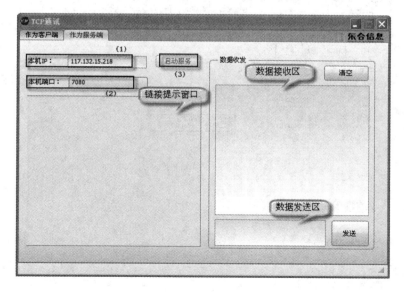

图 4-16　启动服务界面

6. 建立 Socket 连接

服务器开启后，需要在模块和服务器之间创建 TCP 连接，以方便测试后续的数据收/发。

在配置软件的功能测试菜单下，点击 Socket 命令中的"建立"按钮，弹出建立 socket 对话框，选择协议类型为 TCP，C/S 模式为客户端模式，服务器地址为 117.132.15.218，服务器端口号为 7080，如图 4-17 所示。

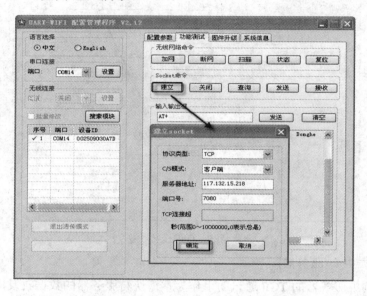

图 4-17　建立 socket 连接

点击"确定"按钮后，弹出如图 4-18 所示的信息。

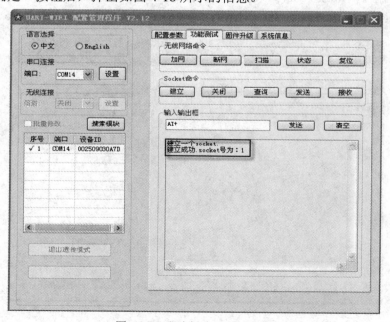

图 4-18　成功创建 socket 连接

同时，在 TCP 通讯助手界面中会出现一条连接信息提示，如图 4-19 所示。

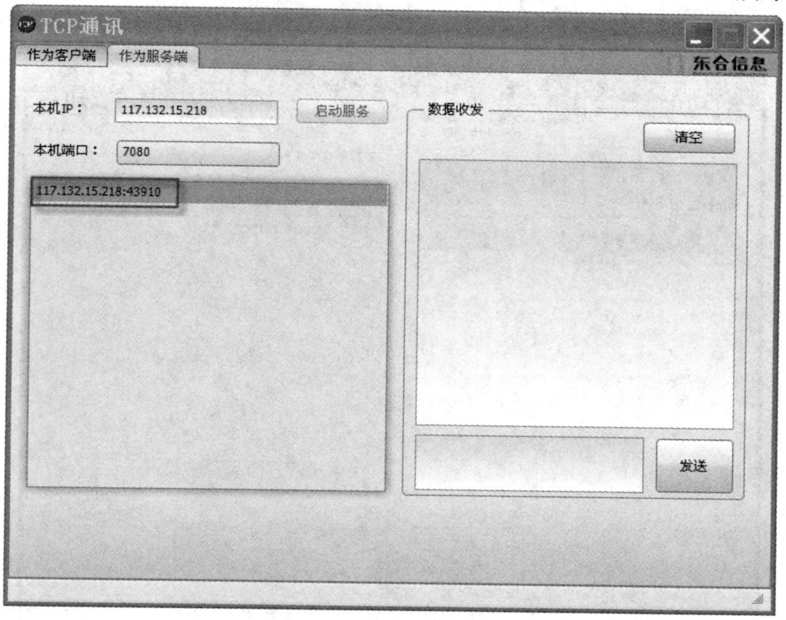

图 4-19　成功创建 socket 连接

7. 数据收发测试

1) WiFi 模块发送数据至服务器

在 Socket 命令中点击"发送"按钮，在弹出的对话框中保持默认的 socket 号为 1 不变，在 socket 数据发送区中输入"hello，您好"的文字，然后点击"发送"按钮，如图 4-20 所示。

图 4-20　发送数据至服务器

此时，在 TCP 通讯助手页面的数据接收区会显示接收到的字符，在本例中为"hello，您好"，如图 4-21 所示。

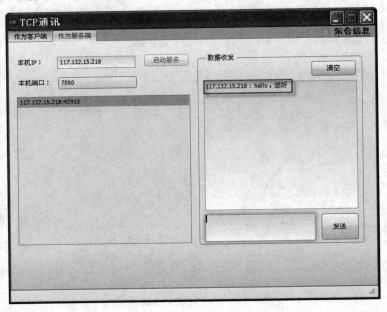

图 4-21 服务器端接收

2) 服务器发送数据至 WiFi 模块

在 TCP 通讯助手界面的数据发送框内输入"您好！"，点击"发送"按钮，如图 4-22 所示。

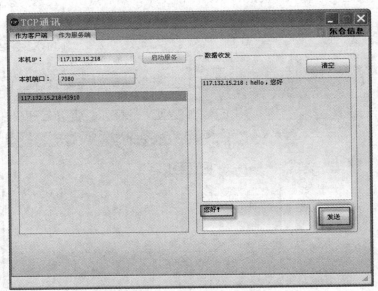

图 4-22 服务器端发送

此时，在 Socket 命令区点击"查询"按钮，在弹出的对话框中保持默认的 Socket 号为 1 不变，点击"确定"按钮，如图 4-23 所示。

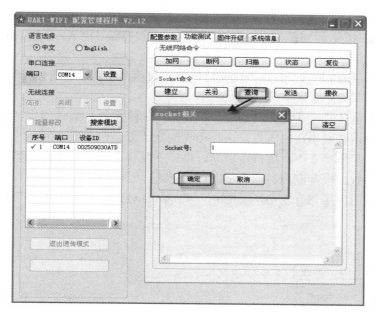

图 4-23　查询接收数据信息

在信息提示窗口显示接收到 6 个长度的数据，如图 4-24 所示。

点击 Socket 命令中的"接收"按钮，弹出如图 4-25 所示的数据接收对话框。数据个数文本框中输入 6，点击"接收"按钮，在数据接收区显示"您好！"的字样。

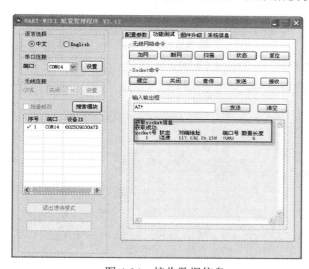

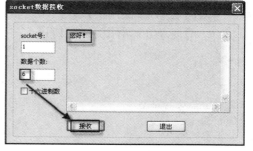

图 4-24　接收数据信息

图 4-25　WiFi 模块接收

小　结

通过本章的学习，学生应该掌握：

◆　WiFi 是一个国际无线局域网(WLAN)标准，全称为 Wireless Fidelity，又称 IEEE 802.11b 标准。

◆ WiFi 无线网络包括两种类型的拓扑形式：基础网(Infrastructure)和自组网(Ad-hoc)。

◆ Infrastructure 网络是基于 AP 组建的基础无线网络，由 AP 创建、众多 STA 加入所组成。

◆ Ad-hoc 网络是基于自组网的无线网络，仅由两个及以上 STA 组成，网络中不存在 AP。

◆ 透明数据传输模式又称自动工作模式。在该模式下，WiFi 模块可看做一条虚拟的串口线，按照使用普通串口的方式发送和接收数据即可。

◆ 在命令工作模式下，用户可以通过串口下发 AT 指令，实现对模块的完全控制，包括修改配置参数、控制联网、控制 TCP/IP 连接、数据传输等。

◆ 在实际的应用与开发中，可利用厂家提供的配套软件完成对 WiFi 模块的配置，方便、快捷。

练 习

1. WiFi 最早是基于_____协议，发表于_____年，定义了 WLAN 的_____层和_____层标准。

2. WiFi 无线网络包括两种类型的拓扑形式：_____和_____。

3. 下列不属于基础网特点的是_____。

A. 基于 AP 组建　　　　　　　　　B. STA 间可以直接通信

C. AP 是网络的中心　　　　　　　D. 含多个 STA

4. 下列不属于 WiFi-M03 模块特点的是_____。

A. 只能作为 STA　　　　　　　　B. 支持自动和命令两种工作模式

C. 频率范围为 2.412 GHz～2.484 GHz　　D. 支持 DHCP 协议

5. WiFi 的协议体系遵循_____参考模型，由_____层、_____层及_____层、_____层、_____层和_____层组成。

6. 简述 WiFi 的用户接入网络过程。

7. 简述 WiFi 常用的加密协议。

第5章　UHF 无线数传技术

本章目标

◆　了解无线数传技术的应用场合。
◆　掌握无线数传芯片选型的主要因素。
◆　熟悉 CC1101 模块的实物结构。
◆　理解 CC1101 的寄存器地址空间。
◆　掌握 CC1101 的寄存器访问方法。
◆　掌握 CC1101 编程的一般方法。

学习导航

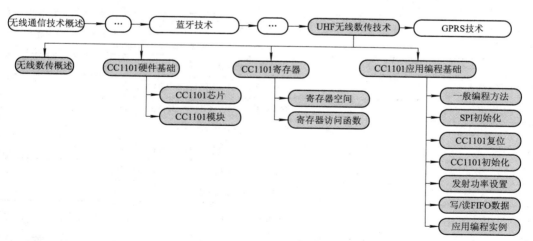

任务描述

➢ 【描述 5.D.1】

　　编写 CC1101 的驱动程序。

5.1 无线数传概述

无线数传技术是一种无线数据传输技术，用户可以通过无线数传部分的或全部的替代有线传输，将原本有线的数据链路无线化，以达到减少布线、降低成本的目的，多用于环境恶劣、人烟稀少或者不方便布线的场合。本节将介绍无线数传相关的概念和频段等。

1. 概述

典型的无线数传技术利用无线信道实现远程数据传输，可兼具通话功能，有效覆盖半径因产品而异，可长达几十千米。无线数传技术一般用于条件比较恶劣的工业远程控制与测量场合，即通常所说的"三遥"(即遥控、遥测、遥感)系统，因此对技术指标及可靠性的要求是很严格的。

无线数传技术一般使用 VHF 和 UHF 频段，其中 UHF 频段抗干扰能力强，并支持各种点对点、点对多点的无线数据通信方式，具有收/发一体、安全隔离、安装隔离、使用简单、性价比高、稳定、可靠等优点。

2. UHF 无线数传频段

UHF 频段无线数传技术主要使用各国免费使用的免申请 ISM 频段，其中包含国际通用的 2.4 GHz(2.400 GHz～2.4835 GHz)频段。另外，它还包含其他的一些频段，各个国家均有不同。具体工作频段划分如表 5-1 所示。

表 5-1 UHF 无线数传频段

国　　家	频　　段
美国	915 MHz(902 MHz～928 MHz)
	2.4 GHz(2.400 GHz～2.4835 GHz)
欧盟	433 MHz(433.05 MHz～434.79 MHz)
	868 MHz(868 MHz～870 MHz)
	2.4 GHz(2.400 GHz～2.4835 GHz)
中国	220 MHz(223.025 MHz～235.000 MHz)
	315 MHz(314 MHz～316 MHz)
	433 MHz(433.05 MHz～434.79 MHz)
	2.4 GHz(2.400 GHz～2.4835 GHz)

在表 5-1 中，2.4 GHz 为国际通用的免申请 ISM 频段，蓝牙、WiFi 产品均工作在这一频段。在我国，315 MHz 为早期无线遥控产品的主要频段，无线电磁环境相当复杂，进行无线数据传输不是很可靠，主要用于传输简单数据的无线遥控。433 MHz 是无线数传产品的主要 UHF 频段。

⚠ 注意：不同的地区因无线电环境不同，对于不同的应用场合的频段的划分和功率都有严格的要求，具体可咨询当地无线电管理部门。在使用无线数传产品时，应严格遵循相关规定。

3. 无线数传芯片及选型

在实际的应用开发中，设计开发者可根据产品开发周期和开发能力选择购买相应的数传芯片或模块。无线数传芯片/模块的主要性能指标包括发射功率、接收灵敏度、传输速率、传输距离和功耗，其选型在设计中是至关重要的。

无线数传芯片的种类比较多，正确的选择可以减小开发难度，缩短开发周期，降低成本，更快地将产品推向市场。选择无线数传芯片时主要考虑下述几个因素：

◇　功耗：大多数无线收/发芯片是应用在便携式产品上的，因此功耗是非常关键的因素之一，应该根据需要选择综合功耗较小的产品。

◇　发射功率：同等条件下，为保证有效和可靠的通信，应选用发射功率较高的产品。

◇　接收灵敏度：接收灵敏度反映了芯片接收微弱信号的能力，在同等条件下，应选择接收灵敏度高的芯片。

◇　开发成本：选用成本较低的无线收/发芯片，避免使用所需的外围元件多、外围元件昂贵的收/发芯片，采用收/发合一的天线，以降低系统开发成本。

◇　芯片体积：较少的管脚以及较小的封装，有利于减少 PCB 面积，降低成本，适合便携式产品的设计，也有利于开发和生产。

在 433 MHz 数传芯片中，CC1101 是目前市场上比较主流的一款芯片。CC1101 具有较高的传输速率，较低的电流消耗和较高的灵敏度，而且成本低、复杂度小，特别适合初学者学习使用。因此，本书的后续内容讲解都是以 CC1101 模块为核心而展开的。

5.2　CC1101 硬件基础

在实际的应用与开发中，设计者可根据产品开发周期和开发能力选择使用 CC1101 芯片或者模块，采用单片机控制，实现其应用与开发。本节主要介绍搭建 CC1101 无线数传硬件系统的基础，包括认识 CC1101 芯片和模块的特点、结构等。

5.2.1　CC1101 芯片

CC1101 是一款单芯片、低成本的 UHF 频段无线收/发器，基于 IEEE 802.15.4 标准开发，专为低功耗无线应用而设计。

1. 芯片概述

CC1101 主要设定在 315 MHz、433 MHz、868 MHz 和 915 MHz 的 ISM 频段，可以很容易地编程，使之工作在其他频率，如 300 MHz～348 MHz、387 MHz～464 MHz 和 779 MHz～928MHz 频段。

CC1101 芯片具有数据包处理、数据缓冲、突发数据传输、接收信号强度指示(RSSI)、空闲信道评估(CCA)、链路质量指示以及无线唤醒(WOR)等功能，内部的参数寄存器和数据传输 FIFO 可通过 SPI 接口控制，所需的周边器件很少，使用简单。

2. 芯片引脚

CC1101 芯片的引脚图如图 5-1 所示。

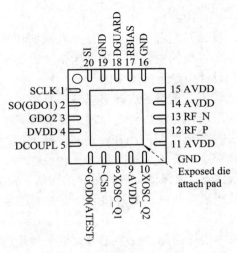

图 5-1 CC1101 芯片引脚

CC1101 芯片的各个引脚说明如表 5-2 所示。

表 5-2 CC1101 芯片引脚说明

引脚序号	引脚名称	引脚类型	描　　　述
1	SCLK	数字输入	串行配置接口，时钟输入
2	SO(GDO1)	数字输出	串行配置接口，数据输出。 当 CSn 为高电平时，可选通用输出引脚
3	GDO2	数字输出	通用数字输出引脚： ◇ 测试信号； ◇ FIFO 状态信号； ◇ 空闲信道指示； ◇ 时钟输出，从 XOSC 分频； ◇ 串行输出 RX 数据
4	DVDD	电源(数字)	用于数字 I/O 和数字内核稳压器的 1.8 V～3.6 V 数字电源
5	DCOUPL	电源(数字)	用于去耦的 1.6 V～2.0 V 数字电源输出。 注意：该引脚为 CC1101 专用，不能用于向其他器件提供电源电压
6	GDO0 (ATEST)	数字 I/O	通用数字输出引脚： ◇ 测试信号； ◇ FIFO 状态信号； ◇ 空闲信道指示； ◇ 时钟输出，从 XOSC 分频； ◇ 串行输出 RX 数据； ◇ 串行输入 TX 数据。 还可用作原型产品/产品测试的模拟测试 I/O

续表

引脚序号	引脚名称	引脚类型	描　　述
7	CSn	数字输入	串行配置接口，片选
8	XOSC_Q1	模拟 I/O	晶体管振荡器引脚 1，或外部时钟输入
9	AVDD	电源(模拟)	1.8 V～3.6 V 模拟电源连接
10	XOSC_Q2	模拟 I/O	晶体管振荡器引脚 2
11	AVDD	电源(模拟)	1.8 V～3.6 V 模拟电源连接
12	RF_P	RF I/O	接收模式下到 LNA 的正 RF 输入信号； 发送模式下来自 PA 的负 RF 输出信号
13	RF_N	RF I/O	接收模式下到 LNA 的正 RF 输入信号； 发送模式下来自 PA 的负 RF 输出信号
14	AVDD	电源(模拟)	1.8 V～3.6 V 模拟电源连接
15	AVDD	电源(模拟)	1.8 V～3.6 V 模拟电源连接
16	GND	接地(模拟)	模拟接地连接
17	RBIAS	模拟 I/O	参考电流的外部偏置电阻
18	DGUARD	电源(数字)	数字噪声隔离的电源连接
19	GND	接地(数字)	数字噪声隔离的接地连接
20	SI	数字输入	串行配置接口，数据输入

⚠ **注意：** 外露的裸片附着焊盘必须连接至一个固态接地层，因为这是芯片的主要接地连接。

5.2.2　CC1101 模块

在 CC1101 芯片的基础上，只需添加少量的高精度外围元件即可构成 CC1101 模块，不同厂家生产的 CC1101 模块的性能大同小异。

厂家提供的 CC1101 模块一般由 PCB 主板、SMA 接头以及外接天线组成。其中，SMA 连接器用于与 50 Ω 负载匹配，可使连接评估板和原型产品至不同测试设备(如频谱分析器)变得简单。天线可以根据需要选择标准配置的短柱状天线、弯头天线(方向 360 度可调)或镀银金属天线(成本低，适合大批量应用)。本书配套的实验开发套件中的天线为短柱状天线。

1. 模块概述

CC1101 模块的主要性能及特点如下：

◇　工作于 433 MHz 免费 ISM 频段，免许可证使用。

◇　工作电压：1.8 V～3.6 V(推荐 3.3 V)。

◇ 可编程控制的输出功率，对所有的支持频率可达+10 dBm。

◇ 工作速率最低为 1.2 kb/s，最高为 500 kb/s，支持 2-FSK、GFSK 和 MSK 调制方式。

◇ 高灵敏度(在速率 1.2 kb/s 下为–110 dBm，1%数据包误码率)。

◇ 功耗低(在 RX 中，15.6 mA，2.4 kb/s，433 MHz)。

◇ 开阔地实际传输距离一般为 250 m～300 m(视具体环境和通信波特率等而定)。

CC1101 适用于多种无线通讯应用，如超低功耗无线收/发器、家庭和楼宇自动化、高级抄表架构、无线计量、无线报警和安全系统等。其中，几个典型的应用领域如下：

◇ 车辆监控、遥控、遥测、水文气象监控。

◇ 无线标签、身份识别、非接触 RF 智能卡。

◇ 小型无线网络、无线抄表、门禁系统、小区传呼。

◇ 工业数据采集系统、无线 232 数据通信、无线 485/422 数据采集。

◇ 无线数据终端、安全防火系统、无线遥控系统、生物信号采集。

2. 模块接口

为便于嵌入式应用，CC1101 模块采用标准的 DIP 间距接口，其外接引脚如图 5-2 所示。

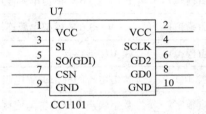

图 5-2　CC1101 模块引脚图

相关引脚说明如表 5-3 所示。

表 5-3　CC1101 模块引脚说明

引脚序号	引脚名称	引脚类型	描　　　述
1	VCC	电源输入	1.8 V～3.6 V 之间，推荐 3.3 V
2	VCC	电源输入	1.8 V～3.6 V 之间，推荐 3.3 V
3	SI	数字输入	连续配置接口，数据输入
4	SCLK	数字输入	连续配置接口，时钟输入
5	SO(GD1)	数字输出	连续配置接口，数据输出，CSN 为高电平时为可选的一般输出引脚
6	GD2	数字输出	工作状态引脚
7	CSN	数字输入	连续配置接口，芯片选择
8	GD0	数字输出	工作状态引脚
9、10	GND	电源地	和系统共地

单片机与 CC1101 及其他辅助外设的接口电路如图 5-3 所示。从图中可以看出，CC1101 通过 SPI 接口与单片机相连，相关外设有按键、LED 灯、蜂鸣器和 LCD12864 液晶显示器。

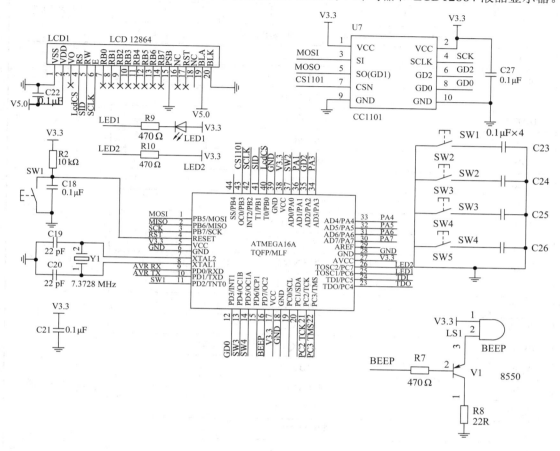

图 5-3　单片机与 CC1101 及相关外设的接口电路

5.3　CC1101 寄存器

单片机与 CC1101 的通信都是通过对寄存器的访问来完成的。了解 CC1101 的寄存器是能够正确配置和使用它的前提条件，本节将讲解 CC1101 寄存器的相关内容和访问方法。

5.3.1　寄存器空间

为方便后续内容的讲解，首先介绍一下 CC1101 的寄存器地址空间。

CC1101 的 SPI 地址空间是 0x00～0x3F，只需 BIT0～BIT5 即可表示寄存器地址。SPI 的地址空间由配置寄存器(0x00～0x2E)、指令选通脉冲(又称命令滤波)寄存器(0x30～0x3D)、状态寄存器(0x30～0x3D)和多字节寄存器(0x3E 和 0x3F)组成。CC1101 的 SPI 地址空间如表 5-4 所示。

表 5-4 CC1101 的 SPI 地址空间

地址	写配置字		读配置字		寄存器种类
	单字节	连续	单字节	连续	
	地址+0x00	地址+0x40	地址+0x80	地址+0xC0	
0x00	IOCFG2				
0x01	IOCFG1				
0x02	IOCFG0				
0x03	FIFOTHR				
0x04	SYNC1				
0x05	SYNC0				
0x06	PKTLEN				
0x07	PKTCTRL1				
0x08	PKTCTRL0				
0x09	ADDR				
0x0A	CHANNR				
0x0B	FSCTRL1				
0x0C	FSCTRL0				
0x0D	FREQ2				
0x0E	FREQ1				
0x0F	FREQ0				
0x10	MDMCFG4				配置寄存器
0x11	MDMCFG3				
0x12	MDMCFG2				
0x13	MDMCFG1				
0x14	MDMCFG0				
0x15	DEVIATN				
0x16	MCSM2				
0x17	MCSM1				
0x18	MCSM0				
0x19	FOCCFG				
0x1A	BSCFG				
0x1B	AGCCTRL2				
0x1C	AGCCTRL1				
0x1D	AGCCTRL0				
0x1E	WOREVT1				
0x1F	WOREVT0				
0x20	WORCTRL				

续表

地址	写配置字		读配置字		寄存器种类
	单字节	连续	单字节	连续	
	地址+0x00	地址+0x40	地址+0x80	地址+0xC0	
0x21	FREND1				配置寄存器
0x22	FREND0				
0x23	FSCAL3				
0x24	FSCAL2				
0x25	FSCAL1				
0x26	FSCAL0				
0x27	RCCTRL1				
0x28	RCCTRL0				
0x29	FSTEST				
0x2A	PTEST				
0x2B	AGCTEST				
0x2C	TEST2				
0x2D	TEST1				
0x2E	TEST0				
0x2F					
0x30	SRES		SRES	PARTNUM	指令选通脉冲和状态寄存器
0x31	SFSTXON		SFSTXON	VERSION	
0x32	SXOFF		SXOFF	FREQEST	
0x33	SCAL		SCAL	LQI	
0x34	SRX		SRX	RSSI	
0x35	STX		STX	MARCSTATE	
0x36	SIDLE		SIDLE	WORTIME1	
0x37				WORTIME0	
0x38	SWOR		SWOR	PKTSTATUS	
0x39	SPWD		SPWD	VCO_VC_DAC	
0x3A	SFRX		SFRX	TXBYTES	
0x3B	SFTX		SFTX	RXBYTES	
0x3C	SWORRST		SWORRST	RCCTRL1_STATUS	
0x3D	SNOP		SNOP	RCCTRL0_STATUS	
0x3E	PATABLE	PATABLE	PATABLE	PATABLE	多字节寄存器
0x3F	TX FIFO	TX FIFO	RX FIFO	RX FIFO	

在表 5-4 中，几个重要寄存器名称及功能如下所述：

◇ 配置寄存器：可读/写(由 R/W 位控制)，可单字节访问和突发访问(由突发访问控制位 B 控制)。地址范围为 0x00～0x2E。

◇ 指令选通脉冲(命令滤波)寄存器：指令选通脉冲是 CC1101 的单字节指令，可读/写，对这些寄存器的访问操作将会使内部状态或模式发生改变。只要写一下对应寄存器的地址，不用写数据，内部就会自动执行相应的指令，比如重启芯片，设置为发送模式等。地址范围为 0x30～0x3D。

◇ 状态寄存器：只读，地址范围为 0x30～0x3D。

◇ 多字节寄存器：包含 PATABLE 寄存器和 FIFO 寄存器，可读/写，可单字节访问或者突发访问。其中，PATABLE 内部是一个 8 字节表，用于定义 PA 控制设置。对 PATABLE 的访问，可用于设置发射功率。FIFO 包含 TX FIFO 和 RX FIFO 两个单独的 64 字节寄存器。当配置字的 BIT7 位为 1(读寄存器)时，访问的是 RX FIFO；当配置字的 BIT7 位为 0(写寄存器)时，访问的是 TX FIFO。

若要了解各个寄存器的功能，请参阅附录 5。关于每个寄存器各个位的详细描述，由于篇幅限制不做介绍，可参考 CC1101 的相关手册。

⚠ 注意：寄存器的突发访问，就是内部计数器会自动设置起始地址，每增加一个字节，地址会自动加 1，无论是读还是写，必须通过 CSn 拉高终止。

5.3.2 寄存器访问函数

本节讲解配置寄存器、指令脉冲选通寄存器、状态寄存器的相关访问函数。

1. 配置寄存器

配置寄存器为可读/写寄存器，可单字节访问和连续访问。下述示例用于实现单字节读寄存器。

【示例 5-1】 单字节读。

```
//**********************************************************************
//函数输入：地址
//函数输出：该寄存器的配置字
//功能描述：SPI 读寄存器
//**********************************************************************
unsigned char halSpiReadReg(unsigned char addr)
{
        unsigned char temp, value;
        temp = addr|READ_SINGLE;            //单字节读寄存器配置字
        CSN = 0;
        while (MISO);
        SpiTxRxByte(temp);
        value = SpiTxRxByte(0);
        CSN = 1;
        return value;
```

　　}

其中，SpiTxRxByte()为 SPI 单字节收/发函数，其源代码程序如下：

【示例 5-2】　　SPI 单字节收发函数 SpiTxRxByte()。

```
unsigned char SpiTxRxByte(unsigned char dat)
{
        unsigned char temp;
        SPDR = dat;                          //向 SPDR 寄存器写入数据，启动数据传送
        while(!(SPSR & (1<<SPIF)));           //等待串行传送完成，SPSR 寄存器的 SPIF 位置 1
        temp = SPDR;                          //读出接收缓存区中的数值
        return temp;                          //将接收缓存区中的数值作为返回值返回
}
```

下述示例用于实现连续读寄存器。

【示例 5-3】　　连续读。

```
//*****************************************************************
//函数输入：地址，读出数据后暂存的缓冲区，读出配置个数
//函数输出：无
//功能描述：SPI 连续读配置寄存器
//*****************************************************************
void halSpiReadBurstReg(unsigned char addr, unsigned char *buffer, unsigned char count)
{
        unsigned char i,temp;
        temp = addr | READ_BURST;            //写入要读的配置寄存器地址和连续读命令
        CSN = 0;
        while(MISO);
        SpiTxRxByte(temp);                   //写入相应的配置字
        for(i = 0; i < count; i++)
        {
                buffer[i] = SpiTxRxByte(0);  //将读出的数据放入缓存区
        }
        CSN = 1;
}
```

下述示例用于实现单字节写寄存器。

【示例 5-4】　　单字节写。

```
//*****************************************************************
//函数名：void halSpiWriteReg(unsigned char addr, unsigned char value)
//输入：地址和配置字
//输出：无
//功能描述：SPI 写寄存器
//*********************************************************** * * * *
```

```
        void halSpiWriteReg(unsigned char addr, unsigned char value)
        {
                CSN = 0;
                while (MISO);
                SpiTxRxByte(addr);              //写地址
                SpiTxRxByte(value);             //写入配置
                CSN = 1;
        }
```

下述示例用于实现连续写寄存器。

【示例 5-5】 连续写。

```
        //******************************************************************
        //函数输入：地址，写入缓冲区，写入个数
        //函数输出：无
        //功能描述：SPI 连续写配置寄存器
        //******************************************************************
        void halSpiWriteBurstReg(unsigned char addr, unsigned char *buffer, unsigned char count)
        {
                unsigned char i, temp;
                temp = addr | WRITE_BURST;      //WRITE_BURST 为 0x40,连续写
                CSN = 0;
                while (MISO);                   //等待 SO 引脚变低
                SpiTxRxByte(temp);              //发送连续写地址为 addr 的寄存器的指令
                for (i = 0; i < count; i++)
                {
                        SpiTxRxByte(buffer[i]); //发送 8 个数据字节
                }
                CSN = 1;
        }
```

2. 指令脉冲选通寄存器

指令选通脉冲寄存器又称命令滤波寄存器，可读/写，只能单字节访问。下述示例用于实现对指令脉冲选通寄存器的访问。

【示例 5-6】 写指令函数 halSpiStrobe()。

```
        void halSpiStrobe(unsigned char strobe)        //strobe 为命令滤波寄存器地址
        {
                CSN=0;
                while(MISO);
                SpiTxRxByte(strobe);            //写入命令
                CSN=1;
        }
```

3. 状态寄存器

状态寄存器为只读存储器。要读取某状态寄存器里面的值，应首先将 0x30~0x3D 的地址加上 0xC0(BIT7 和 BIT6 位均为 1，表示连续读)；然后写入数据，就可以读到相应状态寄存器里的值了。下述示例用于实现读状态寄存器。

【示例 5-7】　读状态寄存器函数 halSpiReadStatus()。

```
//*****************************************************************
//函数名：unsigned char halSpiReadStatus(unsigned char addr)
//输入：地址
//输出：该状态寄存器当前值
//功能描述：SPI 读状态寄存器
//*****************************************************************
unsigned char halSpiReadStatus(unsigned char addr)
{
        unsigned char value,temp;
        temp = addr | READ_BURST;           //写入要读的状态寄存器的地址同时写入读命令
        CSN = 0;
        while (MISO);
        SpiTxRxByte(temp);
        value = SpiTxRxByte(0);
        CSN = 1;
        return value;
}
```

5.4　CC1101 应用编程基础

CC1101 通过 SPI 方式与单片机相连，可用单片机自带的硬件 SPI 或者通用 I/O 口模拟 SPI 来驱动，单片机作为 SPI 主机，CC1101 作为从机。所有配置字和收/发数据都是单片机通过一个 4 线 SPI 兼容接口(SI、SO、SCLK 和 CSn)对 CC1101 的寄存器进行读/写操作来完成的。SPI 接口的工作模式(待机/发送/接收等)都是通过 SPI 指令进行设置的，并可以通过 GDO1 或 GDO2 引脚电平状态来判断数据的发送或接收是否完成。

5.4.1　一般编程方法

任何单片机都可以实现对无线模块的数据收/发控制，应选择自己擅长的单片机型号进行控制，本书采用 ATmega16 单片机作为主机控制。CC1101 应用编程的一般方法和步骤如下：

(1) ATmega16 单片机 SPI 初始化。

(2) CC1101 复位。

(3) CC1101 初始化。

(4) CC1101 发射功率设置。

(5) 状态机转换，写/读 FIFO 数据。

实际用户可能会选择自己的其他单片机作为主控芯片，需将相关程序进行移植，但应注意：

◇ 确保 I/O 是输入/输出方式，且必须设置成数字 I/O；

◇ 注意与使用的 I/O 相关的寄存器配置，尤其是带外部中断和 AD 功能的 I/O，相关寄存器一定要设置好；

◇ 调试时先写配置字，然后控制数据收/发；

◇ 注意工作模式切换时间。

5.4.2 SPI 初始化

ATmega16 的 SPI 初始化必须遵从 CC1101 的 SPI 时序，与 CC1101 保持一致，才能进行正常通信。

1. CC1101 的 SPI 时序

SPI 接口上的所有事务均以一个报头字节(即配置字)作为开始，该字节包含一个读/写控制位 R/W，一个突发存取(即突发访问控制)位 B，以及一个 6 位地址 A5～A0。其中，CC1101 读/写控制是 BIT7，BIT7=1 为读对应的寄存器；BIT7=0 为写相应的寄存器。BIT6 是突发存/取位，BIT6=1 为突发访问(即连续访问)，BIT6=0 为单字节访问。所有数据的传输均以最高位开始。

SPI 配置寄存器的读/写操作时序图及 SPI 接口时序要求如图 5-4 所示。

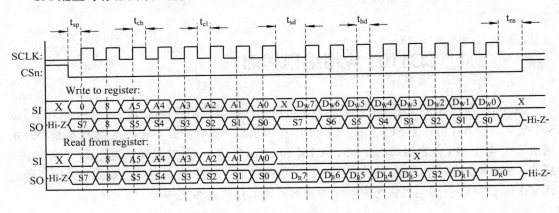

图 5-4　SPI 配置寄存器的读/写操作时序图

从图 5-4 中可以看出，CC1101 在时钟的上升沿锁存数据，在时钟的下降沿移出数据。在 SPI 传输空闲时，时钟 SCLK 保持在低电平状态。由此可知，SPI 工作在模式 0。在 SPI 总线上传输报头字节或读/写寄存器期间，CSn 引脚必须保持低电平，如果 CSn 电平升高，那么传输就会被取消。当拉低 CSn 电平时，在开始传输该报头字节以前，MCU 必须等待，直到 CC1101 的 SO 引脚变为低电平为止。SO 引脚变为低电平表明内部已稳定。

图 5-4 中各项参数的说明如表 5-5 所示。

表 5-5　SPI 接口时序要求

参数	描　述		最小值	最大值
t_{sp}	在活动(工作)模式下，CSn 电平低至 SCLK 的正边缘		20 ns	—
t_{ch}	时钟高电平		50 ns	—
t_{cl}	时钟低电平		50 ns	—
t_{sd}	向 SCLK 的正边缘建立数据(tsd 适用于地址和数据字节之间，以及数据字节之间)	单字节存/取	55 ns	—
		突发存/取	76 ns	—
t_{hd}	在 SCLK 的正边缘之后保持数据		20 ns	—
t_{ns}	SCLK 负边缘到 CSn 高电平		20 ns	—

2. SPI 初始化

下述示例用于实现 ATmega16 的 SPI 初始化，设置相关 I/O 引脚，SPI 工作在模式 0，时钟为主频的 16 分频，使能 SPI。

【示例 5-8】　SPI 初始化函数 SpiInit()。

```
void SpiInit(void)
{
//将 PA0 和 PA2 设置为输入，其中 PA0 连接第二个按键，PA2 连接 CC1101 的 GD2 引脚
    DDRA &= ～((1 << PA0)|(1 << PA2));
//将 PB3, PB4, PB5, PB7 引脚设置为输出
    DDRB |= (1 << PB3)|(1 << PB5)|(1 << PB7)|(1 << PB4);
//锁定 PB4/SS 的电平为 1(输出)，防止输入悬浮电平拉低管脚导致 SPI 被置为从机
    PORTB |= (1 << PB4);
//使能 SPI，设置时钟速率为 fck/16, SPI 工作在模式 0
    SPCR = (1<<SPE)|(1<<MSTR)|(1<<SPR0);
    CSN=0;
    CSN=1;
    delay(5000);                //延时子函数
}
```

5.4.3　CC1101 复位

当电源开启时，必须复位系统。在介绍复位方法和流程前，首先简要介绍一下 CC1101 的几种状态。

1. CC1101 状态

当通过 SPI 接口发送报头字节、数据字节或指令选通脉冲时，芯片状态字节由 CC1101 通过 SO 引脚发送。每当一个字节通过 SI 引脚写入到寄存器时，状态字节将被送到 SO 引脚。该状态字节包含一些关键的状态信号，对于 MCU 而言是非常有用的。

状态字节的构成及各个位的含义如表 5-6 所示。

表 5-6　状态字节(工作模式寄存器)概述

比特	名称	描　述		
7	CHIP_RDYn	保持高电平，直到功率和晶体已稳定则变为低电平。当使用 SPI 接口时应始终为低电平		
6:4	STATE[2:0]	表明当前主状态模式		
		值	状　态	描　述
		000	IDLE	空闲状态，数字内核的 XOSC 和电源均为开启状态，但是所有其他模块都处在断电模式下
		001	RX	接收模式
		010	TX	发送模式
		011	FSTXON	快速 TX 准备
		100	校准	频率合成器校准正进行
		101	迁移	PLL 正迁移
		110	RXFIFO_OVERFLOW	RC FIFO 已经溢出，读出任何有用数据，然后用 SFRX 冲洗 FIFO
		111	TXFIFO_OVERFLOW	TX FIFO 已经下溢，同 SFTX 应答
3:0	FIFO_BYTES_AVAILABLE	TX FIFO 或者 RX FIFO 中的可用(自由)字节数		

第 7 位为 CHIP_RDYn 信号，该信号在 SCLK 首个正边缘以前必须变为低电平。CHIP_RDYn 信号表明晶体正在运行。

第 6、5 和 4 位由 STATE 值组成，反映了芯片的 8 种状态。只有芯片处于 IDLE 状态时，频率和信道配置才能被更新。当该芯片处于接收模式时，RX 将处于工作状态。同样，当该芯片处在发送模式时，TX 将处于工作状态。

状态字节中最后四位(3:0)为 FIFO_BYTES_AVAILABLE，表示数据缓冲区 FIFO 的可用字节，最大值是 15，表示 15 或者更多字节是可使用(自由)的。FIFO 分为 TX FIFO 和 RX FIFO 两个单独的数据区，进行读取操作(报头字节中的 R/W 位为 1)时，表示可从 RX FIFO 读取的字节数；进行写入操作(R/W 位为 0)时，表示可写至 TX FIFO 的字节数。

2. CC1101 复位

CC1101 的系统复位有自动上电复位(POR)或手动复位两种方式。这里重点讲述手动复位，即采用 SRES 指令完成复位的过程。

使用 SRES 指令选通脉冲进行复位是使 CC1101 全局复位的一种方法。通过发出指令选通脉冲，所有内部寄存器和状态均被设置为默认值，即 IDLE 状态。手动上电时序如图 5-5 所示。

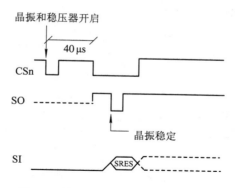

图 5-5　使用 SRES 完成手动上电复位

从图 5-5 中可以看出，系统手动复位的步骤如下：

(1) 设置选通脉冲 CSn 为高电平。

(2) 拉低 CSn，保持 CSn 为低电平。

(3) 设置 CSn 为高电平，并保证高电平至少持续 40 μs。

(4) 拉低 CSn，等待 SO 变低(CHIP_RDYn 信号为低，表示内部已稳定)。

(5) 通过 SI 线发送 SRES 选通脉冲。

(6) 当 SO 再次变低时，复位完成，芯片处于 IDLE 状态，同时晶体振荡器开始工作。

⚠ 注意：如果芯片拥有足够的时间让该晶体振荡器在上电复位以后稳定，那么 SO 引脚将会在 CSn 电平变低后立即变低。如果 CSn 电平在复位完成以前变低，则 SO 引脚会在变低之前先变高，表明晶体振荡器还没有稳定。

下述示例用于实现 CC1101 的上电手动复位，依据上述系统手动复位的时序编写。

【示例 5-9】　CC1101 上电复位函数。

```
void POWER_UP_RESET_CC1101(void)
{
    CSN = 1;                         //手动复位步骤 1
    halWait(1);
    CSN = 0;                         //手动复位步骤 2
    halWait(1);
    CSN = 1;                         //手动复位步骤 3
    halWait(41);                     //保证高电平至少持续 40 μs
    CSN = 0;                         //手动复位步骤 4
    while (MISO);                    //等待 SO 引脚变低
    SpiTxRxByte(CCxxx0_SRES);        //写入复位命令
    while (MISO);                    //等待 SO 再次变低时，复位完成
    CSN = 1;                         //将片选信号拉高，取消 SPI 传输
}
```

在示例 5-9 中，halWait()的程序源代码如下：

【示例 5-10】　CC1101 延时函数 halWait()。

```
void halWait(unsigned int timeout)
{
    unsigned char i;
    do
    {
        for(i=0;i<20;i++);
    } while (--timeout);
}
```

示例 5-9 中的 SpiTxRxByte()的程序源代码参见示例 5-2。

5.4.4 CC1101 初始化

CC1101 的初始化过程主要是完成对 CC1101 配置寄存器的初始化。相关寄存器的初始值采用厂商给出的推荐设置，对部分配置寄存器作了相关设置，全部的配置寄存器地址及相关说明参见附录 5。

下述示例展示了厂商给出的配置寄存器设置函数。

【示例 5-11】 配置寄存器初始化函数 halRfWriteRfSettings()。

```
//*****************************************************************************
//函数名：void halRfWriteRfSettings(void)
//输入：无
//输出：无
//功能描述：配置 CC1101 的寄存器
//*****************************************************************************
void halRfWriteRfSettings(void)
{
    halSpiWriteReg(CCxxx0_FSCTRL0,    rfSettings.FSCTRL2);    //自己加的
    //写寄存器设置
    halSpiWriteReg(CCxxx0_FSCTRL1,    rfSettings.FSCTRL1);    //频率合成器控制
    halSpiWriteReg(CCxxx0_FSCTRL0,    rfSettings.FSCTRL0);    //频率合成器控制
    halSpiWriteReg(CCxxx0_FREQ2,      rfSettings.FREQ2);      //频率控制词汇，高字节
    halSpiWriteReg(CCxxx0_FREQ1,      rfSettings.FREQ1);      //频率控制词汇，中间字节
    halSpiWriteReg(CCxxx0_FREQ0,      rfSettings.FREQ0);      //频率控制词汇，低字节
    halSpiWriteReg(CCxxx0_MDMCFG4,    rfSettings.MDMCFG4);    //调制器配置
    halSpiWriteReg(CCxxx0_MDMCFG3,    rfSettings.MDMCFG3);    //调制器配置
    halSpiWriteReg(CCxxx0_MDMCFG2,    rfSettings.MDMCFG2);    //调制器配置
    halSpiWriteReg(CCxxx0_MDMCFG1,    rfSettings.MDMCFG1);    //调制器配置
    halSpiWriteReg(CCxxx0_MDMCFG0,    rfSettings.MDMCFG0);    //调制器配置
    halSpiWriteReg(CCxxx0_CHANNR,     rfSettings.CHANNR);     //信道数
    halSpiWriteReg(CCxxx0_DEVIATN,    rfSettings.DEVIATN);    //调制器背离配置
    halSpiWriteReg(CCxxx0_FREND1,     rfSettings.FREND1);     //前末端 RX 配置
```

```
        halSpiWriteReg(CCxxx0_FREND0,    rfSettings.FREND0);      //前末端 TX 配置
        halSpiWriteReg(CCxxx0_MCSM0 ,    rfSettings.MCSM0 );      //主通信控制状态机配置
        halSpiWriteReg(CCxxx0_FOCCFG,    rfSettings.FOCCFG);      //频率偏移补偿配置
        halSpiWriteReg(CCxxx0_BSCFG,     rfSettings.BSCFG);       //位同步配置
        halSpiWriteReg(CCxxx0_AGCCTRL2, rfSettings.AGCCTRL2);     //AGC 控制
        halSpiWriteReg(CCxxx0_AGCCTRL1, rfSettings.AGCCTRL1);     //AGC 控制
        halSpiWriteReg(CCxxx0_AGCCTRL0, rfSettings.AGCCTRL0);     //AGC 控制
        halSpiWriteReg(CCxxx0_FSCAL3,    rfSettings.FSCAL3);      //频率合成器校准
        halSpiWriteReg(CCxxx0_FSCAL2,    rfSettings.FSCAL2);      //频率合成器校准
        halSpiWriteReg(CCxxx0_FSCAL1,    rfSettings.FSCAL1);      //频率合成器校准
        halSpiWriteReg(CCxxx0_FSCAL0,    rfSettings.FSCAL0);      //频率合成器校准
        halSpiWriteReg(CCxxx0_FSTEST,    rfSettings.FSTEST);      //频率合成器校准控制
        halSpiWriteReg(CCxxx0_TEST2,     rfSettings.TEST2);       //不同的测试设置
        halSpiWriteReg(CCxxx0_TEST1,     rfSettings.TEST1);       //不同的测试设置
        halSpiWriteReg(CCxxx0_TEST0,     rfSettings.TEST0);       //不同的测试设置
        halSpiWriteReg(CCxxx0_IOCFG2,    rfSettings.IOCFG2);      //GDO2 输出脚配置
        halSpiWriteReg(CCxxx0_IOCFG0,    rfSettings.IOCFG0);      //GDO0 输出脚配置
        halSpiWriteReg(CCxxx0_PKTCTRL1, rfSettings.PKTCTRL1);     //数据包自动控制
        halSpiWriteReg(CCxxx0_PKTCTRL0, rfSettings.PKTCTRL0);     //数据包自动控制
        halSpiWriteReg(CCxxx0_ADDR,      rfSettings.ADDR);        //设备地址
        halSpiWriteReg(CCxxx0_PKTLEN,    rfSettings.PKTLEN);      //数据包长度
    }
```

在示例 5-11 中，每一个配置寄存器的设置均通过 SPI 写寄存器函数 halSpiWriteReg() 实现，详细程序代码参见示例 5-4。

此处的地址实参均封装为宏定义的形式，其定义如下：

【示例 5-12】　配置寄存器地址宏定义。

```
//配置寄存器地址宏定义
#define CCxxx0_IOCFG2          0x00          //GDO2 输出引脚配置
#define CCxxx0_IOCFG1          0x01          //GDO1 输出引脚配置
#define CCxxx0_IOCFG0          0x02          //GDO0 输出引脚配置
#define CCxxx0_FIFOTHR         0x03          //RX FIFO 和 TX FIFO 门限
    ...                           ...
#define CCxxx0_TEST0           0x2E          //不同的测试设置
```

rfSettings 为一结构体，对需要设置的寄存器初值进行了封装，相关代码如下：

【示例 5-13】　配置寄存器初值设置。

```
// RF_SETTINGS 是一个由数据组成的结构体，内部包含了 CC1101 相关的配置寄存器
typedef struct S_RF_SETTINGS
{
    INT8U FSCTRL2;
```

```
        INT8U FSCTRL1;          //频率合成器控制
        INT8U FSCTRL0;          //频率合成器控制
        INT8U FREQ2;            //频率控制词汇，高字节
        INT8U FREQ1;            //频率控制词汇，中间字节
        INT8U FREQ0;            //频率控制词汇，低字节
        INT8U MDMCFG4;          //调制器配置
        INT8U MDMCFG3;          //调制器配置
        INT8U MDMCFG2;          //调制器配置
        INT8U MDMCFG1;          //调制器配置
        INT8U MDMCFG0;          //调制器配置
        INT8U CHANNR;           //信道数
        INT8U DEVIATN;          //调制器背离配置(在使能 FSK 调试模式的情况下)
        INT8U FREND1;           //前末端 RX 配置
        INT8U FREND0;           //前末端 TX 配置
        INT8U MCSM0;            //主通信控制状态机配置
        INT8U FOCCFG;           //频率偏移补偿配置
        INT8U BSCFG;            //位同步配置
        INT8U AGCCTRL2;         //AGC 控制
        INT8U AGCCTRL1;         //AGC 控制
        INT8U AGCCTRL0;         //AGC 控制
        INT8U FSCAL3;           //频率合成器校准
        INT8U FSCAL2;           //频率合成器校准
        INT8U FSCAL1;           //频率合成器校准
        INT8U FSCAL0;           //频率合成器校准
        INT8U FSTEST;           //频率合成器校准控制
        INT8U TEST2;            //不同的测试设置
        INT8U TEST1;            //不同的测试设置
        INT8U TEST0;            //不同的测试设置
        INT8U IOCFG2;           //GDO2 输出脚配置
        INT8U IOCFG0;           //GDO0 输出脚配置
        INT8U PKTCTRL1;         //数据包自动控制
        INT8U PKTCTRL0;         //数据包自动控制
        INT8U ADDR;             //设备地址
        INT8U PKTLEN;           //数据包长度
    } RF_SETTINGS;

    //定义 RF_SETTINGS 类型的结构体 rfSettings，并将其初始化值写入 flash 中
    RF_SETTINGS __flash rfSettings =
    {
```

```
    0x00,
    0x08,        //FSCTRL1 初值设置
    0x00,        //FSCTRL0 初值设置
    0x10,        //FREQ2 初值设置
    0xA7,        //FREQ1 初值设置
    0x62,        //FREQ0 初值设置
    0x5B,        //MDMCFG4 初值设置
    0xF8,        //MDMCFG3 初值设置
    0x03,        //MDMCFG2 初值设置
    0x22,        //MDMCFG1 初值设置
    0xF8,        //MDMCFG0 初值设置

    0x00,        //CHANNR 初值设置
    0x47,        //DEVIATN 初值设置
    0xB6,        //FREND1 初值设置
    0x10,        //FREND0 初值设置
    0x18,        //MCSM0 初值设置
    0x1D,        //FOCCFG 初值设置
    0x1C,        //BSCFG 初值设置
    0xC7,        //AGCCTRL2 初值设置
    0x00,        //AGCCTRL1 初值设置
    0xB2,        //AGCCTRL0 初值设置

    0xEA,        //FSCAL3 初值设置
    0x2A,        //FSCAL2 初值设置
    0x00,        //FSCAL1 初值设置
    0x11,        //FSCAL0 初值设置
    0x59,        //FSTEST 初值设置
    0x81,        //TEST2 初值设置
    0x35,        //TEST1 初值设置
    0x09,        //TEST0 初值设置
    0x0B,        //IOCFG2 初值设置
    0x06,        //IOCFG0D 初值设置
    0x04,        //PKTCTRL1 初值设置
    0x05,        //PKTCTRL0 初值设置
    0x00,        //ADDR 初值设置
    0x20         //PKTLEN 初值设置
};
```

5.4.5 发射功率设置

对发射功率的设置是通过访问 PATABLE 寄存器来实现的。对 PATABLE 的访问可以是单字节或突发访问，具体情况取决于突发访问控制位 B。R/W 位控制存/取是写入访问还是读取访问。

PATABLE 的地址是 0x3E，在接收此地址之后，SPI 需要等待 8 个数据字节。对 PATABLE 的读/写操作是由低到高完成的，一次读/写一个字节，通过内部的指数计数器控制。每读取或写入该表中的一个字节，计数器就加 1，当计数到 7 时会自动从 0 开始重新计数。当设置 CSn 为高电平时，内部的计数器会变为最小值 0。

工作于 433 MHz 的 CC1101 的输出功率编程设置如表 5-7 所示。

表 5-7 输出功率设置

	输出功率/dBm	433 MHz	
		设置	电流损耗/mA
最优设置	−30	0x12	11.9
	−20	0x0E	12.4
	−15	0x1D	13.1
	−10	0x34	14.4
	0	0x60	15.9
	5	0x84	19.4
	7	0xC8	24.2
	10	0xC0	29.1
默认设置	7.8	0xC6	25.2

下述示例用于实现对发射功率的设置，若将 PaTable[8] 的 8 字节列表改为 0x60，则相应的发射功率改为 0 dBm，依此类推。

【示例 5-14】 输出功率编程。

```
unsigned char PaTabel[8] = {0xC0,0xC0,0xC0,0xC0,0xC0,0xC0,0xC0,0xC0};//10 dBm 功率最大输出
halSpiWriteBurstReg(CCxxx0_PATABLE, PaTabel, 8);   //发射功率设置
```

其中，CCxxx0_PATABLE 为 PATABLE 寄存器的地址 0x3E，其定义如下：

```
#define CCxxx0_PATABLE          0x3E    //采用宏定义的形式将 CCxxx0_PATABLE 定义为 0x3E
```

5.4.6 写/读 FIFO 数据

FIFO 在 CC1101 的 SPI 地址空间的地址是 0x3F，可分为 TX FIFO 和 RX FIFO 两个单独的 64 字节寄存器，均可通过单字节访问或者突发(连续)访问。BIT7 位用于控制访问不同的寄存器；BIT6 是突发访问控制位，BIT6 为 1 是突发访问，BIT6 为 0 是单字节访问。

下列报头字节可对 FIFO 进行存、取：

◇ 0x3F：单字节访问 TX FIFO。

◇ 0xBF：单字节访问 RX FIFO。

◇ 0x7F：突发访问 TX FIFO。

✧　0xFF：突发访问 RX FIFO。

当 CC1101 芯片进入休眠状态时，两个 FIFO 都被刷新为空。

CC1101 的数据包结构如图 5-6 所示。

前导码	同步字	长度区	地址区	数据区	CRC 校验码
8×n 比特	16/32 比特	8 比特	8 比特	8×n 比特	16 比特

图 5-6　数据包结构图

从图 5-6 中可以看出，CC1101 的数据包由前导码、同步字节、可选的数据包长度、可选的目标地址、真正数据区和 2 字节的 CRC 校验码构成。更加详细的内容请参考相关手册。

当开启 TX 模式时，调制器将开始发送前导(前导字节数由 MDMCFG1 寄存器设置，具体可参考相关手册)。当前导被发送完毕时，调制器就开始发送同步字，然后发送来自 TX FIFO 的数据(如果是有效数据的话)。

CC1101 支持固定数据包长度、可变数据包长度和无长度限制的数据包 3 种模式，通过 PKTCTRL0 的 LENGTH_CONFIG 位进行设置。对于可变数据包长度模式，PKTLEN 寄存器用于设置 RX 模式中允许的最大数据包长度，任何长度字节值大于 PKTLEN 的接收数据包将被丢弃。相关的寄存器详情参见附录 5。

1. 接收数据包

CC1101 支持三种不同类型的数据包滤波：地址滤波、最大长度滤波和 CRC 滤接收模式下的数据包滤波。下面就最大长度滤波作一简单说明。

在可变数据包长度模式下(PKTCTRL0.LENGTH_CONFIG=1)，PKTLEN.PACKET_LENGTH 的值用来设置最大允许数据包长度。当接收字节值比这个值大时，则数据包被丢弃并且重新启动接收模式。

下述示例用于实现 CC1101 接收一组数据，采用最大长度滤波方式进行处理。

【示例 5-15】　CC1101 接收一组数据函数 halRfReceivePacket()。

```
unsigned char halRfReceivePacket(unsigned char *rxBuffer, unsigned char *length)
{
    unsigned char status[2];
    unsigned char packetLength;
    unsigned char i=(*length)*4;     //具体多少要根据 datarate 和 length 来决定
    halSpiStrobe(CCxxx0_SRX);         //进入接收状态
    delay(2);
    while (GDO0)
    {
        delay(20);
        --i;
        if(i<1)
        {
```

```
            return 0;
        }
    }
//如果接收的字节数不为 0
    if((halSpiReadStatus(CCxxx0_RXBYTES) & BYTES_IN_RXFIFO))
    {
//则读出第一个字节，此字节为该帧数据长度
        packetLength = halSpiReadReg(CCxxx0_RXFIFO);
//如果所要的有效数据长度小于等于接收到的数据包的长度
        if (packetLength <= *length)
        {
            //则读出所有接收到的数据
            halSpiReadBurstReg(CCxxx0_RXFIFO, rxBuffer, packetLength);
            *length = packetLength;          //把接收数据长度的修改为当前数据的长度
            // Read the 2 appended status bytes (status[0] = RSSI, status[1] = LQI)
            halSpiReadBurstReg(CCxxx0_RXFIFO, status, 2);       //读出 CRC 校验位
            //halSpiStrobe(CCxxx0_SFRX);    //清洗接收缓冲区
            return (status[1] & CRC_OK);    //如果校验成功，则返回接收成功
        }
        else
        {
            *length = packetLength;
            //halSpiStrobe(CCxxx0_SFRX);    //清洗接收缓冲区
            return 0;
        }
    }
    else
    {
        return 0;
    }
}
```

2. 发送数据包

在数据包发送时，必须将要发送的有效负载写入 TX FIFO 中。开启可变数据包长度以后，长度字节必须最先被写入。长度字节具有一个与数据包有效负载相当的值(包括可选地址字节)。如果接收机端开启了地址识别，则写入 TX FIFO 的第二个字节必须为地址字节。

调制器会首先发送编程的前导字节数。如果 TX FIFO 中的数据可用，则调制器会发送 2 字节(可选 4 字节)同步字，之后是 TX FIFO 中的有效负载。如果 TX FIFO 在发送完全部

数据包以前变为空，那么该无线电设备将进入 TXFIFO_UNDERFLOW 状态。退出该状态的唯一方法是发出一个 SFTX 选通脉冲。

下述示例用于实现 CC1101 发送一组数据。

【示例 5-16】　CC1101 发送一组数据函数 halRfSendPacket()。

```
//************************************************************
//函数名：void halRfSendPacket(unsigned char *txBuffer, unsigned char size)
//输入：发送的缓冲区，发送数据个数
//输出：无
//功能描述：CC1100 发送一组数据
//************************************************************
void halRfSendPacket(unsigned char *txBuffer, unsigned char size)
{
halSpiWriteReg(CCxxx0_TXFIFO, size);
    halSpiWriteBurstReg(CCxxx0_TXFIFO, txBuffer, size);  //写入要发送的数据
    halSpiStrobe(CCxxx0_STX);                            //进入发送模式发送数据
    // Wait for GDO0 to be set -> sync transmitted
    while (!GDO0);
    // Wait for GDO0 to be cleared -> end of packet
    while (GDO0);
halSpiStrobe(CCxxx0_SFTX);
}
```

5.4.7　应用编程实例

下述内容用于实现任务描述 5.D.1，编写 CC1101 的驱动程序。

编写 CC1101 的驱动，需要包含以下函数：

◇　初始化函数：SPI 初始化函数、配置寄存器初始化函数、CC1101 上电复位函数；

◇　寄存器访问函数：配置寄存器、指令选通脉冲寄存器、状态寄存器的相关访问函数；

◇　数据收/发：数据包的发送和接收函数。

将相关函数的具体实现放入 CC1101.c 文件，将相关寄存器的定义放入 CC1101.h 中。其中，CC1101.c 文件主要实现配置寄存器初始化、延时函数以及 CC1101 相关的访问函数，其实现程序代码如下：

【描述 5.D.1】　(1) CC1101.c。

```
#include "CC1101.h"

// RF_SETTINGS is a data structure which contains all relevant CCxxx0 registers
typedef struct S_RF_SETTINGS
{
    INT8U FSCTRL2;
```

```
    INT8U FSCTRL1;          //频率合成器控制
    INT8U FSCTRL0;          //频率合成器控制
    INT8U FREQ2;            //频率控制词汇，高字节
    INT8U FREQ1;            //频率控制词汇，中间字节
    INT8U FREQ0;            //频率控制词汇，低字节
    INT8U MDMCFG4;          //调制器配置
    INT8U MDMCFG3;          //调制器配置
    INT8U MDMCFG2;          //调制器配置
    INT8U MDMCFG1;          //调制器配置
    INT8U MDMCFG0;          //调制器配置
    INT8U CHANNR;           //信道数
    INT8U DEVIATN;          //调制器背离配置(在使能 FSK 调试模式的情况下)
    INT8U FREND1;           //前末端 RX 配置
    INT8U FREND0;           //前末端 TX 配置
    INT8U MCSM0;            //主通信控制状态机配置
    INT8U FOCCFG;           //频率偏移补偿配置
    INT8U BSCFG;            //位同步配置
    INT8U AGCCTRL2;         //AGC 控制
    INT8U AGCCTRL1;         //AGC 控制
    INT8U AGCCTRL0;         //AGC 控制
    INT8U FSCAL3;           //频率合成器校准
    INT8U FSCAL2;           //频率合成器校准
    INT8U FSCAL1;           //频率合成器校准
    INT8U FSCAL0;           //频率合成器校准
    INT8U FSTEST;           //频率合成器校准控制
    INT8U TEST2;            //不同的测试设置
    INT8U TEST1;            //不同的测试设置
    INT8U TEST0;            //不同的测试设置
    INT8U IOCFG2;           //GDO0 输出脚配置
    INT8U IOCFG0;           //GDO0 输出脚配置
    INT8U PKTCTRL1;         //数据包自动控制
    INT8U PKTCTRL0;         //数据包自动控制
    INT8U ADDR;             //设备地址
    INT8U PKTLEN;           //数据包长度
} RF_SETTINGS;

//定义 RF_SETTINGS 类型的结构体 rfSettings，并将其初始化值写入 flash 中
RF_SETTINGS __flash rfSettings =
{
```

```
    0x00,
    0x08,           //FSCTRL1 初值设置
    0x00,           //FSCTRL0 初值设置
    0x10,           //FREQ2 初值设置
    0xA7,           //FREQ1 初值设置
    0x62,           //FREQ0 初值设置
    0x5B,           //MDMCFG4 初值设置
    0xF8,           //MDMCFG3 初值设置
    0x03,           //MDMCFG2 初值设置
    0x22,           //MDMCFG1 初值设置
    0xF8,           //MDMCFG0 初值设置

    0x00,           //CHANNR 初值设置
    0x47,           //DEVIATN 初值设置
    0xB6,           //FREND1 初值设置
    0x10,           //FREND0 初值设置
    0x18,           //MCSM0 初值设置
    0x1D,           //FOCCFG 初值设置
    0x1C,           //BSCFG 初值设置
    0xC7,           //AGCCTRL2 初值设置
    0x00,           //AGCCTRL1 初值设置
    0xB2,           //AGCCTRL0 初值设置

    0xEA,           //FSCAL3 初值设置
    0x2A,           //FSCAL2 初值设置
    0x00,           //FSCAL1 初值设置
    0x11,           //FSCAL0 初值设置
    0x59,           //FSTEST 初值设置
    0x81,           //TEST2 初值设置
    0x35,           //TEST1 初值设置
    0x09,           //TEST0 初值设置
    0x0B,           //IOCFG2 初值设置
    0x06,           //IOCFG0D 初值设置
    0x04,           //PKTCTRL1 初值设置
    0x05,           //PKTCTRL0 初值设置
    0x00,           //ADDR 初值设置
    0x20            //PKTLEN 初值设置
};
```

```
static void delay(INT16U s)                //普通延时，内部用
{
        INT16U i;
        for(i=0; i<s; i++);
        for(i=0; i<s; i++);
}

void halWait(INT16U timeout)               //普通延时
{
        INT8U i;
        do
        {
                for(i=0;i<20;i++);
        } while (--timeout);
}

void SpiInit(void)
{
        DDRA    &= ~((1 << PA0)|(1 << PA2));
        DDRB    |= (1 << PB3)|(1 << PB5)|(1 << PB7)|(1 << PB4);
        PORTB |= (1 << PB4);        //锁定 PB4/SS 的电平为1(输出)，防止输入悬浮电平拉低管脚
                                    //导致 SPI 被置为从机
        /* 使能 SPI 主机模式，设置时钟速率为 fck/16 */
        //SPCR = (1<<SPE)|(1<<MSTR)|(1<<SPI2X)|(1<<SPR0);
        SPCR = (1<<SPE)|(1<<MSTR)|(1<<SPR0);   //使能 SPI，设置时钟速率为 fck/16，SPI 工作
                                    //在模式 0

        CSN=0;
        //SCK=0;
        CSN=1;
        delay(5000);
}

INT8U SpiTxRxByte(INT8U dat)               //SPI 发送一个字节
{
        INT8U temp;
        SPDR = dat;
        while(!(SPSR & (1<<SPIF)));
        temp = SPDR;
        return temp;
```

```
    }

void POWER_UP_RESET_CC1101(void)              //上电复位 CC1101
{
    CSN = 1;
    halWait(1);
    CSN = 0;
    halWait(1);
    CSN = 1;
    halWait(41);
    CSN = 0;
    while (MISO);
    SpiTxRxByte(CCxxx0_SRES);                 //写入复位命令
    while (MISO);
    CSN = 1;
}


void halSpiWriteReg(INT8U addr, INT8U value)   //SPI 写寄存器
{
    CSN = 0;
    while (MISO);
    SpiTxRxByte(addr);                         //写地址
    SpiTxRxByte(value);                        //写入配置
    CSN = 1;
}


/*****************SPI 连续写配置寄存器*********************/
void halSpiWriteBurstReg(INT8U addr, INT8U *buffer, INT8U count)
{
    INT8U i, temp;
    temp = addr | WRITE_BURST;
    CSN = 0;
    while (MISO);
    SpiTxRxByte(temp);
    for (i = 0; i < count; i++)
    {
        SpiTxRxByte(buffer[i]);
    }
    CSN = 1;
```

```
        }

        void halSpiStrobe(INT8U strobe)              //SPI 写命令
        {
            CSN = 0;
            while (MISO);
            SpiTxRxByte(strobe);                     //写入命令
            CSN = 1;
        }


        INT8U halSpiReadReg(INT8U addr)              //SPI 读寄存器
        {
            INT8U temp, value;
            temp = addr|READ_SINGLE;                 //读寄存器命令
            CSN = 0;
            while (MISO);
            SpiTxRxByte(temp);
            value = SpiTxRxByte(0);
            CSN = 1;
            return value;
        }
/****************** SPI 连续读配置寄存器****************************/
        void halSpiReadBurstReg(INT8U addr, INT8U *buffer, INT8U count)
        {
            INT8U i,temp;
            temp = addr | READ_BURST;                //写入要读的配置寄存器地址和读命令
            CSN = 0;
            while (MISO);
            SpiTxRxByte(temp);
            for (i = 0; i < count; i++)
            {
                buffer[i] = SpiTxRxByte(0);
            }
            CSN = 1;
        }
        INT8U halSpiReadStatus(INT8U addr)           //SPI 读状态寄存器
        {
            INT8U value,temp;
            temp = addr | READ_BURST;                //写入要读的状态寄存器的地址同时写入读命令
```

```
        CSN = 0;
        while (MISO);
        SpiTxRxByte(temp);
        value = SpiTxRxByte(0);
        CSN = 1;
        return value;
}
void halRfWriteRfSettings(void);
{
        halSpiWriteReg(CCxxx0_FSCTRL0, rfSettings.FSCTRL2);        //自已加的
        // 写寄存器设置
        halSpiWriteReg(CCxxx0_FSCTRL1, rfSettings.FSCTRL1);              //频率合成器控制
        halSpiWriteReg(CCxxx0_FSCTRL0, rfSettings.FSCTRL0);              //频率合成器控制
        halSpiWriteReg(CCxxx0_FREQ2, rfSettings.FREQ2);                 //频率控制词汇，高字节
        halSpiWriteReg(CCxxx0_FREQ1, rfSettings.FREQ1);                 //频率控制词汇，中间字节
        halSpiWriteReg(CCxxx0_FREQ0, rfSettings.FREQ0);                 //频率控制词汇，低字节
        halSpiWriteReg(CCxxx0_MDMCFG4, rfSettings.MDMCFG4);         //调制器配置
        halSpiWriteReg(CCxxx0_MDMCFG3, rfSettings.MDMCFG3);         //调制器配置
        halSpiWriteReg(CCxxx0_MDMCFG2, rfSettings.MDMCFG2);         //调制器配置
        halSpiWriteReg(CCxxx0_MDMCFG1, rfSettings.MDMCFG1);         //调制器配置
        halSpiWriteReg(CCxxx0_MDMCFG0, rfSettings.MDMCFG0);         //调制器配置
        halSpiWriteReg(CCxxx0_CHANNR, rfSettings.CHANNR);            //信道数
        halSpiWriteReg(CCxxx0_DEVIATN, rfSettings.DEVIATN);           //调制器背离配置
        halSpiWriteReg(CCxxx0_FREND1, rfSettings.FREND1);             //前末端 RX 配置
        halSpiWriteReg(CCxxx0_FREND0, rfSettings.FREND0);             //前末端 TX 配置
        halSpiWriteReg(CCxxx0_MCSM0, rfSettings.MCSM0 );            //主通信控制状态机配置
        halSpiWriteReg(CCxxx0_FOCCFG, rfSettings.FOCCFG);            //频率偏移补偿配置
        halSpiWriteReg(CCxxx0_BSCFG, rfSettings.BSCFG);              //位同步配置
        halSpiWriteReg(CCxxx0_AGCCTRL2, rfSettings.AGCCTRL2);       //AGC 控制
        halSpiWriteReg(CCxxx0_AGCCTRL1, rfSettings.AGCCTRL1);       //AGC 控制
        halSpiWriteReg(CCxxx0_AGCCTRL0, rfSettings.AGCCTRL0);       //AGC 控制
        halSpiWriteReg(CCxxx0_FSCAL3, rfSettings.FSCAL3);            //频率合成器校准
        halSpiWriteReg(CCxxx0_FSCAL2, rfSettings.FSCAL2);            //频率合成器校准
        halSpiWriteReg(CCxxx0_FSCAL1, rfSettings.FSCAL1);            //频率合成器校准
        halSpiWriteReg(CCxxx0_FSCAL0, rfSettings.FSCAL0);            //频率合成器校准
        halSpiWriteReg(CCxxx0_FSTEST, rfSettings.FSTEST);            //频率合成器校准控制
        halSpiWriteReg(CCxxx0_TEST2, rfSettings.TEST2);             //不同的测试设置
        halSpiWriteReg(CCxxx0_TEST1, rfSettings.TEST1);             //不同的测试设置
        halSpiWriteReg(CCxxx0_TEST0, rfSettings.TEST0);             //不同的测试设置
```

```
        halSpiWriteReg(CCxxx0_IOCFG2, rfSettings.IOCFG2);          //GDO2 输出脚配置
        halSpiWriteReg(CCxxx0_IOCFG0, rfSettings.IOCFG0);          //GDO0 输出脚配置
        halSpiWriteReg(CCxxx0_PKTCTRL1, rfSettings.PKTCTRL1);      //数据包自动控制
        halSpiWriteReg(CCxxx0_PKTCTRL0, rfSettings.PKTCTRL0);      //数据包自动控制
        halSpiWriteReg(CCxxx0_ADDR, rfSettings.ADDR);             //设备地址
        halSpiWriteReg(CCxxx0_PKTLEN, rfSettings.PKTLEN);         //数据包长度


void halRfSendPacket(INT8U *txBuffer, INT8U size)              //CC1101 发送一组数据
{
        halSpiWriteReg(CCxxx0_TXFIFO, size);
        halSpiWriteBurstReg(CCxxx0_TXFIFO, txBuffer, size);       //写入要发送的数据
        halSpiStrobe(CCxxx0_STX);                                //进入发送模式发送数据
        // Wait for GDO0 to be set -> sync transmitted
        while (!GDO0);
        // Wait for GDO0 to be cleared -> end of packet
        while (GDO0);
        halSpiStrobe(CCxxx0_SFTX);
}


INT8U halRfReceivePacket(INT8U *rxBuffer, INT8U *length)       //CC1101 接收一组数据
{
        INT8U status[2];
        INT8U packetLength;
        INT8U i=(*length)*4;          //具体多少要根据 datarate 和 length 来决定
        halSpiStrobe(CCxxx0_SRX);                                //进入接收状态
        //delay(5);
        //while (!GDO1);
        //while (GDO1);
        delay(2);
        while (GDO0)
        {
                delay(20);
                --i;
                if(i<1)
                return 0;
        }
        if ((halSpiReadStatus(CCxxx0_RXBYTES) & BYTES_IN_RXFIFO))      //如果接的字节数
                                                                      //不为 0
        {
```

```
        packetLength = halSpiReadReg(CCxxx0_RXFIFO);        //读出第一个字节，此字节为
                                                            //该帧数据长度
        if (packetLength <= *length)        //如果所要的有效数据长度小于等于接收到的数据
                                            //包的长度
        {
            halSpiReadBurstReg(CCxxx0_RXFIFO, rxBuffer, packetLength);        //读出所有接
                                                                            //收到的数据
            *length = packetLength;        //把接收数据长度的修改为当前数据的长度
            // Read the 2 appended status bytes (status[0] = RSSI, status[1] = LQI)
            halSpiReadBurstReg(CCxxx0_RXFIFO, status, 2);        //读出 CRC 校验位
            //halSpiStrobe(CCxxx0_SFRX);                //清洗接收缓冲区
            return (status[1] & CRC_OK);                //如果校验成功返回接收成功
        }
        else
        {
            *length = packetLength;
            //halSpiStrobe(CCxxx0_SFRX);                //清洗接收缓冲区
            return 0;
        }
    }
    else
        return 0;
}
//**********************************************************************
```

CC1101.c 文件中的驱动函数均来自于前文中所给出的相关示例，所用到的寄存器和相关的读/写配置字变量参见 CC1101.h 中的相关宏定义。

CC1101.h 采用宏定义的形式对寄存器地址空间、寄存器读/写配置字、SPI 相关接口等都进行了说明，并声明了 CC1101 的驱动函数。其实现程序代码如下：

【描述 5.D.1】　(2) CC1101.h。

```
#ifndef _CC1101_H_
#define _CC1101_H_

#include <ioavr.h>
#include <intrinsics.h>
#include "avr_macros.h"
/***************宏 定 义***************/

#define   INT8U     unsigned char
#define   INT16U    unsigned int
```

```
#define   WRITE_BURST        0x40              //连续写入
#define   READ_SINGLE        0x80              //读
#define   READ_BURST         0xC0              //连续读
#define   BYTES_IN_RXFIFO        0x7F          //接收缓冲区的有效字节数
#define   CRC_OK                 0x80          //CRC 校验通过位标志


//****************************CC1101 接口****************************
#define   GDO0  PIND_Bit3       //in
#define   GDO2  PINA_Bit2       //in
#define   MISO  PINB_Bit6       //in
#define   MOSI  PORTB_Bit5      //out
#define   SCK   PORTB_Bit7      //out
#define   CSN   PORTB_Bit3      //out


void SpiInit(void);
void POWER_UP_RESET_CC1101(void);
void halSpiWriteReg(INT8U addr, INT8U value);
void halSpiWriteBurstReg(INT8U addr, INT8U *buffer, INT8U count);
void halSpiStrobe(INT8U strobe);
INT8U halSpiReadReg(INT8U addr);
void halSpiReadBurstReg(INT8U addr, INT8U *buffer, INT8U count);
INT8U halSpiReadStatus(INT8U addr);
void halRfWriteRfSettings(void);
void halRfSendPacket(INT8U *txBuffer, INT8U size);
INT8U halRfReceivePacket(INT8U *rxBuffer, INT8U *length);


// CC1101 指令选通脉冲寄存器，控制和状态寄存器
#define CCxxx0_IOCFG2             0x00
#define CCxxx0_IOCFG1             0x01
#define CCxxx0_IOCFG0             0x02
#define CCxxx0_FIFOTHR           0x03
#define CCxxx0_SYNC1             0x04
#define CCxxx0_SYNC0             0x05
#define CCxxx0_PKTLEN            0x06
#define CCxxx0_PKTCTRL1          0x07
#define CCxxx0_PKTCTRL0          0x08
#define CCxxx0_ADDR             0x09
#define CCxxx0_CHANNR            0x0A
```

```
#define CCxxx0_FSCTRL1        0x0B
#define CCxxx0_FSCTRL0        0x0C
#define CCxxx0_FREQ2          0x0D
#define CCxxx0_FREQ1          0x0E
#define CCxxx0_FREQ0          0x0F
#define CCxxx0_MDMCFG4        0x10
#define CCxxx0_MDMCFG3        0x11
#define CCxxx0_MDMCFG2        0x12
#define CCxxx0_MDMCFG1        0x13
#define CCxxx0_MDMCFG0        0x14
#define CCxxx0_DEVIATN        0x15
#define CCxxx0_MCSM2          0x16
#define CCxxx0_MCSM1          0x17
#define CCxxx0_MCSM0          0x18
#define CCxxx0_FOCCFG         0x19
#define CCxxx0_BSCFG          0x1A
#define CCxxx0_AGCCTRL2       0x1B
#define CCxxx0_AGCCTRL1       0x1C
#define CCxxx0_AGCCTRL0       0x1D
#define CCxxx0_WOREVT1        0x1E
#define CCxxx0_WOREVT0        0x1F
#define CCxxx0_WORCTRL        0x20
#define CCxxx0_FREND1         0x21
#define CCxxx0_FREND0         0x22
#define CCxxx0_FSCAL3         0x23
#define CCxxx0_FSCAL2         0x24
#define CCxxx0_FSCAL1         0x25
#define CCxxx0_FSCAL0         0x26
#define CCxxx0_RCCTRL1        0x27
#define CCxxx0_RCCTRL0        0x28
#define CCxxx0_FSTEST         0x29
#define CCxxx0_PTEST          0x2A
#define CCxxx0_AGCTEST        0x2B
#define CCxxx0_TEST2          0x2C
#define CCxxx0_TEST1          0x2D
#define CCxxx0_TEST0          0x2E

#define CCxxx0_SRES           0x30
#define CCxxx0_SFSTXON        0x31
```

```
#define CCxxx0_SXOFF            0x32
#define CCxxx0_SCAL             0x33
#define CCxxx0_SRX              0x34
#define CCxxx0_STX              0x35
#define CCxxx0_SIDLE            0x36
#define CCxxx0_SAFC             0x37
#define CCxxx0_SWOR             0x38
#define CCxxx0_SPWD             0x39
#define CCxxx0_SFRX             0x3A
#define CCxxx0_SFTX             0x3B
#define CCxxx0_SWORRST          0x3C
#define CCxxx0_SNOP             0x3D
#define CCxxx0_PARTNUM          0x30
#define CCxxx0_VERSION          0x31
#define CCxxx0_FREQEST          0x32
#define CCxxx0_LQI              0x33
#define CCxxx0_RSSI             0x34
#define CCxxx0_MARCSTATE        0x35
#define CCxxx0_WORTIME1         0x36
#define CCxxx0_WORTIME0         0x37
#define CCxxx0_PKTSTATUS        0x38
#define CCxxx0_VCO_VC_DAC       0x39
#define CCxxx0_TXBYTES          0x3A
#define CCxxx0_RXBYTES          0x3B


#define CCxxx0_PATABLE          0x3E
#define CCxxx0_TXFIFO           0x3F
#define CCxxx0_RXFIFO           0x3F


#endif
```

小 结

通过本章的学习，学生应该掌握：

◆ 无线数传技术一般用于条件比较恶劣的工业远程控制与测量场合，即通常所说的"三遥"(即遥控、遥测、遥感)系统，因此对技术指标及可靠性的要求是很严格的。

◆ 选择无线数传芯片时主要考虑下述几个因素：功耗、发射功率、接收灵敏度、开发成本、芯片体积。

◆　SPI 的地址空间由配置寄存器、指令选通脉冲(又称命令滤波)寄存器、状态寄存器和多字节寄存器组成。

◆　配置寄存器为可读/写寄存器，可单字节访问和连续访问。

◆　指令选通脉冲寄存器又称命令滤波寄存器，可读/写，只能单字节访问。

◆　状态寄存器为只读存储器。

◆　CC1101 的 FIFO 包含 TX FIFO 和 RX FIFO 两个单独的 64 字节寄存器。当配置字的 BIT7 位为 1(读寄存器)时，访问的是 RX FIFO；当配置字的 BIT7 位为 0(写寄存器)时，访问的是 TX FIFO。

练　习

1．无线数传技术一般用于条件比较恶劣的_____与_____场合，即通常所说的_____，因此对技术指标及可靠性的要求很严格。

2．选择无线数传芯片时主要考虑下述几个因素：_____、_____、_____、_____、_____。

3．下列不属于 CC1101 工作频段的是_____。

A．315 MHz　　　　B．433 MHz　　　　C．915 MHz　　　　D．5.8 GHz

4．下列不属于 CC1101 特点的是_____。

A．低功耗　　　　　　　　　　　　B．高灵敏度

C．传输距离可达几千米　　　　　　D．可编程控制的输出功率

5．简述 CC1101 一般编程方法。

第6章 GPRS技术

本章目标

◆ 理解固定信道和分组交换的区别。
◆ 了解GPRS技术的应用场合。
◆ 了解GPRS技术的网络结构。
◆ 掌握GPRS技术的应用架构。
◆ 掌握MG323常用的AT指令。

学习导航

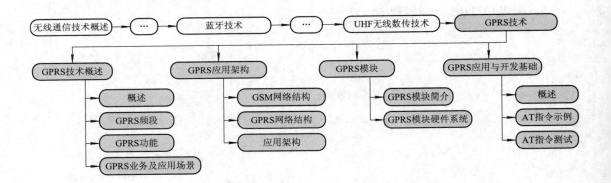

任务描述

➢【描述6.D.1】

用AT指令实现GPRS模块的初始化。

➢【描述6.D.2】

使用GPRS模块的文本模式收/发短信。

➤ **【描述 6.D.3】**

使用 GPRS 模块实现语音通话。

➤ **【描述 6.D.4】**

利用 AT 指令实现 GPRS 模块的网络数据收/发。

6.1　GPRS 技术概述

GPRS 通用无线分组业务，是一种基于 GSM 系统的无线分组交换技术，可提供端到端、广域的无线 IP 连接。它通过利用 GSM 网络中未使用的 TDMA 信道，提供中速的数据传递。本节将讲解 GPRS 的特点、工作频段、功能、业务及应用场景。

6.1.1　概述

早期的固定电话网采用固定线路的通信方式，独占一条固定信道，其示意图如图 6-1 所示。

图 6-1　固定信道方式

在移动通信领域，由于数据业务在绝大多数情况下都表现出一种突发性的业务特点，对信道带宽的需求变化较大，因此采用分组方式进行数据传送将能够更好地利用信道资源。例如一个进行 WWW 浏览的用户，大部分时间处于浏览状态，而真正用于数据传送的时间只占很小比例。这种情况下若采用电路交换方式，将固定占用信道，造成较大的资源浪费。

GPRS 不采用固定信道的电路交换方式，而采用分组交换的通信方式。在分组交换的通信方式中，数据被分成一定长度的包(分组)，每个包的前面有一个分组头(其中的地址标志指明该分组发往何处)。分组交换的示意图如图 6-2 所示。

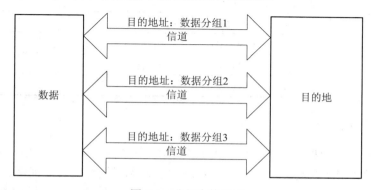

图 6-2　分组交换方式

这种分组交换的通信方式，在数据传送之前并不需要预先分配信道，建立连接，只需在每一个数据包到达时，根据数据报头中的信息(如目的地址)，临时寻找一个可用的信道资源将该数据报发送出去。因此，数据的发送方和接收方同信道之间没有固定的占用关系，信道资源可以看做由所有的用户共享使用。

GPRS 突破了 GSM 网只能提供固定信道的电路交换思维方式，仅通过增加相应的功能实体和对现有的基站系统进行部分改造来实现分组交换，其特点如下所述：

◇ 这种改造的投入相对来说并不大，但得到的用户数据速率却相当可观。

◇ 因为不再需要现行无线应用所需要的中介转换器，所以连接及传输都会更方便、容易。使用者可联机上网，方便地参加视讯会议等互动传播。

◇ 在同一个 GPRS 内网上的使用者甚至可以无需通过拨号上网，而持续与网络连接。

◇ 使用 GPRS 技术下载资料和通话是可以同时进行的。

◇ GPRS 传输数据以流量计费，更加合理。

6.1.2　GPRS 频段

GPRS 工作于 GSM900 MHz、1800 MHz 和 1900 MHz 三个频段，包括 GSM900 MHz 的 G1 频段和 P 频段，也可以限制每个小区只工作于 P 频段。GPRS 的工作频段如表 6-1 所示。

表 6-1　GPRS 工作频段

频段	相 关 参 数
900 MHz 频段	G1 频段上行频率：880 MHz～890 MHz
	P 频段上行频率：890 MHz～915 MHz
	G1 频段下行频率：925 MHz～935 MHz
	P 频段下行频率：935 MHz～960 MHz
	双工间隔：45 MHz
	载频间隔：200 kHz
1800 MHz 频段	上行频率：1710 MHz～1785 MHz
	下行频率：1805 MHz～1880 MHz
	双工间隔：95 MHz
	载频间隔：200 kHz
1900 MHz 频段	上行频率：1850 MHz～1910 MHz
	下行频率：1930 MHz～1990 MHz
	双工间隔：80 MHz
	载频间隔：200 kHz

6.1.3　GPRS 功能

GPRS 网络的高层功能包括下述几个方面：网络接入控制功能、分组路由和转发功能、移动性管理功能、安全性功能、逻辑链路管理功能、无线资源管理功能等。

◇ 网络接入控制功能。控制移动台对网络的接入，使移动台使用网络的相关资源完成数据功能。网络接入控制功能包含位置登记功能、鉴权和授权功能、许可控制功能和消息屏蔽功能。

◇　分组路由和转发功能。该功能完成对分组数据的寻址和发送工作，保证分组数据按最优路径送往目的地。

◇　移动性管理功能。该功能用于公共陆地移动网络中，保持对移动台当前位置跟踪功能。GPRS 网的移动性管理功能包括附着功能、分离功能、位置管理功能和清除功能。

◇　安全性功能。安全性功能包括防止非法 GPRS 业务应用、保持用户身份机密性和保持用户数据的机密性。

◇　逻辑链路管理功能。逻辑链路是指移动台到 GPRS 网络间所建立的分组数据传送的逻辑链路，当逻辑链路建立后，移动台与逻辑链路具有一一对应的关系。

◇　无线资源管理功能。处理无线通信通道的分配和管理，实现 GPRS 和 GSM 共用无线信道。

6.1.4　GPRS 业务及应用场景

下述内容将简要介绍 GPRS 在移动网络中所提供的承载业务，以及在实际应用中 GPRS 技术的几种应用场景。

1. GPRS 业务

在移动网络中，GPRS 使得用户能够在端到端分组传输模式下发送和接收数据，GPRS 提供的承载业务主要包括下述几个方面：

◇　点对点无线连接网络业务：属于数据报类型业务，各个数据分组彼此互相独立，用户之间的信息传输不需要端到端的呼叫建立程序，分组的传送没有逻辑连接，分组的交付没有确认保护，主要支持突发非交互式应用业务，是由 IP 协议支持的业务。

◇　点对点面向连接的数据业务：属于虚电路型业务，它为两个用户或多个用户之间传送多路数据分组建立逻辑虚电路。点对点面向连接的数据业务要求有建立连接、数据传送和连接释放等工作程序，支持突发事件处理和交互式应用业务，是面向应用的网络协议。

◇　点对多点数据业务：GPRS 提供点对多点数据业务，可根据业务请求把信息送给多个用户，又可细分为点对多点信道广播业务、点对多点群呼叫业务和 IP 业务。

◇　其他业务：包括 GPRS 补充业务、GSM 短消息业务、匿名的接入业务和各种 GPRS 电信业务。

2. 应用场景

由于采用覆盖全国的公共移动通信网络，因此采用 GPRS 技术的现场采集点可以分布在全国范围，数据中心与现场采集点之间无距离限制，这是许多专用无线通信网络(如无线数传电台、蓝牙、WiFi 等)无法达到的。

在实际应用中，下述几种场景下可考虑使用 GPRS 技术：

◇　现场只能使用无线通信环境。

◇　现场终端的传输距离分散。

◇　适当的数据实时性要求：能够承受数据通信的平均整体时延为秒级范围(2 s 左右)。

◇　适当的数据通信速率要求：数据通信速率一般在 10 kb/s～60 kb/s 之间，应用系统本身的数据平均通信量在 30 kb/s 以内。

6.2 GPRS 应用架构

要使用 GPRS 技术，首先必须熟悉 GPRS 系统的应用架构。本节在介绍 GSM 网络结构的基础上，先讲解 GPRS 的网络结构，最后讲解常见的系统应用架构。

6.2.1 GSM 网络结构

GSM 系统网络结构主要包括三个相关的子系统：基站子系统(Base Station Subsystem，BSS)、网络交换子系统(Network Switching Subsystem，NSS)和操作支持子系统(Operating Support Subsystem，OSS)。GSM 的网络结构框图如图 6-3 所示。

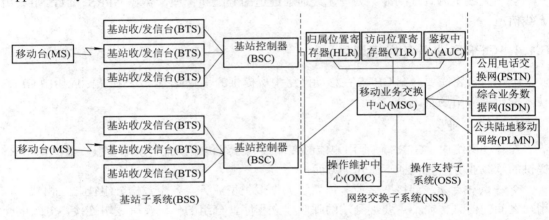

图 6-3　GSM 系统网络结构框图

1) 基站子系统

BSS 是移动台(Mobile Station，MS)和移动业务交换中心(Mobile Services Switching Center，MSC)之间的无线传输通道，由基站收发信台(Base Transceiver Station，BTS)和基站控制器(Base Station Controller，BSC)组成。BSC 连接到 MSC，每个 MSC 可以控制几百个 BTS。移动台可以认为是 BSS 的一部分，主要包括 TE(Terminal Equipment，固定电话)和 MT(Mobile Terminal，移动电话)。

2) 网络交换子系统

NSS 用于处理外部网络以及位于基站控制器(BSC)之间的 GSM 呼叫交换，同时也负责管理并提供几个用户数据库的接入。移动业务交换中心(MSC)是 NSS 的中心单元，控制所有 BSC 之间的业务。NSS 中有三个不同的数据库：归属位置寄存器(Home Location Register，HLR)、访问位置寄存器(Visitor Location Register，VLR)和鉴权中心(Authentication Center，AUC)，可为用户提供漫游服务。

3) 操作支持子系统

OSS 用于管理所有移动设备和收费过程，以及维护特定区域内的通信硬件和网络操作，并通过操作维护中心实现。OSS 支持一个或者多个操作维护中心(Operation and Maintenance Center，OMC)，可监视和维护 GSM 系统中每个移动台、基站、基站控制器和移动业务交换中心的性能。

6.2.2　GPRS 网络结构

GPRS 网络是通过在 GSM 网络中引入三个主要组件：分组控制单元(Package Control Unit，PCU)、GPRS 服务支持节点(Serving GPRS Supporting Node，SGSN)、GPRS 网关支持节点(Gateway GPRS Supporting Node，GGSN)来实现的，使用户能够在端到端分组方式下发送和接收数据。GPRS 网络总架构如图 6-4 所示。

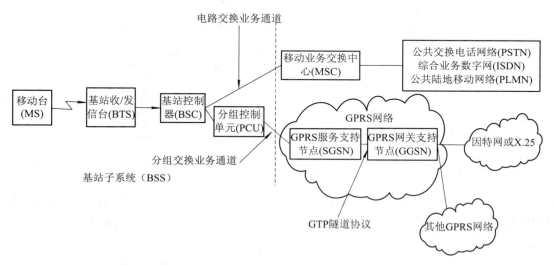

图 6-4　GPRS 网络总架构

在图 6-4 中，SGSN 和 GGSN 又可统称为 GSN(GPRS Supporting Node，支持节点)，各 GSN 之间通过基于 IP 协议的骨干网互联。移动台(Mobile Station，MS)通过无线方式连接到 GPRS 蜂窝电话上，GPRS 蜂窝电话与 GSM 基站通信，但与电路交换式数据呼叫不同，GPRS 分组是从基站发送到 SGSN，而不是通过 MSC 连接到语音网络上。SGSN 与 GGSN 利用 GPRS 隧道协议(GTP)进行通信。GGSN 对分组数据进行相应的处理，再发送到目的网络上，如因特网或 X.25 网络。来自因特网标识有 MS 地址的 IP 包，由 GGSN 接收，再转发到 SGSN，最后传送到 MS 上。

6.2.3　应用架构

在日常生活中，GRPS 技术更多的是用来提供便捷和移动的网络连接方式。其中，在手机和笔记本等消费电子类产品上的应用较为普遍，主要的应用架构为通过 GPRS 网直接访问 Internet，如图 6-5 所示。

图 6-5　用户终端通过 GPRS 网访问 Internet

在数据采集和工业生产领域，GPRS 更多的是提供与服务器(或中心)的数据链路，数据采集的终端通常采用数据采集+GPRS 模块的形式。由于 GPRS 依托于 GSM 网，因此它还可以方便地实现短信报警或电话报警的功能。单点数据采集的应用架构如图 6-6 所示。

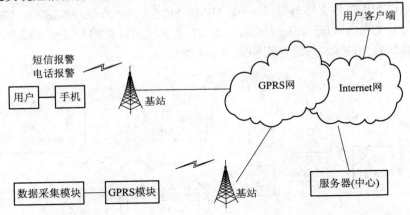

图 6-6　单点数据采集

在实际应用中，为了节省流量和费用，数据采集终端还可以采用无线组网(例如使用 CC1101)将数据整合后，共享一个 GRPS 模块的方式进行数据传输，其应用架构如图 6-7 所示。

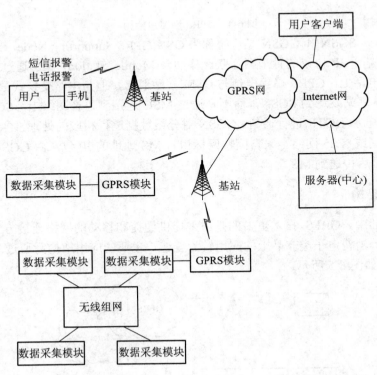

图 6-7　无线组网数据采集

6.3　GPRS 模块

GPRS 技术通常实现为一个 GPRS 模块，本节将重点讲解与本书配套的实验开发板上的 GPRS 模块及其相关电路。

6.3.1　GPRS 模块简介

本书配套的 GPRS 模块为华为公司的 MG323(以下称本模块)，内嵌 TCP/IP 协议，使用方便，可以缩短开发周期。

1. 主要特点

本模块具有下述主要特点：

◇　支持 GSM850/900/1800/1900 MHz 四个频段。

◇　电源电压为 3.3 V～4.8 V(推荐 3.8 V)。

◇　语音和短信息业务，内嵌 TCP/IP 协议，支持多链接。

◇　最大下行传输速率为 85.6 kb/s，最大上行传输速率为 42.8 kb/s。

◇　物理尺寸为 35 mm × 32.5 mm × 3.05 mm。

2. 引脚说明

本模块共有 50 个引脚，其引脚图如图 6-8 所示。

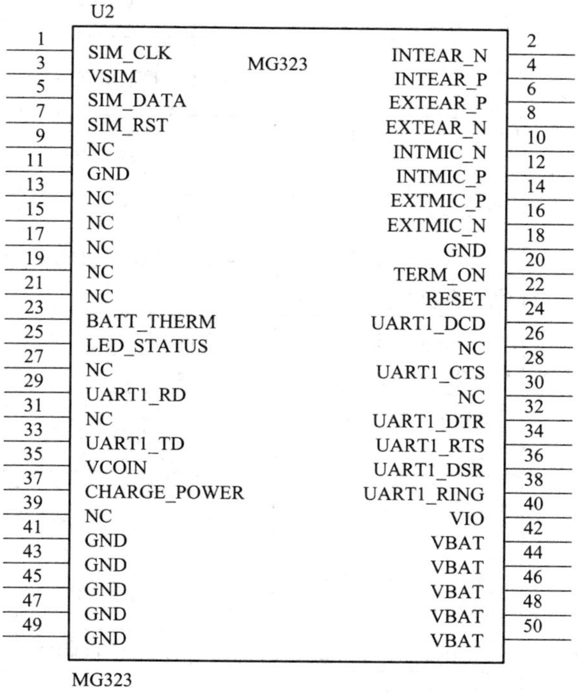

图 6-8　GPRS 模块引脚图

本模块各个引脚的说明如表 6-2 所示。

表 6-2 GPRS 模块引脚说明

序号	名称	说　明	序号	名称	说　明
1	SIM_CLK	SIM 卡时钟	2	INTEAR_N	第一路音频输出负端，差分输出
3	VSIM	SIM 卡电源	4	INTEAR_P	第一路音频输出正端，差分输出
5	SIM_DATA	SIM 卡数据	6	EXTEAR_P	第二路耳机输出正端，差分输出
7	SIM_RST	SIM 卡复位	8	EXTEAR_N	第二路耳机输出负端，差分输出
9	NC	模块内部引脚，使用时需悬空	10	INTMIC_N	第一路 MIC 输入负端，差分输入
11	GND	SIM 卡地	12	INTMIC_P	第一路 MIC 输入正端，差分输入
13	NC	模块内部引脚，使用时需悬空	14	EXTMIC_P	第二路 MIC 输入正端，差分输入
15	NC	模块内部引脚，使用时需悬空	16	EXTMIC_N	第二路 MIC 输入负端，差分输入
17	NC	模块内部引脚，使用时需悬空	18	GND	地
19	NC	模块内部引脚，使用时需悬空	20	TERM_ON	开/关机控制管脚，低电平有效
21	NC	模块内部引脚，使用时需悬空	22	RESET	硬件复位管脚，低电平有效，若不使用可悬空
23	BATT_THERM	通过 NTC 电阻可用于电池温度检测，若不使用可悬空	24	UART1_DCD	模块载波检测
25	LED_STATUS	网络状态指示灯信号，若不使用可悬空	26	NC	模块内部引脚，使用时需悬空
27	NC	模块内部引脚，使用时需悬空	28	UART1_CTS	模块清除发送
29	UART1_RD	模块数据发送端	30	NC	模块内部引脚，使用时需悬空
31	NC	模块内部引脚，使用时需悬空	32	UART1_DTR	数据终端就绪
33	UART1_TD	模块数据接收端	34	UART1_RTS	请求发送
35	VCOIN	实时时钟 (RTC) 备用电源输入管脚，若不使用可悬空	36	UART1_DSR	模块数据设备就绪

序号	名称	说　明	序号	名称	说　明
37	CHARGE_POWER	电池充电的供电引脚,若不使用可悬空	38	UART1_RING	模块振铃指示
39	NC	模块内部引脚, 使用时需悬空	40	VIO	对外电源输出管脚,若不使用可悬空
41	GND	地	42	VBAT	供电电源电压输入引脚
43	GND	地	44	VBAT	供电电源电压输入引脚
45	GND	地	46	VBAT	供电电源电压输入引脚
47	GND	地	48	VBAT	供电电源电压输入引脚
49	GND	地	50	VBAT	供电电源电压输入引脚

在表 6-2 中, 网络状态指示接口 LED_STATUS(25 引脚)用于显示网络连接状态, 外接 LED 驱动电路, LED 灯闪烁的不同模式可代表不同的网络状态。LED_STATUS 的管脚状态说明如表 6-3 所示。

表 6-3　LED_STATUS 管脚指示说明

工作或网络状态	LED_STATUS 管脚输出状态
睡眠模式	持续低电平
搜网状态或无网络时(含无 SIM 卡或未解 PIN 码时)	周期 1 s, 高电平输出 0.1 s
已注册上 2G 网络	周期 3 s, 高电平输出 0.1 s
GPRS 数据业务	周期 0.125 s, 高电平输出 0.1 s
语音呼叫	持续高电平

3. 主要接口

本模块的主要接口包括:

◇　B2B 连接器接口。
◇　电源接口:VBAT、GND、VCOIN、VIO。
◇　开关机和 RESET 接口。
◇　控制信号接口。
◇　UART 接口。
◇　SIM 卡接口。
◇　充电接口。
◇　音频接口。

6.3.2　GPRS 模块硬件系统

本实验开发板采用的 GPRS 模块的硬件系统原理图如图 6-9 所示, 该系统包括电源电路、GPRS 模块及外围电路和 SP3238 及外围电路。

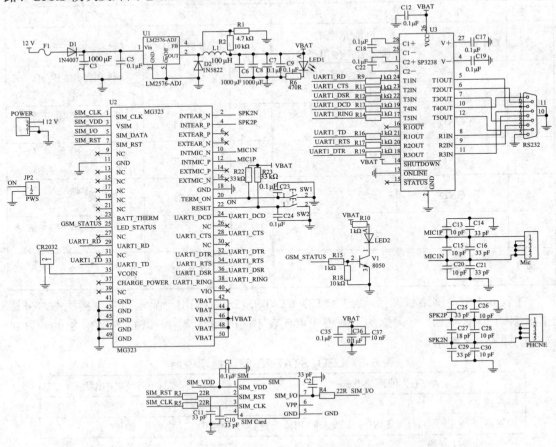

图 6-9　GPRS 模块硬件系统原理图

1. 电源电路

电源电路模块采用外部 12 V 电源供电，经电源适配器和电源接口相连，由 3 A 电流输出降压开关型集成稳压电路 LM2576-ADJ 转换为 3.8 V 电压为整个电路板供电。电源部分原理图如图 6-10 所示。

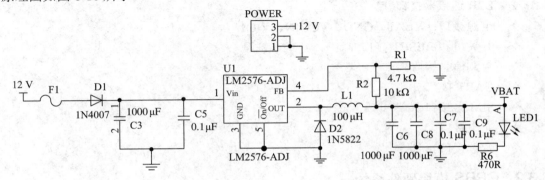

图 6-10　电源电路设计

在电源部分的原理图中，有下述芯片和接口：

✦　POWER 为电源插口，输出 12 V 电压，经过保险丝和滤波电路后，由电压转换电路将电压转换为 3.8V 电压为整个电路板供电。

✦　电压转换电路采用 LM2576-ADJ 及其外围电路，其中 D2 为续流二极管，L1 为储能电感，C5 为输入端滤波电容。

2. GPRS 模块及外围电路

GPRS 模块及其外围电路如图 6-11 所示。

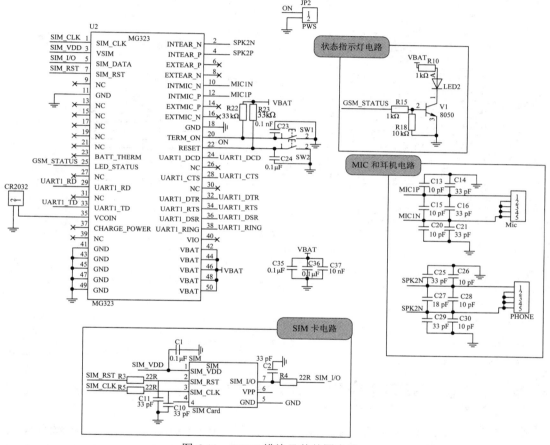

图 6-11　GPRS 模块及其外围电路

在图 6-11 中：

✦　SW1 和 SW2 分别为开关机和系统复位按键。

✦　UART 接口和 SP3238 模块的对应引脚相连，经 SP3238 与 PC 的串口相连。

✦　GSM 状态指示灯信号与状态指示灯电路相连，由于 LED_STATUS 不能直接驱动 LED 灯，需配合三极管使用，经限流电阻 R10 与外部电源 VBAT 相连。

✦　GPRS 模块的音频接口与 MIC 和耳机电路的对应接口相连，SIM 接口与 SIM 卡电路对应的接口相连。

3. SP3238 及外围电路

SP3238 是将 TTL 电平转换为 PC 电平的芯片，有 9 个串行收/发口，功能比 MAX3232 更加强大，速度比 MAX3232 更快，特别适合与计算机通信。SP3238 及其外围电路如图 6-12 所示。

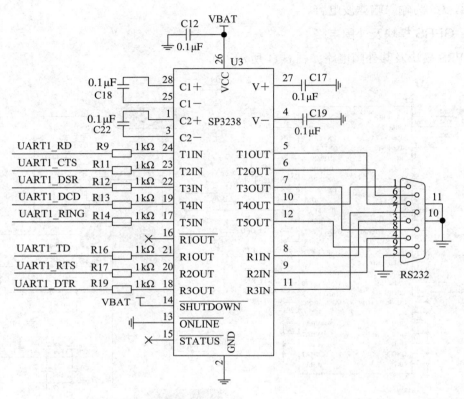

图 6-12　SP3238 及其外围电路

6.4　GPRS 应用与开发基础

实际的 GPRS 应用与开发，通常是通过单片机控制 GPRS 模块与远端服务器通信，进行数据收/发控制。GPRS 模块也支持 AT 指令。本节将重点讲解 GPRS 应用与开发过程中 AT 指令的使用。

6.4.1　概述

本节将以华为的 GPRS 模块的 AT 指令为例，展示常用 AT 指令的使用。更详细的 AT 指令可查阅附录 6，详细的参数可查询相关手册。

GPRS 模块的 AT 指令类型主要分为三类：基本指令、S 寄存器指令、扩展以及厂商定义指令三类。其中，基本指令以单个字母或"&"字符接单个字母开头；S 寄存器指令由字母"S"后接十进制数构成；扩展指令均由"+"开头，厂商定义指令由一个特殊符号(如"^"、

"\"或"%"等)开头，后接命令字。

一般地，若指令以=?结尾，则是查询可用的参数范围；若指令以?结尾，则是查询当前参数值；若指令以=<参数列表>结尾，则是设置相关的参数。

下发 AT 指令时，AT 指令名称及参数(除短消息、电话本、运营商名称外)中包含的字符大、小写兼容，AT 指令返回结果中的字符一律采用大写字母(除短消息、电话本、运营商名称外)；字符串类型的参数支持加引号和不加引号两种格式，AT 指令返回结果中的字符串带引号。

6.4.2　AT 指令示例

AT 指令可以携带相应的参数，相关说明如下所述：

◇　< >括号中参数为必填项，命令中< >本身不出现。

◇　[ ]括号中参数为可选项，命令或者响应中[ ]本身不出现。

◇　<CR>为命令结束符，回车符。

◇　<LF>为换行符。

下面将详细讲解 GPRS 模块的几个典型 AT 指令的用法。

1) AT+CSQ

◇　格式：AT+CSQ=?。

◇　含义：返回该命令支持的参数范围。

◇　执行成功回复：<CR><LF>+CSQ:(list of supported <rssi>s),(list of supported<ber>s)<CR><LF><CR><LF>OK<CR><LF>。

◇　执行错误回复：<CR><LF>ERROR<CR><LF>。

◇　出现与 MT 相关的错误回复：<CR><LF>+CME ERROR:<err><CR><LF>。

CSQ 的相关参数说明如表 6-4 所示。

表 6-4　CSQ 相关参数

参数	含　义	描　　述
rssi	接收信号强度指示	取值范围为 0~31，数值越大，表明信号质量越好。 0：≤-113 dBm 1：-111 dBm 2~30：-109 dBm~-53 dBm 31：≥51 dBm 99：未知或不可测
<ber>	比特误码率百分比	取值范围为 0~7 99：未知或不可测

【示例 6-1】　AT+CSQ。

AT+CSQ

+CSQ:23,99

OK

2) AT+CPMS

◇　格式：AT+CPMS?。

◇ 含义：读取当前的存储位置状态。

◇ 执行成功回复：<CR><LF>+CPMS:<mem1>,<used1>,<total1>,<mem2>,<used2>,<total2>,<mem3>,<used3>,<total3><CR><LF><CR><LF>OK<CR><LF>。

◇ 执行错误回复：<CR><LF>ERROR<CR><LF>。

◇ 出现与 MS 相关的错误回复：<CR><LF>+CMS ERROR: <er><CR><LF>。

CPMS 的相关参数说明如表 6-5 所示。

表 6-5　CPMS 相关参数

参数	数值类型	参 数 描 述
<mem1>	字符串	首选存储器，表示短消息读取和删除操作作用的介质，目前只支持"SM"，表示 SIM 卡，掉电保存
<mem2>	字符串	表示短消息写入和发送操作作用的介质。可选值同<mem1>，掉电保存
<mem3>	字符串	表示接收操作作用的介质。可选值同<mem1>，掉电保存
<total1>	整数	表示<mem1>存储短消息的容量
<total2>	整数	表示<mem2>存储短消息的容量
<total3>	整数	表示<mem3>存储短消息的容量
<used1>	整数	表示<mem1>里现有的短消息数目
<used2>	整数	表示<mem2>里现有的短消息数目
<used3>	整数	表示<mem3>里现有的短消息数目

【示例 6-2】　AT+CPMS。

AT+CPMS?

+CPMS: "SM",12,20, "SM",12,20, "SM",12,20

OK

3) AT^SICS。

◇ 格式：AT^SICS= <conProfileId>,<conParmTag><conParmValue>。

◇ 含义：设置 Internet 连接 profile 的所有参数。

◇ 执行成功回复：<CR><LF><CR><LF>OK<CR><LF>。

◇ 执行错误回复：<CR><LF>ERROR<CR><LF>。

◇ 出现与 MT 相关的错误回复：<CR><LF>CME ERROR: <err><CR><LF>。

SICS 的相关参数描述如表 6-6 所示。

表 6-6　SICS 相关参数

参数	数值类型	参 数 描 述
<conProfileId>	整数	取值范围 0～5，用于标识每一个连接 Profile
<conParaTag>	字符串	连接 profile 的可设置项，取值如表 6-7 所示
<conParmValue>	字符串	对应不同的 conParmTag 有不同的取值，相关描述如表 6-8 所示

表 6-7　conParaTag 在 CSD 和 GPRS0 下支持的参数名

参数名	CSD(暂不支持)	GPRS0
"conType"	必选	必选
"user"(暂不支持)	可选	可选
"passwd"	可选	可选
"apn"	/	必选
"inactTO"	可选	可选

表 6-8　conParmValue 取值列表

conParmTag 参数	conParmValue 描述
conType	profile 的连接方式，可选值如下： "CSD"：电路域数据呼叫(暂不支持) "GPRS0"：GPRS 连接 "none"：清除连接的 profile 取值范围 0～5，用于标识每一个连接 Profile
apn	接入点名称字符值，最大 100 个字符(默认为空字符串)
user	用户名字字符，最大 32 个字符(默认为空字符串)，暂不支持
passwd	密码字符，最大 32 个字符(默认为*****)

【示例 6-3】　AT^SICS。

//设置连接的 Profile

AT^SICS=0,conType,GPRS0　　　　//将 ID 为 0 的 Profile 的 conType 设置为 GPRS0
OK

AT^SICS=0,apn,1234　　　　　　　//将 ID 为 0 的 Profile 的 apn 设置为 1234
OK

⚠️ 注意：在使用该指令时，首先应通过<conParmTag>的值"conType"选择 Internet 连接类型，它将决定<conParmTag>其他值的适用性，而<conParmValue-alphabet>例外，它既可以在设置"conType"之前设置，也可以在其之后设置。所有 profile 参数的设置都是可变的。

6.4.3　AT 指令测试

本节将重点讲述通过 RS232 对 GPRS 模块进行初始化、短信收/发测试、语音通话(拨打/接听)和网络数据收/发的 AT 指令测试流程。

1. GPRS 模块初始化

下述内容用于实现任务描述 6.D.1，用 AT 指令实现 GPRS 模块的初始化。

将 GPRS 实验开发板通过串口线与 PC 机相连，在 SIM 卡槽安装移动 GSM 卡，连接好电源。

模块的一般初始化流程如下，其中字体加粗部分为在超级串口输入的 AT 指令，不加粗部分为相应的应答。由于 GPRS 模块默认的是带回显功能，因此上述内容为超级串口的接收区的内容。为方便阅读，在指令后添加了相关注释。

【描述 6.D.1】 GPRS 模块初始化。

AT	//确认串口正常，模块出厂默认波特率＝115200
OK	
AT+CPIN?	//读取 SIM 当前的 PIN 鉴权状态
+CPIN: READY	//表示 PIN 码已经输入，SIM 卡已完成 PIN 鉴权
OK	

AT+CREG=1 //设置模块网络注册提示,当模块从 GSM 网络中掉线后,会自动上报+CREG: 1,0

OK

AT+COPS? //网络运营商注册查询

+COPS: 0,0,"CHINA MOBILE" //已注册中国移动

OK

AT+CSQ //检查当地网络信号质量，建议该命令空闲时，循环发送，以了解网络信号状态

+CSQ: 20,99 //接收信号强度为 20，信道误码率为未知或不可测

//接收信号强度为 0～31，信道误码率为 0～7。99 代表未知或不可测

OK

AT+CGREG=1 //设置模块 GPRS 网络注册提示，当模块从 GPRS 网络中掉线后，会自动上报+CGREG: 1,0

OK

AT+CGATT=1 //设置 GPRS 附着

OK

AT+CGMI //查询厂商信息

HUAWEI

OK

AT+CGMM //查询模块型号

GPRS 模块

OK

AT+CGMR //查询软件版本序号

11.210.09.00.00

OK

AT+CIMI //查询模块当前的 IMSI 号

460009230722600

OK

⚠ 注意：模块初始化是 GPRS 应用与开发的前提，后续所有的 GPRS 相关实验均建立在模块初始化完成的基础上。另外，在使用 AT+CSQ 指令时，只有在呼叫处理过程中才会查询到信道误码率；否则，只会返回 0 或 99。

2. GPRS 模块收/发短信

通过 GPRS 发送短信通常有两种模式：文本模式和 PDU 模式。其中，文本模式只能收/发英文字母；PDU 模式则中、英文均可收/发。

下述内容用于实现任务描述 6.D.2，使用 GPRS 模块的文本模式收/发短信。硬件连接同上，具体实现步骤如下：

【描述 6.D.2】　收/发短信测试。

1) 短信初始化设置

AT+CPMS?　　　　　　//查询 SIM 卡短信存储器状态

+CPMS: "SM",6,40,"SM",6,40,"SM",6,40　　//短信存储状态，6 为短信已存数量，40 为短信容量

OK

AT+CMGF=1　　　　　//设置短消息格式为文本格式

OK

2) 发送英文短信

AT+CMGS=15905420300 //设置要发送的号码

>jdhdhgjjggEEGEIG_　　//在>符号后输入要发送的短信内容：jdhdhgjjggEEGEIG，后加

　　　　　　　　　　　 //Ctrl+Z 结束并发送短信，转换为 0x1A

+CMGS: 114

OK

3) 接收英文短信

AT+CNMI=2,1　　　//将短信存储到 ME 或 SIM 卡后，再给出新短信指示

OK

+CMTI: "SM",9　　//显示新短信提示

AT+CMGR=9　　//读取 SIM 卡中的第 9 条短信

+CMGR: "REC UNREAD","+8615905420300",,"13/08/10,17:26:25+32"　　//短信内容

fgjhcDGHHV　　　　　　　　　　　　　　　　//短信内容

OK

AT+CMGD=9　　//删除第 9 条短信

OK

3. GPRS 模块语音通话

下述内容用于实现任务描述 6.D.3，使用 GPRS 模块实现语音通话。具体实现步骤如下：

【描述 6.D.3】　语音通话测试。

1) 语音通话初始化

AT^SWSPATH?　　　　　　　　　//查询当前语音通道

^SWSPATH: 0　　　　　　　　　//返回 0 表示采用默认通道 1

OK

AT^ECHO?　　　　　　　　　　//回声抑制功能

^ECHO: 1　　　　　　　　　　//默认为 1，打开回声抑制

OK

AT+CLVL=4　　　　　　　　　　//设置扬声器音量，采用默认值 4

OK

AT+CMIC=0   //设置麦克增益，采用默认值 0

OK

2) 模块主叫

   ATD15905420300;   //拨打电话 15905420300，号码后一定要加分号

   ^ORIG:1,0   //主动上报呼叫发起指示

   OK

   ^CONF:1   //主动上报呼叫回铃音指示

   AT+ATH   //主动挂断电话

   ^CEND:1,0,67,31   //主动上报通话结束指示

   OK

   NO CARRIER   //未接通或对方挂断

3) 模块被叫

   AT+CLIP=1   //设置来电显示

   OK

   RING

   +CLIP: "15905420300",161,"",,"LXH",0   //15905420300 为来电号码,LXH 为存储电话簿中该
                                       //号码的姓名

   OK

   AT+CLIP=0   //关闭来电显示

   RING   //每隔 4 s 上报提醒一次

   AT+VTS=1   //播放数字 1 的 DTMF 音调

   OK

   AT+CRC=1   //设置来电显示主动上报命令

   OK

   +CRING:VOICE   //VOICE 为语音呼叫，GPRS 为 GPRS 网络侧 PDP 上下文激活请求，
                           // REL ASYNC 为异步非透传

   ATA   //接听电话

   OK   //语音通话建立

   ATH   //挂断当前语音通话

   OK

4. GPRS 模块数据收/发测试

在实际应用中，一般不会将 GPRS 模块作为服务端，而是作为客户端，与远程的服务器或数据处理中心进行通信。

下述内容用于实现任务描述 6.D.4，利用 AT 指令实现 GPRS 模块的网络数据收/发。具

体实现步骤如下：

1) TCP 通讯助手设置

在本例中，搜索本机公网 IP 地址为 117.132.15.218，在 TCP 通讯助手中将连接公网的路由器作为服务端，设置 IP 地址和端口号：IP 地址为 117.132.15.218，端口固定为 7080。设置完成后，点击"启动服务"按钮，如图 6-13 所示。

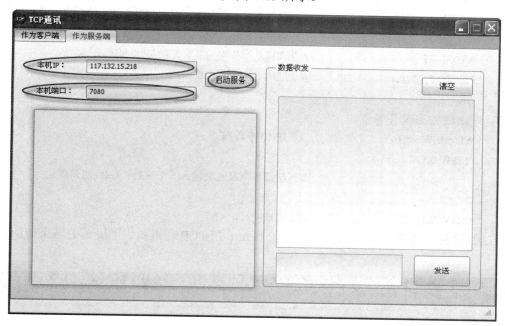

图 6-13　启动服务器端

2) 数据传输初始化

AT+CGDCONT=1,"IP","CMNET"	//设置 GPRS 接入网关为移动梦网
OK	
AT+CGATT?	//读取 GPRS 附着状态
+CGATT: 1	//GPRS 已附着
OK	
AT+CGACT=1,1	//命令激活 PDP 上、下文功能
OK	//如果返回 OK，则 PDP 上、下文激活成功
AT^SICS=0,CONTYPE,GPRS0	//将 ID 为 0 的 Profile 的(0 通道的)连接方式设置为 GPRS0
OK	
AT^SICS=0,APN,CMNET	//将 0 通道的接入点名称设置为 CMNET
OK	
AT^SISS=0,SRVTYPE,SOCKET	//设置 0 通道服务类型为 SOCKET
OK	
AT^SISS=0,address,"socktcp://117.132.15.218:7080"	//根据服务端的配置，设置服务器的 IP 和
	//端口号，其中，117.132.15.218 为 IP，7080
	//为端口号

OK

AT^SISS=0,CONID,0　　　　　　　　//将 0 通道的 Internet 链接号设置为 0

OK

AT^SISO=0　　　　　　　　　　　//打开服务器连接

OK　　　　　　　　　　　　　　　　//连接已建立

^SISW:0,1,1360　　　　　　　　　//数据的主动上报命令，通知上层服务已经建立，准备接收新
　　　　　　　　　　　　　　　　　//的用户数据一次能写入的最大字节数为 1360

AT^SICI?　　　　　　　　　　　　//查询移动服务端为其分配的 IP 地址

^SICI:0,2,1,"10.102.134.31"　　　　　//分配的 IP 地址为 10.102.134.31

OK

3) 发送数据至服务器端

　　AT^SISW =0,10　　　　　　　//发送 10 个数据

　　^SISW:0,5,5

　　　　　　　　　　　　　　　　　//在超级串口发送端输入 5 个字符：hello,点击发送

　　OK

　　^SISW:0,1　　　　　　　　　　//发送成功

发送成功后，服务器端接收到所发送的 hello，在 TCP 通讯助手上展示的结果如图 6-14
所示。

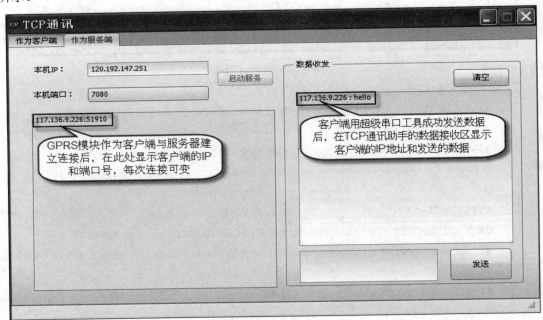

图 6-14　数据接收显示

4) 接收服务器发来的数据

在 TCP 通讯助手的发送区输入数据 what，选择最近的连接，点击"发送"按钮，如图
6-15 所示。

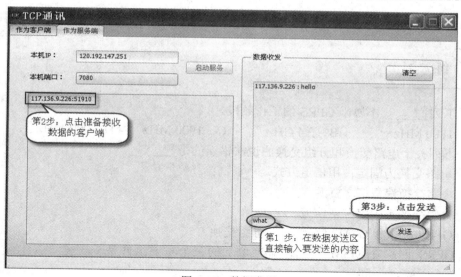

图 6-15　数据发送

发送完毕后，在超级串口端收到的消息和数据读取流程如下：

 ^SISR:0,1   //接收缓冲区自动上报提示，表示接收到数据，0 为通道号，1 表示数据可读

 AT^SISR=0,10   //读取数据，0 为通道号，10 为向缓冲区请求的数据长度

 ^SISR:0,4   //收到 10 个数据

 what   //收到的内容

 OK

5) 关闭连接

 AT^SISC = 0   //关闭与服务器的连接

 OK

注意：GPRS 模块与数据中心的连接建立后，若长时间没有数据通信，移动网关将断开 GPRS 模块与中心的连接。要保持永久在线，需在 GPRS 连接被断开之前发送一个小数据包，称为"心跳包"。

小　结

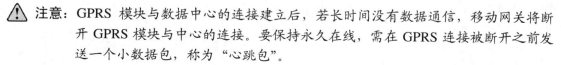

通过本章的学习，学生应该掌握：

◆　GPRS 网络的高层功能包括以下几个方面：网络接入控制功能、分组路由和转发功能、移动性管理功能、逻辑链路管理功能、无线资源管理功能等。

◆　GPRS 网络是在 GSM 网络中引入三个主要组件——分组控制单元、GPRS 服务支持节点、GPRS 网关支持节点来实现的，使用户能够在端到端分组方式下发送和接收数据。

◆　GPRS 网络的高层功能包括以下几个方面：网络接入控制功能、分组路由和转发功能、移动性管理功能、逻辑链路管理功能、无线资源管理功能等。

◆　用户对 GPRS 模块进行应用开发时，需在模块与控制器之间进行串口通信，只要操作对应的 AT 指令即可。

◆ 通过 GPRS 发送短信通常有两种模式：文本模式和 PDU 模式。

练 习

1. 下列_____不属于 GPRS 的工作频段。
A．1800 MHz   B．2.4 GHz   C．1900 MHz   D．900 MHz
2. 下列关于电路交换和分组交换的说法错误的是_____。
A．电路交换为固定占用信道方式
B．电路交换浪费信道资源
C．分组交换不固定占用信道
D．GPRS 网络和 GSM 网络均采用分组交换方式
3．GPRS 网络在 GSM 网络基础上增加的三个主要组件是_____、
_____和_____。
4. 简述 GPRS 技术的应用场景。
5. 简述 MG323 模块的主要特点。

实践篇

实践 1 无线通信技术概述

 实践指导

➤ **实践 1.G.1**

无线通信系统认知实验。

【分析】

本实践的目的是熟悉无线通信系统硬件构成和使用。蓝牙、WiFi、UHF 无线数传技术是三种典型的短距离无线通信技术。其中，蓝牙主要用于小范围内的点对点文件传输；WiFi主要用于无线联网；UHF 无线数传主要用于恶劣环境下的工业控制。无线通信开发套件硬件核心部分由蓝牙模块(BLK-MD-BC04-B)、WiFi 模块(HLK-WIFI-M03)、UHF 无线数传模块(CC1101)构成，配合电源、按键、LED 指示灯、蜂鸣器、液晶显示器等外围辅助电路使用。

【参考解决方案】

无线通信系统的硬件资源包括：电源电路、ATmega16 及其外围电路、蓝牙模块及外围电路、WiFi 模块及外围电路、CC1101 及外围电路、按键、蜂鸣器、LED 灯、液晶显示器LCD12864。

1. 无线通信系统板

无线通信系统板外观如图 S1-1 所示。系统板主要由供电模块、ATmega16A 模块、蓝牙串口通信模块、WiFi 串口通信模块、CC1101 模块以及相应的辅助设备构成。辅助设备包括按键、LED 指示灯、蜂鸣器、LCD 液晶显示器以及相应的 AVR、蓝牙、WiFi 串口。

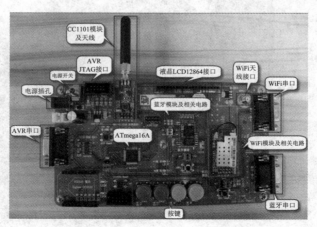

图 S1-1　无线通信系统板实物图

◇　供电模块：无线通信开发套件主板采用 DC5V 供电。

◇　ATmega16A 模块：主要由 ATmega16A 模块及其外围电路组成。

◇　蓝牙串口通信部分：由蓝牙模块及相关电路组成，具体原理将在后续章节中讲述。

◇　WiFi 串口通信部分：由 WiFi 模块及相关电路组成，以副电路板的形式实现，通过插针嵌入到主板上。

◇　CC1101 模块部分：由 CC1101 芯片及相关电路组成，实现形式同 WiFi 串口通信部分。

无线通信开发套件主板上除了 4 个普通的外设按键外，还有 4 个功能按键：电源开关按键、AVR 复位按键、蓝牙记忆清除按键、WiFi 复位按键。其中，复位按键分别用于实现对应模块的硬件复位，当模块出现软件死机的情况时，可使用此键使硬件复位。蓝牙记忆清除按键用于清除已记忆的蓝牙配对设备信息，防止自动连接不需要的设备。

除此之外，模块上还有 4 个跳线选择开关：JP4、JP12、JP14 和 JP15。其中，JP4 用于选择 AVR 串口是直接接 MCU(单片机)还是通过 MAX3232 连接至 PC；JP12 用于选择蓝牙串口是与 MCU 相连还是与 PC 相连；JP14 用于选择蓝牙模块的硬/软件设置为主/从方式以及主/从选择(硬件设置时有效)；JP15 用于选择 WiFi 模块是与 MCU 相连还是与 PC 机相连。

⚠ 注意：JP12 和 JP15 可同时选择蓝牙模块和 WiFi 模块均与 PC 相连，而与 JP4 的选择无关。但蓝牙和 WiFi 模块不能同时与单片机相连，即 JP4、JP12 和 JP15 三个跳线开关不能同时选通到 MCU。

2. 外围硬件设备

除系统板外，无线通信系统在应用与开发中，通常还要用到下述外围设备：

◇　5V 电源：为系统主板提供直流电源。

◇　USB 转串口线：用于进行串口通信，可连接至 AVR 串口、蓝牙串口或 WiFi 串口处。

◇　LCD12864 液晶显示屏：可用于收/发测试，显示相关内容等。

◇　JTAG 仿真调试器：可用于下载代码至单片机，进行仿真调试等。

◇　USB 延长线：用于连接 JTAG 仿真调试器与 PC。

上述设备的实物图如图 S1-2 所示。

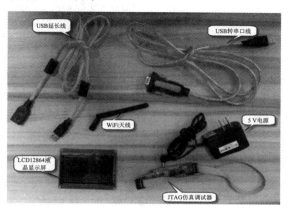

图 S1-2　外围硬件设备

3. 硬件设备连接

将系统板的电源接口连接 5 V 电源，JTAG 接口连接 JTAG 仿真调试器，WiFi 模块附近的同轴连接口处连接 WiFi 天线，串口连接 USB 转串口线用于串口通信，液晶显示屏插槽处连接液晶显示器 LCD12864。以 AVR 串口通信为例，外围硬件设备的连接如图 S1-3 所示。

图 S1-3　无线通信系统硬件连接图

图 S1-3 中的连接 USB 转串口线与 PC 通信，WiFi 天线为可弯曲棒状天线。虽然此处没有显示 USB 延长线，但在实际的试验中，JTAG 仿真器的 USB 口总是与 USB 延长线的一端相连。

➤ 实践 1.G.2

GPRS 硬件系统认知实验。

【分析】

本实践的目的是熟悉 GPRS 系统的硬件构成。GPRS 是一种以 GSM 为基础的数据传输技术，通过在 GSM 数字移动通信网络中引入分组交换的功能实体，以完成用分组方式进行的数据传输，是 GSM 的延续。GPRS 开发套件硬件核心部分采用华为的 MG323。MG323 模块是华为推出的一款 4 频段的 GPRS 模块，配合外围辅助电路部分可以实现打电话、接电话、发短信、通过 GPRS 上网的功能。

【参考解决方案】

GPRS 开发系统的硬件资源包括：GPRS 系统板、12 V 稳压电源、串口线、光盘、SIM 卡、耳机、咪头以及电池。其中 SIM 卡、耳机、咪头以及电池需客户自己购买。

1. GPRS 系统板主板

GPRS 系统板主板外观如图 S1-4 所示。系统板主要由供电模块、串口通信模块、MG323 核心以及 MG323 外围的辅助电路部分(包括按键、语音、SIM 卡插座和时钟电路)组成。

◇　供电模块：GPRS 开发套件主板采用 DC12V 供电，与其他系统板 DC5V 不同，为了防止误操作，故采用小口径电源座。MG323 模块工作电压是 3.3 V～4.8 V(推荐值是 3.8 V)，工作瞬间电流最大可能达到 2 A。

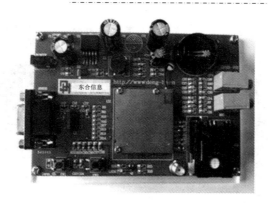

图 S1-4　GPRS 系统板实物图

◆　串口通信模块：GPRS 开发套件主板的串口芯片采用 SP3238，采用宽电压 3.0 V～ 5.5 V 供电。使用 9 针插头(俗称公头)的串口线连接与主板相连，串口线连接的另一端是 9 孔插头(俗称母头)，与 PC 通信连接。其通信速率可通过 AT 指令调节，波特率从 600 b/s 到 230 400 b/s，默认为 115.2 kb/s，在 1200 b/s 到 115.2 kb/s 之间支持自适应波特率。

◆　MG323 模块是一款 4 频段的 GPRS 模块，工作频段支持 GSM850 MHz、GSM900 MHz、GSM1800 MHz 和 GSM1900 MHz，支持 GPRS 业务。

◆　GPRS 开发套件主板有两个按键：开关按键和复位按键。其中，左边 Power 按键为开关按键，用于实现开/关机功能；右边 RESET 管脚用于实现模块硬件复位，当模块出现软件死机的情况时，可使用此键使硬件复位。

◆　语音部分分为耳机插头和咪头：耳机用于听，咪头用于说。

◆　SIM 卡插座用于安装 SIMK。用左手向里推黄色的弹簧帽，右手向外拉出 SIM 卡抽屉盖，根据抽屉盖中的"缺口标志"即可装卡，而后将抽屉盖轻轻推入插槽。需要卸卡时重复以上步骤。

◆　MG323 模块带有实时时钟功能，在装有纽扣备用电池后，可长久性提供实时时钟。

2. 硬件连接

GPRS 硬件的连接如图 S1-5 所示，连接 12V 电源为其供电，连接串口与 PC 通信。本实验采用中国移动 2G 手机卡，将手机卡插入卡槽中。

图 S1-5　GPRS 硬件连接图

实践 2　AVR 基本原理及应用

 实践指导

➤ 实践 2.G.1

"IAR-AVR" 集成开发环境的安装。

【分析】

IAR Embedded Workbench for AVR 是 IAR Systems 公司为 AVR 微处理器开发的一个集成开发环境，包括项目管理器、编辑器、C/C++编译器、汇编器、连接器和调试器，具有入门容易、使用方便和代码紧凑等特点。

【参考解决方案】

找到安装文件的存放目录，双击安装文件"autorun.exe"，如图 S2-1 所示。

图 S2-1　存放目录

在安装界面下，点击"Install IAR Embedded Workbench"，开始安装，界面如图 S2-2 所示。

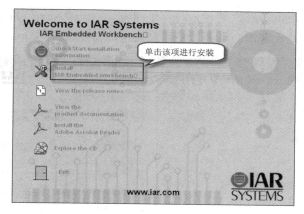

图 S2-2　安装界面

在弹出的欢迎界面中点击下一步(Next)按钮，如图 S2-3 所示。

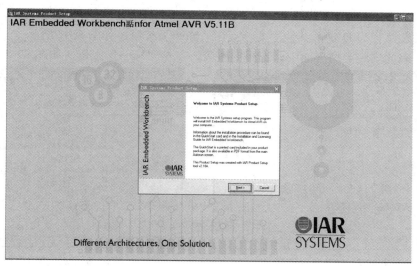

图 S2-3　安装界面

在弹出的许可界面中，点击"Accept"按钮，如图 S2-4 所示。

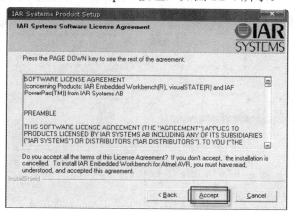

图 S2-4　许可界面

在弹出的界面中，填写好姓名、公司和序列号，点击"Next"按钮，如图 S2-5 所示。
在弹出的界面中输入密钥，点击"Next"按钮，如图 S2-6 所示。

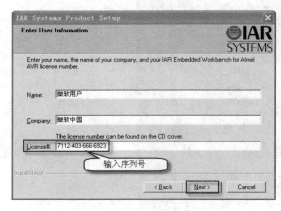

图 S2-5 用户信息

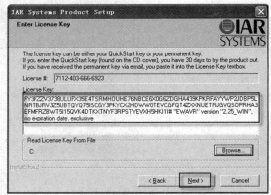

图 S2-6 密钥

更改安装路径为 D 盘，其他不变，点击"Next"按钮，如图 S2-7 所示。
在接下来的安装类型界面中，选择完整版，点击"Next"按钮，如图 S2-8 所示。

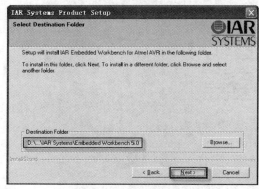

图 S2-7 安装路径选择

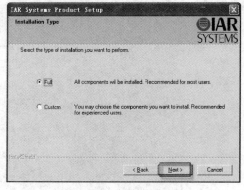

图 S2-8 安装类型选择

在弹出的界面中，保持默认的程序位置不变，如图 S2-9 所示。
确认安装信息后，点击下一步(Next)按钮继续安装，如图 S2-10 所示。

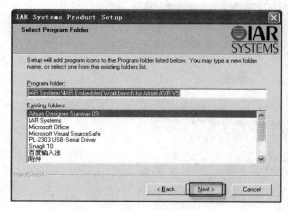

图 S2-9 程序位置选择

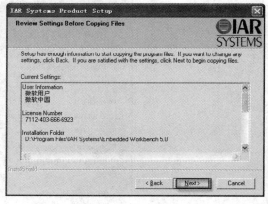

图 S2-10 确认参数

弹出的安装进度图如图 S2-11 所示。

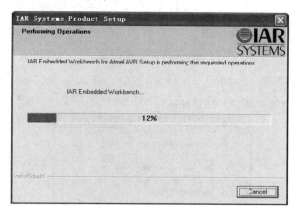

图 S2-11　安装进度图

安装完成后的界面如图 S2-12 所示，点击"Finish"按钮，完成安装。

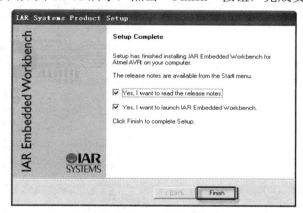

图 S2-12　完成界面

> ➤ 实践 2.G.2

IAR 集成开发环境简介。

【分析】

为了尽快了解和熟悉 IAR 集成开发环境的使用，本实践按下述步骤执行：

(1) 认识 IAR 的启动界面、软件界面。

(2) 掌握工程文件的建立、编辑和修改。

在 IAR 集成开发环境中，有许多用于开发、调试部署等功能的窗口，特别是与开发相关的常用窗口，熟练使用这些窗口是学习 IAR 必不可少的要素。

【参考解决方案】

1. 启动"IAR-AVR"

打开"开始"菜单，选择"程序"，如图 S2-13 所示，选择"IAR Embedded Workbench"，启动 IAR；或直接双击桌面上的"IAR Embedded Workbench"快捷方式图标。

图 S2-13　启动 IAR

IAR 启动后，显示如图 S2-14 所示的起始窗口。在起始窗口中可选择新建或者打开工作组，本例中选择"Open existing workspace"打开一个工程。

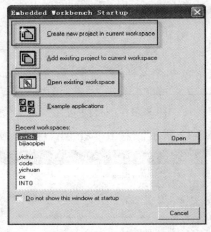

图 S2-14　起始窗口

2. 认识软件界面

✧　IAR 的常用功能模块有菜单、按键资源、工程窗口、编辑窗口和信息窗口等，如图 S2-15 所示。

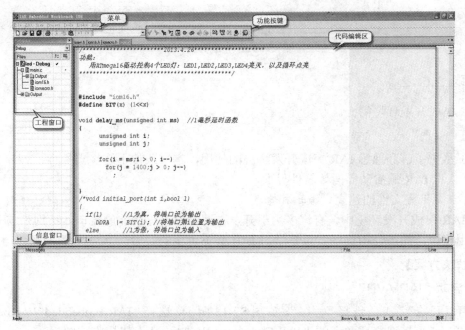

图 S2-15　开发环境界面

各个功能模块的功能简介如下：
✧ 菜单：包含 IAR 支持的菜单操作。
✧ 按键资源：包含编译、调试等常用按键，可以提高操作速度。
✧ 工程窗口：工程信息和结构的显示窗口，用于工程管理。
✧ 编辑窗口：代码的编辑区域。
✧ 信息窗口：显示各种编译和操作信息。

3. 工程文件的建立、编辑和修改

1) 新建

在图 S2-14 中选择 "Creat new project in current workspace" 新建一个工程，则会弹出如图 S2-16 所示的界面，选择包含一个空的 main.c 文件的工程，点击 "OK" 按钮。

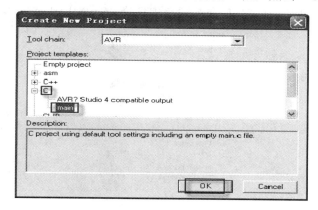

图 S2-16 新建工程

弹出如图 S2-17 所示的 "另存为" 对话框，根据用户需要可以自行更改工程名和保存位置；然后点击 "保存" 按钮。

图 S2-17 "另存为" 对话框

弹出如图 S2-18 所示的新建工程窗口。此时项目中有 IAR 自动生成的一个名为 "test" 的工程，并且自动添加了 main.c 和 main()函数。

图 S2-18　工程界面

2) 保存

选择菜单上的"File"，在弹出的下拉菜单中选择"Save Workspace"，如图 S2-19 所示。

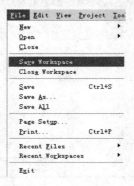

图 S2-19　选择"Save Workspace"

在弹出的"Save Workspace As"对话框中选择保存位置，输入文件名，保存 Workspace 如图 S2-20 所示。

图 S2-20　保存 Workspace

3) 编辑

选择 File→New→File，新建源文件到该项目，如图 S2-21 所示。

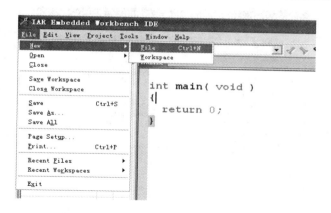

图 S2-21　新建源文件

将新建的"Untitled1"文件保存，如图 S2-22 所示。

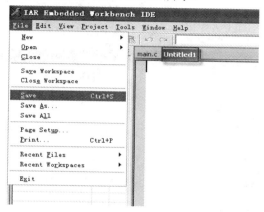

图 S2-22　保存源文件

弹出如图 S2-23 所示的对话框，输入文件名，将源文件 Untitled1 保存为"Led.c"。

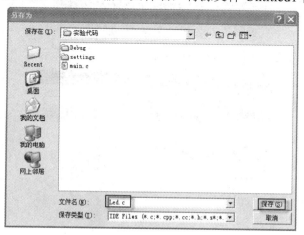

图 S2-23　保存源文件

将上述源文件添加到项目中，选择"Project→Add Files"，添加源文件如图 S2-24 所示。

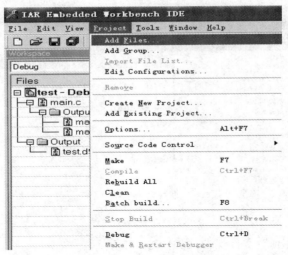

图 S2-24　添加源文件

在弹出的对话框中选择"Led.c",如图 S2-25 所示。

图 S2-25　选择"Led.c"

此时,项目左边的工作区已经发生了变化,如图 S2-26 所示。

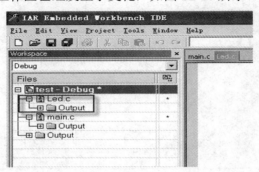

图 S2-26　工作区栏

按照同样的方法,可以向工程中添加"Led.h"文件,得到的 Test 工程文件布局如图 S2-27 所示。

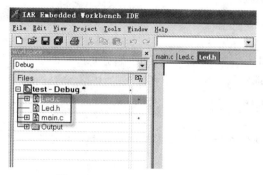

图 S2-27　Test 工程文件布局

> ## 实践 2.G.3

使用 IAR 集成开发环境，编写一个 USART 异步通信测试程序，实现单片机和 PC 之间密码验证通信，验证通过时点亮 LED 灯。编译通过后，使用 AVR JTAG 调试器下载验证。

【分析】

本实践基于 USART 串口通信的基本原理编写相关代码，然后使用 JTAG 仿真器将程序下载至实验开发板进行结果验证，具体操作步骤如下：

(1) 创建一个包含空的 main.c 文件的 IAR 工程。

(2) 在 main.c 文件中编写相关程序。

(3) 将 JTAG 仿真器和串口线连接至实验开发板，确定仿真器和串口线的端口号。

(4) 工程设置。

(5) 编译，将程序下载到实验开发板进行测试。

【参考解决方案】

1. 创建一个新工程

新建一个 IAR 工程，包含空的 main.c 文件，保存为 code。

2. 编写程序源代码

在 main.c 中输入以下程序代码：

```
#include <iom16.h>


/***********************宏定义*******************************/
#define uchar unsigned char
#define uint unsigned int



uchar rx_buf[6];
uchar rx_counter = 0;
uchar rx_flag = 0;
uchar code[6]={'1','2','3','4','5','6'};
```

```
            uint judge_rt=0;

            void usart_init(void);              //串口初始化
            uint code_judge(void);              //数字判定函数
            void usart_transmit(uchar *p);      //串口发送函数


/***************************主函数***************************/
            void main( void )
            {
                /* 将要输出的提示字符串设为静态局部变量，防止被改写*/
                static uchar rt[]="right";
                static uchar er[]="error";
                static uchar neh[]="numbers not enough";

                usart_init();

                while(1)
                {
                    if(rx_flag == 2)            //输入的不足 6 位，提示"numbers not enough"
                    {
                        rx_flag = 0;
                        usart_transmit(neh);
                    }

                    if(rx_flag == 1)            //已输入 6 位数字，判定是否为 123456
                    {
                        rx_flag = 0;
                        judge_rt=code_judge();
                        if(judge_rt)            //输入为 123456，提示"right"
                        {
                            usart_transmit(rt);
                        }
                        else                    //输入不为 123456，提示"error"
                        {
                            usart_transmit(er);
                        }
                    }
                }
            }
```

```c
void usart_init(void)                    //串口初始化
{
    SREG  &= ~(1<<7);                    //全局中断屏蔽
    UCSRA |= (1<<U2X);                   //USART 传输速率倍速

    /*********************波特率设置*************************/
    UBRRH &= ~(1<<URSEL);                //选择 UBRRH 寄存器
    UBRRL =0x5F;                         //UBRR=95，波特率为 9.6 kb/s

    /****************发送和接收器使能设置*****************/
    UCSRB |= (1<<RXCIE);                 //接收完成中断允许
    UCSRB |= (1<<RXEN)+(1<<TXEN);        //允许 USART 发送和接收数据
    SREG  |= (1<<7);                     //开全局中断
}


uint code_judge(void)                    //数字判定函数
{
    uint i;
    uint rt=1;
    for(i=0;i<6;i++)
    {
        if(rx_buf[i]!=code[i])
        {
            rt=0;
        }
    }
    return rt;
}


void usart_transmit(uchar *p)            //单片机发送提示信息，在计算机上显示
{
    for(; *p!='\0';p++)
    {
        while(!(UCSRA & (1<<UDRE)));
        UDR=*p;
    }
}
```

```
/************************接收中断处理函数****************************/
#pragma vector= USART_RXC_vect
__interrupt void receiv_server(void)
{
    uchar temp;
    temp = UDR;
    if(temp == 0x0D)                          //是否输入回车符
    {
        if(rx_counter == 5)
        {
            rx_flag = 1;                      //输入的是 6 位数字
        }
        else
        {
            rx_flag = 2;                      //输入的不足 6 位
        }
        rx_counter = 0;
    }

    if( (temp >= '0') && (temp <= '9') )      //是否输入数字
    {
        rx_buf[rx_counter] = temp;
        UDR = '*';                            //回显*号，在超级终端窗口显示
        if(rx_counter < 5)
        {
            rx_counter ++;
        }
    }
}
```

上述程序包含了一个重要的头文件<iom16.h>。该头文件将 ATmega16 的所有寄存器映射为同名的变量，还将寄存器的各个位映射成为相应的变量，并对这些位变量进行了定义。对这些变量的操作和访问就是对寄存器及其相应位的操作和访问。<iom16.h>中还有对中断源和中断向量的定义。

上述程序代码中，声明串口中断处理函数的方法为：

#pragma vector= USART_RXC_vect

__interrupt void receiv_server (**void**)

{

　　... //此处根据自身需要添加中断处理内容

}

其中，加粗部分为固定格式，不加粗部分为可替换部分。receiv_server 为自定义的中断处理函数名称；USART_RXC_vect 为串口接收中断向量，由<iom16.h>定义。若需编写其他中断处理函数，相应的中断向量也必须查询<iom16.h>中关于中断向量的定义。

花括号前面的内容实现将 USART_RXC_vect 的地址与 receiv_server() 的入口地址进行绑定，当发生串口接收中断时，自动跳转至花括号中首行代码执行。其中，#pragma vector 用于提供中断函数的入口地址；_interrupt 用于定义一个中断函数。

⚠ 注意：在 IAR 开发环境中，如果想查看某个变量或者函数的定义，只需在该变量或者函数上面用右键单击，然后在弹出的菜单中选择"go to the definition of"即可。

3. 确定 JTAG 仿真器和串口线的端口号

将 JTAG 仿真器和串口线连接至主板上的对应接口。

在桌面上右键单击"我的电脑"，在弹出的菜单中选择"管理"，弹出"计算机管理"的界面，如图 S2-28 所示。

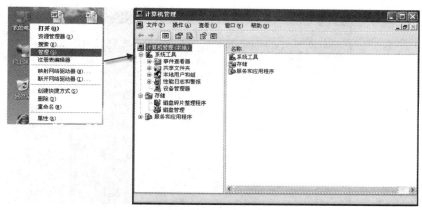

图 S2-28　打开计算机管理界面

单击"设备管理器"，在端口一栏中可查看到两个端口号，分别为 JTAG 仿真器和串口线的端口号，如图 S2-29 所示。其中 COM12 和 COM14 分别为 JTAG 仿真器和串口线的端口号。

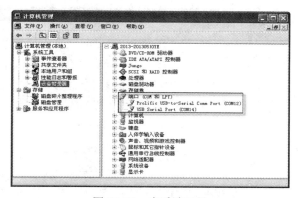

图 S2-29　查看端口号

4. 工程设置

右键点击工程窗口中的工程名称，在弹出的菜单中选择"Options"，如图 S2-30 所示。

图 S2-30 选择"Options"

弹出"Options for node'code'"对话框，在"General Options"选项的"Target"标签下，处理器设置栏的下拉菜单选择 ATmega16 单片机，如图 S2-31 所示。

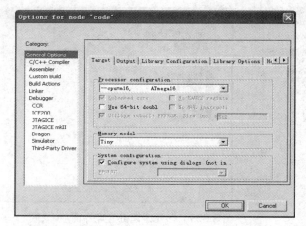

图 S2-31 弹出的"Options for node'code'"对话框

在"C/C++ Compiler"选项的"Rreprocessor"标签下，在"Defined symbols"框中输入 ENABLE_BIT_DEFINATIONS(可在头文件中查找)，如图 S2-32 所示。

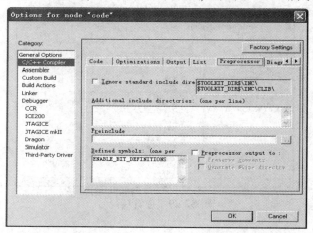

图 S2-32 "Rreprocessor"标签的设置

在"Debugger"选项的"Setup"标签中,"Driver"栏的下拉菜单中选择"JTAGICE",如图S2-33所示。

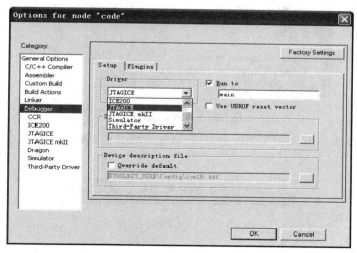

图S2-33 "Setup"标签的设置

在"JTAGICE"选项的"JTAGICE1"标签中选择端口号为"COM12",端口频率设置为540 kHz,如图S2-34所示。

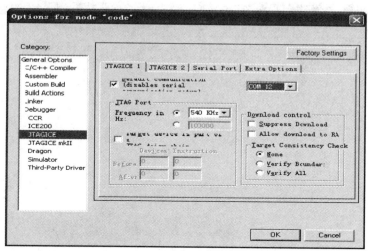

图S2-34 设置仿真器端口号和频率

5. 编译、下载测试

点击编译按键如图S2-35所示,或在菜单"Project"下选择"Make"对代码进行编译。

图S2-35 编译按钮

如果没有错误和警告,则出现提示,如图S2-36所示。

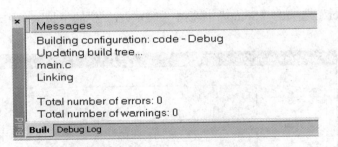

图 S2-36　Message 窗口

点击图 S2-35 中最右侧的"Debug"按钮，弹出仿真调试按钮，点击全速执行按钮，如图 S2-37 所示。

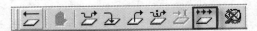

图 S2-37　仿真调试快捷按钮

6. 结果查看

对于本例的串口通信，采用本公司自主研发的上位机软件"超级串口"实现，其界面如图 S2-38 所示。

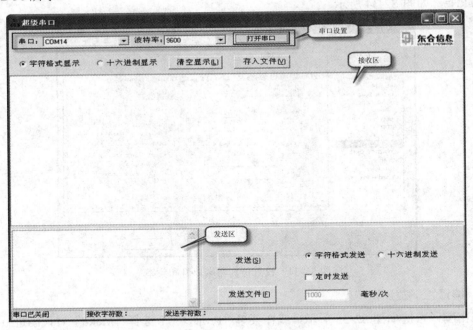

图 S2-38　超级串口界面

在串口设置中选择串口号为 COM14，波特率设置为"9600"(依据代码中的初始化波特率而定)，然后点击"打开串口"。在发送区输入 123+回车，点击"发送"按钮，接收区收到的内容如图 S2-39 所示。

输入其他两种情况，也能在接收区分别收到预期的结果，在此不再一一展现。

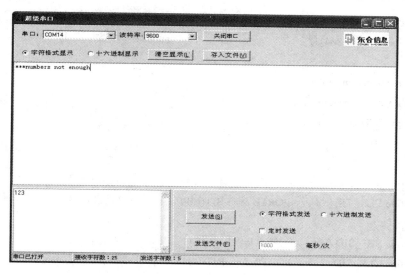

图 S2-39　串口收/发测试

➤ 实践 2.G.4

LCD12864 液晶显示屏驱动程序编写。

【分析】

LCD12864 为单色液晶屏，分辨率为 128×64。本书配套 LCD12864 带中文字库，内部含有国标一级、二级简体中文字库的点阵图形液晶显示模块，内置 8192 个 16×16 点汉字和 128 个 16×8 点 ASCII 字符集。

LCD12864 有串行和并行两种连接方式，利用其灵活的接口方式和简单、方便的操作指令，可构成全中文人机交互图形界面。本书配套 LCD12864 为串行接口，相关接口定义如图 S2-40 所示。

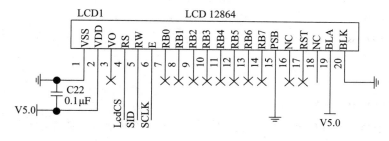

图 S2-40　LCD12864 接口原理图

在图 S2-40 中，LcdCS(RS)引脚连接 ATmega16A 的 PB0 引脚，SID(RW)引脚连接 ATmega16A 的 PB1 引脚，SCLK(E)引脚连接 ATmega16A 的 PB2 引脚。

【参考解决方案】

1. LCD12864.h 的编写

12864 液晶屏的相关引脚定义封装成为宏定义，存放在文件"LCD12864.h"中，以便进行封装和快速调用，具体源程序代码如下：

```
#ifndef _LCD12864_H_
#define _LCD12864_H_

#define uchar unsigned char
#define uint    unsigned int
#define BIT(x) (1<< (x))


#define SET_CS          PORTB |=   BIT(PB0)          //片选信号
#define CLR_CS          PORTB &= ~BIT(PB0)           //片选信号


#define SET_SID         PORTB |=   BIT(PB1)          //数据信号
#define CLR_SID         PORTB &= ~BIT(PB1)           //数据信号


#define SET_SCLK        PORTB |=   BIT(PB2)          //时钟信号
#define CLR_SCLK        PORTB &= ~BIT(PB2)           //时钟信号


#define SET_PORT_OUT    DDRB   |= BIT(PB0) + BIT(PB1) + BIT(PB2); //设置引脚输出


void delay(uint t); //延时
void loc(uchar x,uchar y);        //光标定位
void sendbyte(uchar zdata);       //发送一个字节
void wr_com(uchar com);           //写指令
void wr_data(uchar data);         //写数据
void LCD_init();                  //LCD12864 初始化
void Test();                      //测试函数编写
void LCD_display(uchar *ptr);     //字符串显示函数


#endif
```

2. 主函数 main.c 的编写

在主函数中首先对 LCD12864 进行初始化，然后调用测试函数显示相关字符，其源程序代码如下：

```
#include <iom16.h>
#include <intrinics.h>
#include "LCD12864.h"

int main( void )
{
```

```
        LCD_init();
        while(1)
        {
            Test();
            delay(60000);
            delay(60000);
            delay(60000);
        }
        return 0;
}
```

3. 12864 液晶屏初始化

液晶屏初始化函数 LCD_init() 的详细程序代码实现如下:

```
void LCD_init()        //初始化
{
        SET_PORT_OUT;          //驱动引脚设置为输出

        wr_com(0x30);          //选择基本指令集
        delay(50);
        wr_com(0x0c);          //开显示(无游标、不反白)
        delay(50);
        wr_com(0x01);          //清除显示,并且设定地址指针为 00H
        delay(150);
        wr_com(0x06);          //指定在资料的读取及写入时,设定游标的移动方向及指定显示的移位
        delay(50);
}
```

其中,delay() 为延时函数,其源程序代码实现如下:

```
void delay(uint t)
{
        uint i,j;
        for(i=0; i<t;   i++)
            for(j=0; j<111; j++);
}
```

wr_com() 函数为写指令函数,参数为寄存器地址,其源程序代码如下:

```
void wr_com(uchar com)
{
        SET_CS;
        sendbyte(0xf8);
        sendbyte(com & 0xf0);
        sendbyte((com << 4) & 0xf0);
```

```
        }
```

其中，sendbyte()为 SPI 串口通信发送一个字节函数，具体实现如下：

```
        void sendbyte(uchar zdata)
        {
//      for SPI
//      SPDR = zdata;
//      while(!(SPSR & (1<<SPIF)));

        uint i;
        for(i=0; i<8; i++)
        {
                if((zdata << i) & 0x80)
                {
                        SET_SID;
                }
                else
                {
                        CLR_SID;
                }
                //nops();
                SET_SCLK;
                //nops();
                CLR_SCLK;
                //nops();
        }
        }
```

4. 汉字显示

由于 LCD12864 自带汉字字库，只需要将汉字的编码写入相应寄存器，便可进行显示。本例中使用 TEST()函数显示所需的内容，其具体程序代码实现如下：

```
        void Test()
        {
//      wr_com(0x03);
//      delay(50);
//      delay(10000);
        loc(1,0);
        LCD_display("青岛东合信息技术");
        delay(10000);
        loc(2,0);
        LCD_display("    有限公司    ");
```

```
            delay(10000);
            loc(3,0);
            LCD_display(" www.dong-he.cn ");
            delay(10000);
            loc(4,0);
            LCD_display(" ------------- ");
            delay(10000);
    }
```

其中，loc(uchar x, uchar y)函数用于实现光标定位，为字符的显示做准备，其源程序代码如下：

```
    void loc(uchar x,uchar y)
    {
        switch(x)
        {
            case 1: wr_com(0x80+y); break;
            case 2: wr_com(0x90+y); break;
            case 3: wr_com(0x88+y); break;
            case 4: wr_com(0x98+y); break;
        }
    }
```

LCD_display()函数用于显示某一字符串，其源程序代码如下：

```
    void LCD_display(uchar *ptr)
    {
        while(*ptr > 0)
        {
            wr_data(*ptr);
            //delay(10);
            ptr++;
        }
    }
```

该函数中使用 wr_data(*ptr)函数进行写数据，相关源程序代码如下：

```
    void wr_data(uchar data)
    {
        SET_CS;
        sendbyte(0xfa);
        sendbyte(data & 0xf0);
        sendbyte((data << 4) & 0xf0);
        //delay(2);
    }
```

实践 3 蓝牙技术

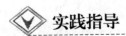 实践指导

> ## 实践 3.G.1

两个蓝牙模块之间的透传测试。

【分析】

蓝牙模块能与内含蓝牙模块的手机进行配对连接，也能彼此之间进行配对连接。蓝牙模块一旦完成配对连接，彼此之间即为透明数据传输状态。本实践实现两个蓝牙模块的配对连接和数据通信，首先通过跳线开关分别设置为主模块和从模块；然后分别进行初始化，在初始化中设置的配对码必须保持一致。

解决问题的步骤如下：

(1) 硬件准备。

(2) 两个蓝牙模块分别初始化。

(3) 配对成功后，通过超级串口进行透传测试。

【参考解决方案】

1. 硬件准备

将两个实验开发板上的 JP12 通过跳线选通 COM 端，蓝牙串口通过串口线分别连至两台 PC 机；同时，JP13 通过跳线选通 HW 端，即硬件选择主、从模式。

将一个实验开发板的 JP14 通过跳线选通 MA 端，即硬件设置为主模块；将另一个实验开发板的 JP14 通过跳线选通 SL 端，即硬件设置为从模块。

设置完成之后，分别开启电源开关。

2. 两个模块初始化

先后开启两个实验开发板上的电源开关，在两台 PC 机上分别开启超级串口程序，正确设置端口号和波特率后，输入相关 AT 指令完成主模块和从模块的初始化。

1) 主模块初始化

首先开启主模块所在的实验开发板上的电源开关，再开启与之相连的 PC 机上的超级串口程序，波特率选择蓝牙模块的默认值"9600"，选择正确的串口号，此例中的设置如图 S3-1 所示。

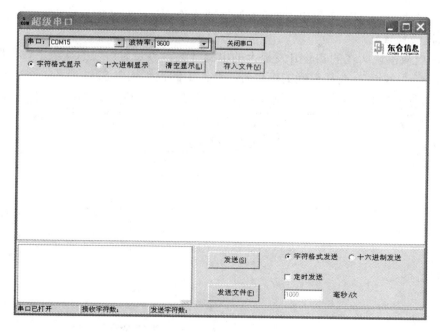

图 S3-1　主模块超级串口参数设置

　　然后，在"超级串口"界面输入初始化的 AT 指令，将主模块命名为 BOLUTEK1，开启上报指令，主动搜索远端蓝牙设备，配对码设置为 1234560。每一条指令必须以回车结尾，在全部输入完之后，点击"发送"，相应的指令回复如图 S3-2 所示。图中的最后两条指令是主模块搜索远端蓝牙设备的上报结果，每隔一段时间主动上报一次。

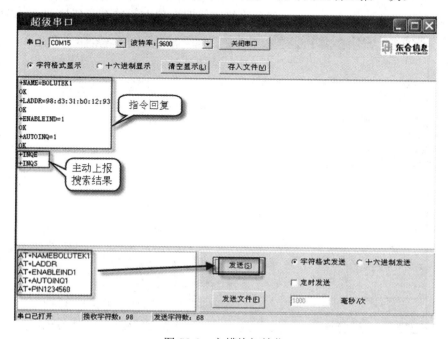

图 S3-2　主模块初始化

完成主模块初始化后，关闭实验板上的电源开关。

2) 从模块初始化

首先开启从模块所在的实验开发板上的电源开关，再开启对应的超级串口程序，波特率选择默认值"9600"，选择正确的串口号，此例中的设置如图 S3-3 所示。

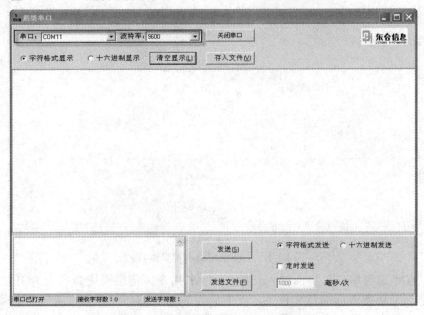

图 S3-3　从模块的超级串口参数设置

然后，在超级串口界面输入初始化的 AT 指令，将从模块命名为 BOLUTEK2，开启上报指令，配对码设置为 1234560，与主模块保持一致。相应的指令回复如图 S3-4 所示。

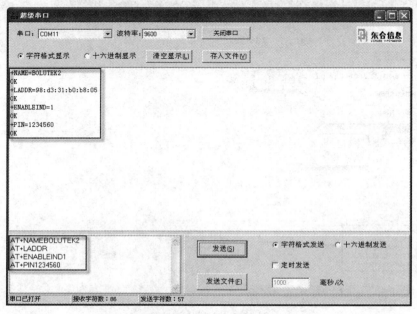

图 S3-4　从模块初始化

3. 配对连接

初始化正确后，配对连接过程是由模块自主完成的。开启主模块的电源开关，主模块所在的实验板上 LED4 灯快闪，片刻之后 LED4 长亮。观察从模块所在的实验板，亦可看到 LED4 灯长亮。此现象代表两个模块已成功配对连接。

查看与主模块相连的 PC 机上的超级串口，可看到如图 S3-5 所示的界面。

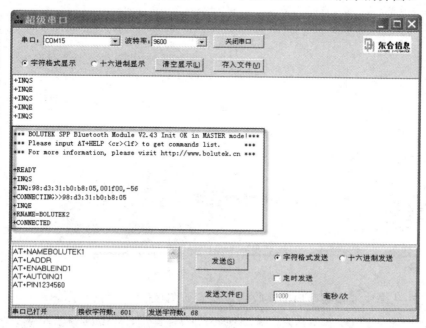

图 S3-5　主模块端的提示

查看与从模块相连的 PC 机上的超级串口，可看到如图 S3-6 所示的界面。

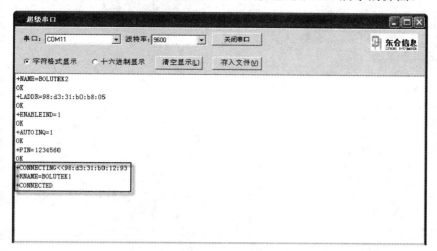

图 S3-6　从模块端的提示

4. 透传测试

点击"清空显示"按钮，将两个超级串口的接收区清空。

在主模块端再次发送之前的初始化 AT 指令如图 S3-7 所示。

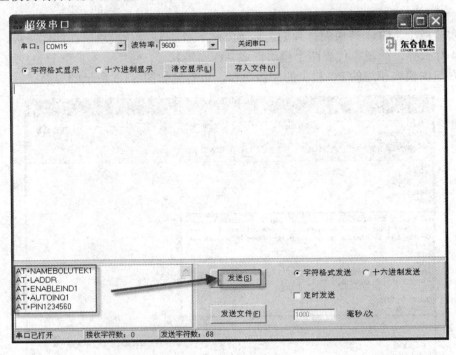

图 S3-7　主模块端发送

稍后，在从模块端超级串口的接收区可看到如图 S3-8 所示的界面。

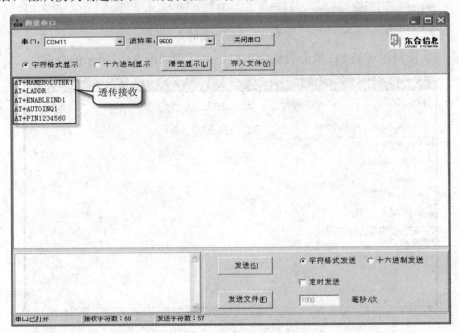

图 S3-8　从模块端接收

在发送区再次输入之前的从模块初始化指令，点击"发送"按钮，如图 S3-9 所示。

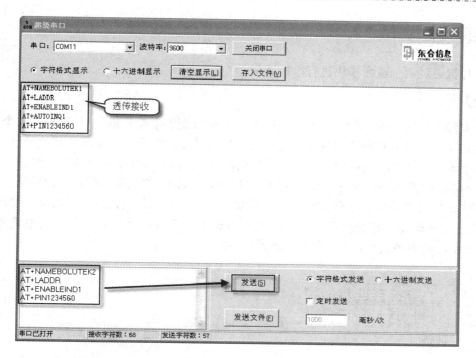

图 S3-9　从模块端发送

稍后，在主模块对应的超级串口可看到如图 S3-10 所示的界面。

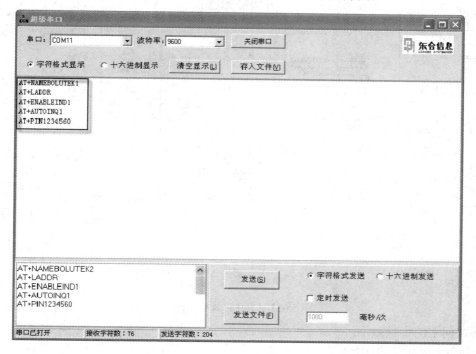

图 S3-10　主模块端接收

➤ 实践 3.G.2

单片机通过两个蓝牙模块进行串口通信

【分析】

本实践在实践 3.G.1 的基础上,将两个蓝牙模块分别连至单片机。单片机检测 4 个按键,当按键按下时, 单片机向实验板上的蓝牙模块发送特定的内容。由于蓝牙模块处于透传状态,两个蓝牙模块之间可看做一条透明传输线,该内容将直接传至对端蓝牙模块的单片机。对端单片机在接收到特定内容后,控制 LCD12864、LED、蜂鸣器等外设做出响应。

本实践的硬件电路包含两部分:蓝牙模块外围电路和单片机及其外设电路。蓝牙模块外围电路请参见理论篇的相关介绍,此处不再给出。单片机及其相关外设的电路图如图 S3-11 所示,其中外设包含四个按键、两个 LED 灯、1 个蜂鸣器、1 个 LCD12864。

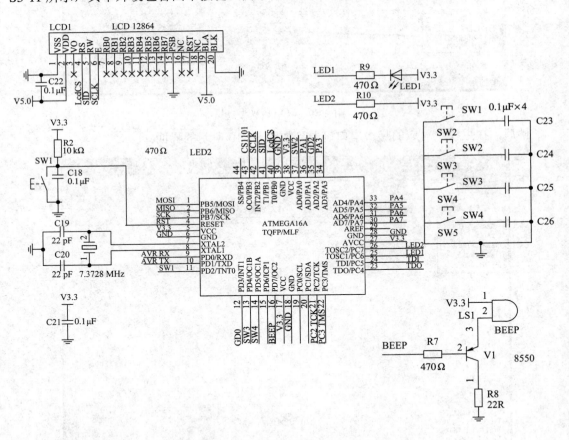

图 S3-11　单片机及相关外设

解决问题的步骤如下:

(1) 两个蓝牙模块初始化和配对连接。

(2) 将两个蓝牙模块分别连至单片机,编写单片机控制程序。

(3) 仿真调试与下载验证。

【参考解决方案】

1. 两个蓝牙模块初始化和配对连接

按照 3.G.1 的实践步骤，使两个蓝牙模块进入透传状态。

2. 将蓝牙模块连至单片机

将两个实验开发板上的 JP12 均通过跳线选至 MCU 端，串口线拔出。

3. 编写控制程序

将其中一个实验开发板(实验板 1)通过 JTAG 仿真器连接至 PC 机，查看其端口号(方法同实践 2，此例中为 COM12)。新建一个工程，按照实践 2 做好相关的 IAR 设置；然后编写相关程序。该工程采用模块化的编码风格，分别编写主函数 mian.c、按键扫描 keyscan.h 和 keyscan.c、液晶显示 LCD12864 SPI.h 和 LCD12864.c。

1) main.c

蓝牙模块通过 USART 串口与单片机相连，因此主函数采用了任务函数结合定时器中断的方法控制蜂鸣器响、清屏、LED2 亮和按键扫描及特定内容的串口发送，是实际的工程应用中比较常用的编程方法。主程序的源程序代码如下：

```
#include <iom16.h>
#include <intrinsics.h>
#include <string.h>
#include "12864 SPI.h"
#include "keyscan.h"


#define uchar unsigned char
#define uint    unsigned int
#define BIT(x) (1<< (x))


#define    CLR_BEEP    PORTD |= BIT(PD7)          //蜂鸣器不响
#define    SET_BEEP    PORTD &= ~BIT(PD7)         //蜂鸣器响
#define    CLR_LED     PORTC |= BIT(PC7)          //LED2 灭
#define    SET_LED     PORTC &= ~BIT(PC7)         //LED2 亮

#define F_CPU           7372800                   //CPU 频率
#define BAUD            9600                      //串口波特率
#define UART_BUFLEN     32

uchar beep = 0;
uchar led   = 0;
uchar status = 0;
uchar key = 0;
```

```
uchar RX_flag = 0;
uchar RX_temp = 0;
uchar RX_buffer[UART_BUFLEN];
uchar RX_counter = 0;

uchar TX_buffer[UART_BUFLEN] = "HELLO-";
uchar TX_counter = 0;
uchar TX_len = 0;

uchar __flash ASCII[] = "0123456789ABCDEF";

#define TASK_NUM    10                          //任务数量
#define TaskTypt_t    unsigned char

TaskTypt_t           task_count[TASK_NUM];      //任务计时标志

TaskTypt_t const task_time[TASK_NUM]=           //每个任务时间
{
    10,                                         //task0   蜂鸣，100 ms
    150,                                        //task1   清屏，1500 ms
    10,                                         //task2   LED，100 ms
    2,                                          //task3   按键扫描，20 ms
};

void task0(void);
void task1(void);
void task2(void);
void task3(void);

void TIMER2_init();
void UART_init();
void IO_init();
void delayms(uint t);
void wr_harf_LCD(uchar *ptr,uchar updown);


/*****************************主函数*********************************/
void main(void)
```

```
{
    IO_init();
    LCD_init();
    UART_init();
    TIMER2_init();
    KEY_init();
    memset(RX_buffer, 32, ' ');
    delayms(50);
    while(1)
    {
    if(0==task_count[0]){task_count[0] = task_time[0];task0(); continue;}
    if(0==task_count[1]){task_count[1] = task_time[1];task1(); continue;}
    if(0==task_count[2]){task_count[2] = task_time[2];task2(); continue;}
    if(0==task_count[3]){task_count[3] = task_time[3];task3(); continue;}
    if(RX_flag)
    {
            RX_flag = 0;
            wr_harf_LCD(RX_buffer,1);
            if(
            ('H' == RX_buffer[0])&&
             ('E' == RX_buffer[1])&&
             ('L' == RX_buffer[2])&&
             ('L' == RX_buffer[3])&&
             ('O' == RX_buffer[4])
            )
            {
                if('1' == RX_buffer[5])
                    beep = 1;
                else if('2' == RX_buffer[5])
                    led   = 1;
            }
            memset(RX_buffer, 32, ' ');
        }
    }
}


void TIMER0_init()
{
```

```
    //串口接收中断中设置和开启
}

void TIMER2_init()
{
    TCCR2 |= BIT(CS22) + BIT(CS21)+ BIT(CS20);      //1024 分频
    TCCR2 |= BIT(WGM21);                            //CTC 模式
    TIMSK |= BIT(OCIE2);                            //开比较中断
    OCR2   = 72-1;                                  //7372800/1024/72 =100Hz(10 ms)
    SREG |= BIT(7);
}

void UART_init()    //串口初始化
{
    UCSRB   = 0x00;                                 //设置波特率时关闭发送和接收
    UBRRH   = (F_CPU/BAUD/16 - 1)/256;              //波特率寄存器高 8 位
    UBRRL   = (F_CPU/BAUD/16 - 1)%256;              //波特率寄存器低 8 位
    UCSRA   = 0x00;                                 //初始化
    //设置帧格式, 8 位数据, 无奇偶校验, 1 位停止位
    UCSRC |= BIT(URSEL) + BIT(UCSZ1) + BIT(UCSZ0);
    UCSRB |= BIT(RXCIE) + BIT(RXEN) + BIT(TXEN);    //允许发送和接收, 接收中断使能
    SREG   |=  BIT(7);
}

void IO_init()
{
    DDRD   |= BIT(7);
    DDRC   |= BIT(7);
    PORTD |= BIT(7);
    PORTC |= BIT(7);
}

void delayms(uint t)                                //1 ms 延时
{
    unsigned int i,j;
    for(i=0; i<t;   i++)
        for(j=0; j<1051; j++);
}
```

```
/*****************************************************************
* 名称 : wr_harf_LCD(uchar * ptr，uchar updown)
* 功能 : 写半屏
* 输入 : *ptr 写入内容，updown 上下屏(0 上，1 下)
* 输出 : 无
*****************************************************************/
void wr_harf_LCD(uchar *ptr,uchar updown)
{
    uchar i,tmp;
    tmp = (updown << 1)+1;
    loc(tmp++,0);
    for(i = 0;i < 16; i++)
    {
        if((0x0d != ptr[i])&&(0x0a != ptr[i]))
            wr_data(ptr[i]);
        else
            wr_data(' ');
    }
    loc(tmp,0);
    for(i = 16;i < 32; i++)
    {
    if((0x0d != ptr[i])&&(0x0a != ptr[i]))
        wr_data(ptr[i]);
    else
        wr_data(' ');
    }
}


void task0(void)
{
    if(beep)
    {
        beep--;
        SET_BEEP;
    }
    else
    {
        CLR_BEEP;
```

```
        }
    }

    void task1(void)                                    //清屏，写满空格
    {
        uchar i,j;
        for(i = 1;i < 5; i++)
        {
            loc(i,0);
            for(j = 0;j < 16; j++)
            {
                wr_data(' ');
            }
        }
    }

    void task2(void)
    {
        if(led)
        {
            led--;
            SET_LED;
        }
        else
        {
            CLR_LED;
        }
    }

    void task3(void)
    {
        key = keyscan();
        if(key)
        {
            TX_buffer[5] = key + 0x30;
            key = 0;
            TX_len   = 6;
            UCSRB   |= BIT(UDRIE);
            led = 1;
```

```
    }
}
```

```
/******************************************
```

函　数　名：void TIMER0_OVF_vect(void)

功　　　能：定时器 0 溢出，中断服务函数

输入参数：无

返 回 值：无

```
*******************************************/
#pragma vector=TIMER0_OVF_vect
__interrupt    void TIMER0_OVF_Server(void)
{
    //TCNT0 = 256 - 142;
    TCCR0 &= ~(BIT(CS02) + BIT(CS00));
    TIMSK &= ~BIT(TOIE0);
    RX_flag = 1;
    RX_counter = 0;
}
```

```
/******************************************
```

函　数　名：void TIMER2_COMP_vect(void)

功　　　能：定时器 2 比较匹配，中断服务函数

输入参数：无

返 回 值：无

```
*******************************************/
#pragma vector=TIMER2_COMP_vect
__interrupt    void TIMER2_COMP_Server(void)
{
    TaskTypt_t T;
    for(T = 0;T < TASK_NUM; T++)
    {
        if (task_count[T])
            task_count[T]--;
    }
}
```

```
/******************************************
```

函　数　名：void USART_RXC_vect(void)

功　　　能：USART 接收中断服务函数

输入参数：无

返　回　值：无

***************************************/

```c
#pragma vector = USART_RXC_vect
__interrupt void USART_RXC_Server(void)
{
    RX_buffer[RX_counter] = UDR;
    if(RX_counter < UART_BUFLEN - 1)
    {
        RX_counter ++;
    }
    TCCR0   |= BIT(CS02) + BIT(CS00);
    TIMSK   |= BIT(TOIE0);
    TCNT0 = 0;
    SREG    |=   BIT(7);
}
```

/***************************************

函　数　名：void USART_UDRE_vect(void)

功　　　能：USART 发送中断服务函数(缓存器空 UDRE)

输入参数：无

返　回　值：无

***************************************/

```c
#pragma vector = USART_UDRE_vect
__interrupt void USART_UDRE_Server(void)
{
    UDR = TX_buffer[ TX_counter++ ];
    if(TX_len <= TX_counter)
    {
        UCSRB &= ~BIT(UDRIE);
        TX_counter = 0;
        TX_len = 0;
    }
}
```

　　在上述源程序代码中，串口的发送与接收通过相应的中断函数实现，当操作按键时，单片机通过串口向蓝牙模块发送数据，发送内容为指定的"HELLO+按键值"的形式。当单片机接收到相关数据时，将控制 LCD12864 显示接收到的内容，如果收到的是"HELLO1"，则蜂鸣器响；如果收到的是"HELLO2"，则 LED2 亮。

2) 按键扫描

通过查询方式检测 4 个按键中是否有按键操作, 实验板上的 SW2 按下并弹起, 返回按键值 1; SW3 按下并弹起, 返回按键值 2; SW4 按下并弹起, 返回按键值 3; SW5 按下并弹起, 返回按键值 4。

头文件 keyscan.h 的源程序代码如下:

```c
#ifndef _KEYSCAN_H_
#define _KEYSCAN_H_
#include <ioavr.h>

#define uchar unsigned char
#define uint   unsigned int
#define BIT(x) (1<< (x))
#define nops() asm("nop");asm("nop")

#define KEY1 PIND_Bit2
#define KEY2 PINA_Bit0
#define KEY3 PIND_Bit4
#define KEY4 PIND_Bit5

void KEY_init();
uchar keyscan(void);
#endif
```

实现具体函数的 keyscan.c 文件的源程序代码如下:

```c
#include "keyscan.h"

static uchar key_count;
static uchar key_val;

void KEY_init()
{
    DDRD   |=      BIT(PD2) + BIT(PD4) + BIT(PD5);
    PORTD |=      BIT(PD2) + BIT(PD4) + BIT(PD5);
    DDRD   &= ~( BIT(PD2) + BIT(PD4) + BIT(PD5) );
    DDRA   |=      BIT(PA0);
    PORTA |=      BIT(PA0);
    DDRA   &=     ~BIT(PA0);
}

uchar keyscan(void)
```

```
    {
        switch(key_count)
        {
            case 0:    if(!KEY1 || !KEY2 || !KEY3 || !KEY4)
                       {
                           key_count = 1;
                       }
                       return 0;

            case 1:    if(!KEY1)
                       {
                           key_count = 2;
                           key_val = 1;
                       }
                       else if(!KEY2)
                       {
                           key_count = 2;
                           key_val = 2;
                       }
                       else if(!KEY3)
                       {
                           key_count = 2;
                           key_val = 3;
                       }
                       else if(!KEY4)
                       {
                           key_count = 2;
                           key_val = 4;
                       }
                       else
                       {
                           key_count = 0;
                       }
                       return 0;

            case 2:    if(!KEY1 || !KEY2 || !KEY3 || !KEY4)
                       {
                           return 0;
                       }
```

```
                else
                {
                        key_count =0;
                        return key_val;
                }
        }
        return 0;
}
```

3) 液晶显示驱动

关于 LCD12864 显示驱动程序, 在实践 2 中已有讲解, 此处仅仅省去了测试函数 Test()。
头文件 LCD12864 SPI.h 的源程序代码如下:

```
#ifndef _12864SPI_H_
#define _12864SPI_H_

#define uchar unsigned char
#define uint   unsigned int
#define BIT(x) (1<< (x))

#define SET_CS              PORTB |=   BIT(PB0)              //片选信号
#define CLR_CS              PORTB &= ~BIT(PB0)              //片选信号

#define SET_SID             PORTB |=   BIT(PB1)              //数据信号
#define CLR_SID             PORTB &= ~BIT(PB1)              //数据信号

#define SET_SCLK            PORTB |=   BIT(PB2)              //时钟信号
#define CLR_SCLK            PORTB &= ~BIT(PB2)              //时钟信号

#define SET_PORT_OUT   DDRB   |= BIT(PB0) + BIT(PB1) + BIT(PB2);   //设置引脚输出
void delay(unsigned int t);
void loc(uchar x,uchar y);
void sendbyte(unsigned char zdata);
void wr_com(unsigned char com);
void wr_data(unsigned char data);
void LCD_init();
void LCD_display(uchar *ptr);

#endif
```

实现驱动函数的 LCD12864.c 函数的源程序代码如下:

```
#include <iom16.h>
```

```c
#include "12864 SPI.h"
#include <intrinsics.h>

/************************延时函数********************************/
void delay(unsigned int t)
{
    unsigned int i,j;
    for(i=0; i<t; i++)
        for(j=0; j<111; j++);
}


/******************按照液晶的串口通信协议，发送数据********************/
void sendbyte(unsigned char zdata)
{
    unsigned int i;
    for(i=0; i<8; i++)
    {
        if((zdata << i) & 0x80)
        {
            SET_SID;
        }
        else
        {
            CLR_SID;
        }
        SET_SCLK;
        CLR_SCLK;
    }
}


/***********************写串口指令*****************************/
void wr_com(unsigned char com)
{
    SET_CS;
    sendbyte(0xf8);
    sendbyte(com & 0xf0);
    sendbyte((com << 4) & 0xf0);
    //delay(2);
}
```

```
/***********************写单字节数据指令***************************/
void wr_data(unsigned char data)
{
    SET_CS;
    sendbyte(0xfa);
    sendbyte(data & 0xf0);
    sendbyte((data << 4) & 0xf0);
    //delay(2);
}


/************************液晶初始化函数***************************/
void LCD_init()              //初始化
{
    SET_PORT_OUT;       //驱动引脚设置为输出
    wr_com(0x30);       //选择基本指令集
    delay(50);
    wr_com(0x0c);       //开显示(无游标、不反白)
    delay(50);
    wr_com(0x01);       //清除显示，并且设定地址指针为 00H
    delay(150);
    wr_com(0x06);       //指定在资料的读取及写入时，设定游标的移动方向及指定显示的移位
    delay(50);
}


/***********************液晶显示字符串***************************/
void LCD_display(uchar *ptr)
{
    while(*ptr > 0)
    {
        wr_data(*ptr);
        //delay(10);
        ptr++;
    }
}

/***********************光标定位***************************/
void loc(uchar x,uchar y)
{
```

```
            switch(x)
            {
                case 1: wr_com(0x80+y); break;

                case 2: wr_com(0x90+y); break;

                case 3: wr_com(0x88+y); break;

                case 4: wr_com(0x98+y); break;

            }

    }
```

4. 下载验证

将 LCD12864 插入插槽，点击"Make"按钮，出现如图 S3-12 所示的提示后，点击"Debug"按钮，将程序下载至实验板，点击"全速执行"按钮。

```
Messages
Building configuration: WBG - Debug
Updating build tree...
12864 SPI.c
main.c
Linking

Total number of errors: 0
Total number of warnings: 0
```

图 S3-12　无错误信息提示

将 JTAG 仿真器连接至另一实验板(实验板 2)，采取同样的操作将程序代码下载至实验板 2，全速执行后，可观察到下述现象：

在实验板 1 上按下并弹起 4 个按键中的任何一个，LED2 灯闪亮一次。当按下 SW2 并弹起时，实验板 2 上液晶的下半屏上显示"HELLO1"，如图 S3-13 所示，同时蜂鸣器响；当按下 SW3 并弹起时，实验板 2 上液晶屏的相同位置上显示"HELLO2"，同时实验板 2 上的 LED2 闪亮一次；当按下 SW4 并弹起时，实验板 2 上液晶屏的相同位置上显示"HELLO3"；当按下 SW4 并弹起时，实验板 2 液晶屏的相同位置上显示"HELLO4"。若用实验板 2 作发送方，操作按键，则在实验板 1 上可看到相同的现象。

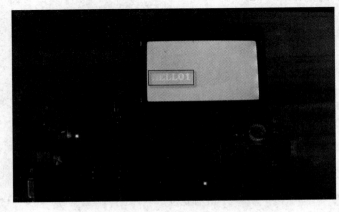

图 S3-13　结果显示

实践 4　WiFi 技术

 实践指导

➢ **实践 4.G.1**

WiFi 模块透明数据传输测试。

【分析】

在命令工作模式下，对 WiFi 模块进行操作必须通过 AT 指令实现，使用配置软件进行配置(不启用自动工作模式)对用户而言是比较简单、便捷的，但本质上也是操作 AT 指令。在命令工作模式下，WiFi 模块与服务器端的数据收/发必须先建立 Socket 连接，然后才能在该条连接上进行数据的收/发。

而在透明数据传输下，WiFi 模块将根据设置好的参数(协议类型、C/S 模式、服务器地址、端口号等)，自动连接服务器，此过程不须人工干预。此时，在 WiFi 模块与服务器之间可看做一条透明的数据传输线。将 WiFi 模块通过串口与 PC 相连，通过超级串口工具发送任何内容(包括 AT 指令)，在 TCP 通讯助手界面将原样接收。

开启透明数据传输的方式很简单，只需在任务描述 4.D.1 的基础上，使用配置管理程序设置好相关的参数，然后开启自动工作模式即可。开启成功后，即可通过超级串口与 TCP 通讯助手进行传输测试。

【参考解决方案】

详细操作步骤如下：

1. 准备工作

(1) 准备好配置管理程序 UART-WIFI2.12.exe、超级串口工具 SuperCom.exe、TCP 通讯助手 TCPAssistant.exe。

(2) 将 WiFi 模块通过串口线与 PC 相连，实验板连接+5 V 电源，打开电源，如图 S4-1 所示。

图 S4-1　硬件连接

2. 设置参数

1) 网络相关参数设置

启动配置管理程序，点击"搜索模块"，成功搜索到模块后，根据所在无线网络的无线路由器(AP)设置参数，修改无线设置中的参数，包括网络名称、加密方式、密钥等，以及是否启用 DHCP 等相关参数(本例中相关参数同任务描述 4.D.1)。

2) 修改工作模式设置

选中"启用自动工作模式"，并设置需要自动创建的连接的参数。参数修改完成后如图 S4-2 所示，点击"提交修改"按钮，并在弹出的对话框中选择"稍后手动复位"，接着按下实验板上的 WiFi 复位按键。然后，退出配置管理程序。

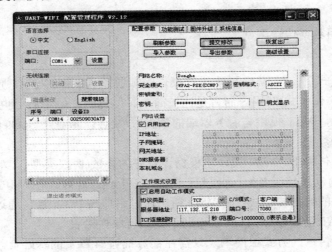

图 S4-2　自动工作模式设置

3. 透传测试

1) 开启超级串口和 TCP 通讯助手程序

在与 WiFi 串口线连接的 PC 上，启动超级串口程序，设置好串口参数，点击"打开串口"按钮，开启后的界面如图 S4-3 所示。

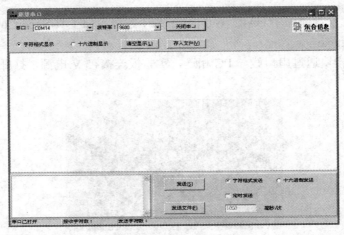

图 S4-3　超级串口界面

　　在路由器映射的服务器上，开启 TCP 通讯助手，输入本机 IP 地址 117.132.15.218，本机端口为 7080，点击"启动服务"按钮。启动服务器后的界面如图 S4-4 所示。

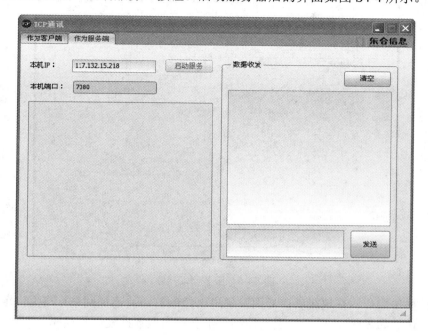

图 S4-4　TCP 服务器界面

2) 数据传输测试

在超级串口界面输入如图 S4-5 所示的内容，再点击"发送"按钮。

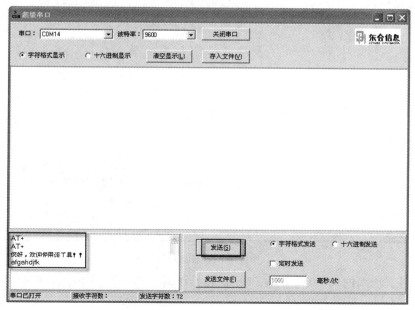

图 S4-5　发送界面

　　然后，在服务器端会收到如图 S4-6 接收区所示的内容。

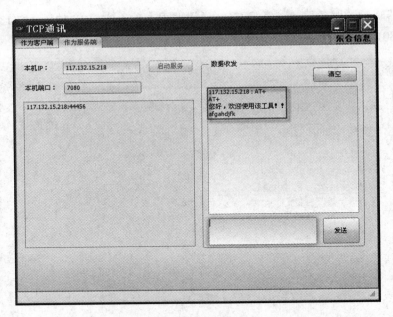

图 S4-6　服务器端接收

完成数据传输后，在超级串口界面发送退出控制符+++(不加回车)，返回 OK 后，即表示已退出透传，如图 S4-7 所示。退出控制符不会被当做数据发送给远端。

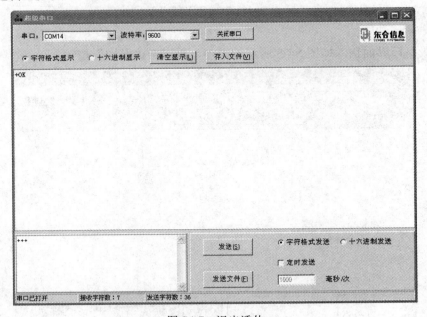

图 S4-7　退出透传

此后，对于输入的 AT 指令，WiFi 模块将给予对应的应答而不予以透传。

➤ 实践 4.G.2

两个 WiFi 模块之间的通信。

【分析】

WiFi 模块可以工作在普通 STA 模式下，也可以工作在 AP 模式下。WiFi 模块工作在 AP 模式下，可创建局域网络，其他 WiFi 模块可申请加入，组建局域网。

本实践以两个 WiFi 模块为例，一个工作在 AP 模式，另一个工作在普通 STA 模式，在组建局域网后，分别作为服务器和客户端，两个模块间可进行收/发通信。将两个 WiFi 模块通过串口分别连至两台 PC 上，采用配置管理软件配置好相关参数后，使其工作在透传模式下，通过超级串口程序进行数据收/发，亦可看到透传结果。

【参考解决方案】

实验的具体执行步骤如下：

1. 准备工作

硬件电路：两个实验开发板上的 JP15 的跳线连接同实践 4.G.1，通过串口线分别连接至两台 PC。

软件：UART-WIFI 配置管理程序、超级串口程序 SuperCom.exe。

2. 工作模式配置

将两个 WiFi 模块分别通过配置管理软件进行相关参数的设置，使其中一个工作在 AP 模式，另一个工作在 STA 模式。首先需配置 AP 模式下的 WiFi 模块，配置成功后，开启透传模式。然后配置 STA 模式的 WiFi 模块，成功加入网络后，亦开启透传模式。

1) AP 模式下的 WiFi 模块配置

打开配置管理程序，正确设置好串口号(此例中为 COM14)，比特率设置为"9600"，其他设置参数不变。点击"搜索模块"按钮，如果出现如图 S4-8 所示的界面，表示模块处于透传模式，应先点击下方的"退出透传模式"按钮，出现如图 S4-9 所示的提示。

图 S4-8　搜索不到设备

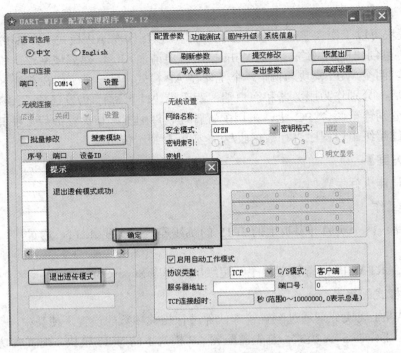

图 S4-9　退出透传模式

在退出透传模式后，再次点击"搜索模块"按钮，将出现如图 S4-10 中 1)所示的界面。勾掉"启用自动工作模式"选项，然后点击"提交修改"按钮。

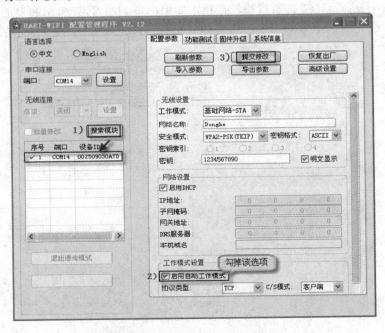

图 S4-10　成功搜索到模块

提交成功后，在弹出的提示框中选择"立即复位"按钮，如图 S4-11 所示。

图 S4-11　立即复位

复位成功后，在无线设置参数中，作如图 S4-12 所示的设置，点击"提交修改"按钮，在弹出的对话框中仍选择"立即复位"按钮。

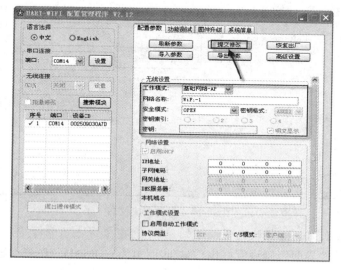

图 S4-12　无线参数设置

在工作模式设置中，勾选"启用自动工作模式"，做如图 S4-13 所示的参数设置，即该模块工作在服务器模式，端口号为 6000。点击"提交修改"按钮后，立即复位。

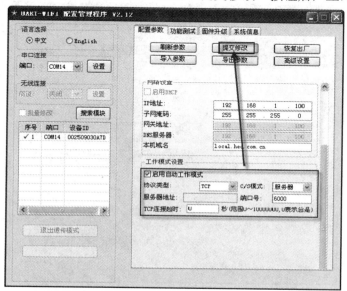

图 S4-13　工作模式设置

选中"功能测试"菜单，点击"状态"按钮，可以在下方的信息提示窗口看到服务器的 IP 地址，如图 S4-14 所示。

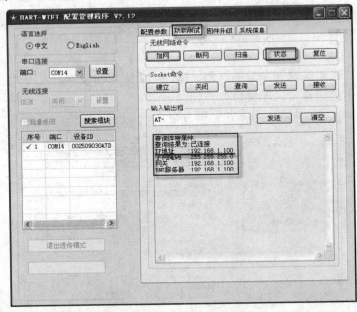

图 S4-14　查询模块状态

2) STA 模式下的 WiFi 模块配置

在配置管理软件界面正确设置好串口号(此例中为 COM11)，设置参数同上，点击"搜索模块"按钮，若搜索不到设备，按与 AP 模式下模块相同的操作步骤退出透传模式。成功搜索到设备后，点击"功能测试"菜单，扫描无线网络，出现如图 S4-15 所示的网络信息。

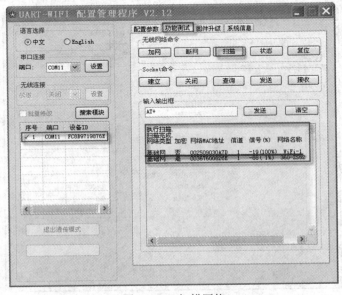

图 S4-15　扫描网络

在无线设置参数中，将工作模式设为 STA，网络名称为 WiFi-1，安全模式设置为 OPEN，如图 S4-16 所示。然后勾选"启用 DHCP"选项，自动为其分配 IP 地址。

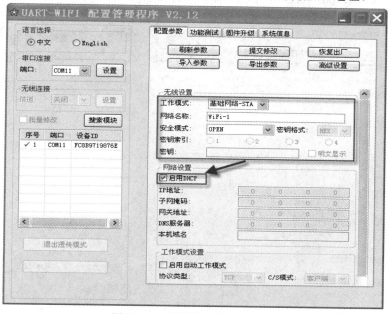

图 S4-16　无线和网络参数设置

启用自动工作模式，将该模块设置为客户端，相关参数作如图 S4-17 所示的设置，点击"提交修改"按钮后复位。

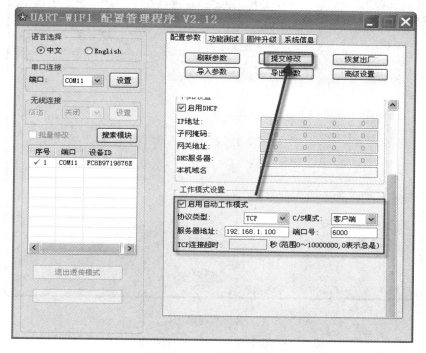

图 S4-17　工作模式设置

3. 数据收/发测试

关闭两台 PC 上的配置管理软件，然后在两台 PC 上分别开启超级串口程序。分别设置好串口相关参数，开启串口后的界面如图 S4-18 所示。

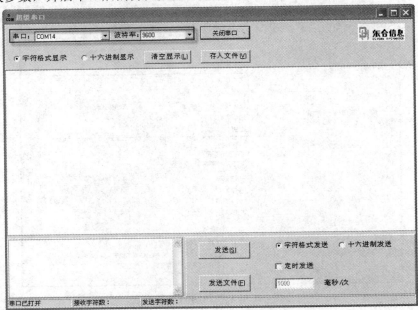

(a) 服务器端超级串口

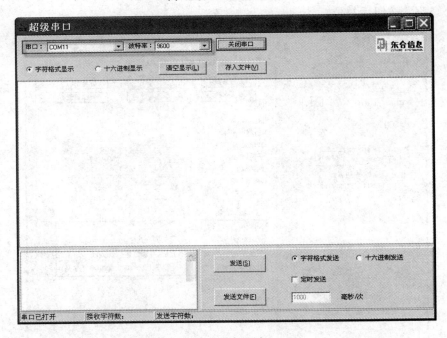

(b) 客户端超级串口

图 S4-18　服务器和客户端的超级串口界面

在服务器端发送如图 S4-19 所示的内容，点击"发送"按钮。

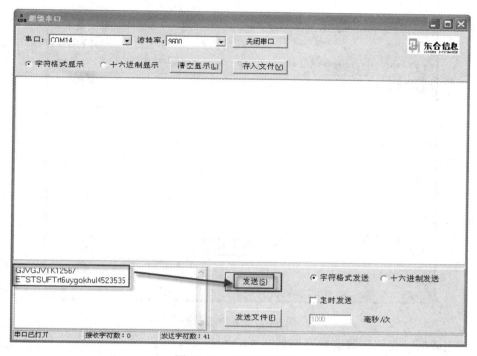

图 S4-19　服务器端发送

发送完成后，在客户端超级串口可以看到如图 S4-20 所示的界面。

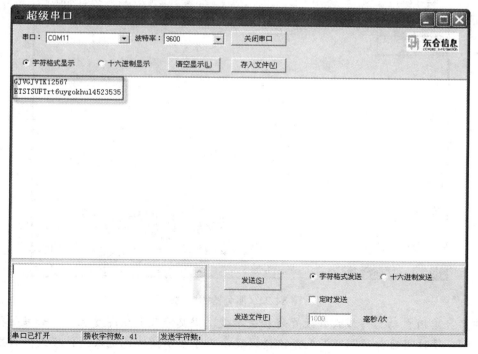

图 S4-20　客户端接收

在客户端发送如图 S4-21 所示的内容，点击"发送"按钮。

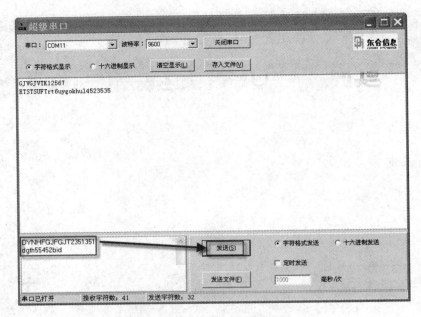

图 S4-21　客户端发送

发送完成后，在服务器端会看到如图 S4-22 所示的界面。

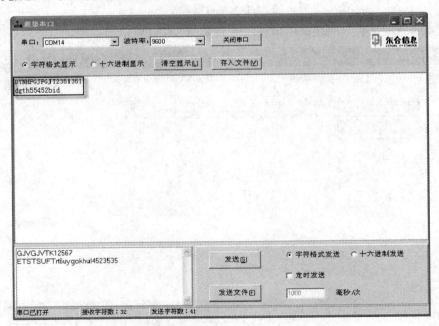

图 S4-22　服务器端接收

⚠ 注意：启用自动工作模式并设置好相关参数，提交修改并立即复位后，如果等待一小段时间后自动刷新而无任何错误提示，才表示模块已进入透传模式；否则会弹出错误报告窗口，应在功能测试菜单中的无线网络命令区域，点击"复位"按钮将其复位。

实践 5　UHF 无线数传技术

 实践指导

➤ **实践 5.G.1**

编写一个单片机读取 CC1101 模块芯片版本号和接收信号强度的程序，所读取的内容用 LCD12864 液晶屏显示。

【分析】

芯片版本号和接收信号强度信息的读取需通过读取相应的状态寄存器实现，这些寄存器分别为标志芯片版本编号的 VERSION 寄存器和指示接收信号强度的 RSSI 寄存器。其中，CC1101 的电子版本编号为 0x04，即 VERSION 的值恒为 0x04；而接收信号强度是随时间变化的，即 RSSI 的值不唯一。

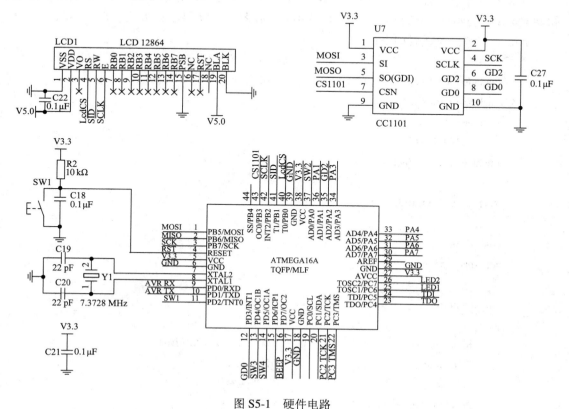

图 S5-1　硬件电路

采用单片机控制实现 LCD12864 显示 CC1101 状态寄存器的内容，首先要实现单片机对 CC1101 状态寄存器的读取，然后要实现 LCD12864 对读取内容的显示。因此，本实验是 CC1101 驱动与 LCD12864 驱动程序的融合。

关于 CC1101 完整的驱动程序，在本书理论篇中已有完整的讲解；关于 LCD12864 字符显示驱动程序，在实践 2 也有讲解。但要注意，状态寄存器的值为单字节的十六进制数，而 LCD12864 驱动程序完成的是单个字符或者字符串的显示。因此，要保证正确显示所读取的内容，必须在 LCD12864 的驱动函数中添加一个将十六进制数转换为字符的函数。

硬件电路如图 S5-1 所示。

【参考解决方案】

1. 准备工作

将实验板接通 +5 V 电源，连接 JTAG 仿真器，将 LCD12864 液晶屏插入插槽，开启电源开关，查看仿真器端口号(此处为 COM12)，在 IAR 编译器中做好相关设置。

2. 源代码编写

新建一个 IAR 工程，在包含 main.c 的基础上，依次添加 CC1101.h 和 CC1101.c，LCD12864.h 和 LCD12864.c 四个文件。

1) main.c

main.c 文件中包含 cc1101.h 和 LCD12864.h 两个头文件，实现了 I/O 端口初始化、LCD 初始化、SPI 初始化、CC1101 复位、CC1101 初始化、LCD 显示相关状态寄存器的值等内容。main.c 的源程序代码如下：

```
#include <iom16.h>
#include <intrinsics.h>
#include <string.h>
#include "CC1101.h"
#include "LCD12864.h"

INT8U    CCRxBuf[32];

void IO_init();
void read_status_reg();

void main(void)                      //主函数
{
    IO_init();                       //蜂鸣器和 LED2 初始化
    LCD_init();                      //液晶初始化
    SpiInit();                       //SPI 初始化
    POWER_UP_RESET_CC1101();         //CC1101 复位
```

```
        halRfWriteRfSettings();              //CC1101 配置寄存器初始化
        halSpiStrobe(CCxxx0_SRX);            //进入接收状态
        memset( CCRxBuf, ' ' ,32);
        read_status_reg();                   //读取状态寄存器的值并用液晶显示
        while(1)
        {
            ;
        }
    }


    void IO_init()
    {
        DDRD   |= BIT(7);
        DDRC   |= BIT(7);
        PORTD |= BIT(7);                      //蜂鸣器不响
        PORTC |= BIT(7);                      //LED2 不亮
    }



    void read_status_reg()                   //读取相关状态寄存器的值并用液晶显示
    {
        INT8U version;
        INT8U rssi;
        INT8U disp1[]="CCxxx0_VERSION:";
        INT8U disp2[]="CCxxx0_RSSI:";
        version=halSpiReadStatus(CCxxx0_VERSION);   //读取芯片版本编号，不变
        loc(1,0);                            //光标定位在第一行开头
        LCD_display(disp1);
        delay(10000);
        loc(2,0);                            //光标定位在第二行开头
        LCD_hex_display(version);
        delay(10000);
        rssi=halSpiReadStatus(CCxxx0_RSSI);       //读取接收信号强度，时变
        loc(3,0);                            //光标定位在第三行开头
        LCD_display(disp2);
        delay(10000);
        loc(4,0);                            //光标定位在第四行开头
        LCD_hex_display(rssi);
    }
```

2) CC1101 相关文件

采用模块化的编码风格，分别编写 CC1101.c 和 CC1101.h，其源程序代码同任务描述 5.D.1。限于本书的篇幅，此处不再列出，请参见前述相关程序代码。

3) LCD12864 相关文件

关于 LCD12864 的驱动函数，在实践 2 已有讲述，此处只是在其基础上，在 LCD12864.c 文件中添加一个将十六进制数转换为字符输出的函数 void LCD_hex_display(ucharreg_value)，并在 LCD12864.h 中增加相应的函数声明即可。

void LCD_hex_display(uchar reg_value)函数的实现程序代码如下：

```
void LCD_hex_display(uchar reg_value)
{
        uchar ASCII[16]="0123456789ABCDEF";    //定义所有可能显示的十六进制字符
        uchar hex_header[]="0x";                //十六进制数前缀 0x
        uchar high_4bits;                       //十六进制数的高位
        uchar low_4bits;                        //十六进制数的低位
        high_4bits=ASCII[(reg_value>>4) & 0x0F]; //得到高位数字
        low_4bits=ASCII[reg_value & 0x0F];       //得到低位数字
        LCD_display(hex_header);                 //首先显示十六进制前缀
        delay(10);
        wr_data(high_4bits);                     //显示高位数字
        wr_data(low_4bits);                      //显示低位数字
}
```

⚠ 注意：本函数的实现核心在于将从寄存器中读到的十六进制数字直接定义为对应的字符，即字符数组 ASCII[]中的十六进制字符的序号必须与其数值对应。

限于本书的篇幅，关于 LCD12864.h 和 LCD12864.c 的完整内容，此处不再列出，请参考前述相关程序代码。

3. 下载调试

将程序下载至实验板，全速运行后，实验结果如下：液晶屏上逐渐出现四行内容，分别为提示语和相应寄存器的值，如图 S5-2 所示。

图 S5-2　液晶显示结果

➤ **实践 5.G.2**

配合按键、LED 灯、蜂鸣器，实现单片机控制两个 CC1101 模块之间的收/发通信。

【分析】

在实践 3.G.2 中，采用单片机控制串口收/发，结合按键、LED 灯、蜂鸣器和 LCD，实现了单片机通过两个蓝牙模块进行串口通信。与蓝牙模块不同的是，CC1101 模块作为数传模块，不存在 AT 指令，更无需操作 AT 指令使其进入透传模式，可直接进行数据的发送和接收。

本实践采用与实践 3.G.2 相同的思路，实现两个 CC1101 模块之间的 SPI 收/发通信。两个模块的接收和发送均由单片机通过 SPI 接口控制，而且要使用 CC1101 必须实现完整的 CC1101 驱动程序。

硬件电路如图 S5-3 所示。

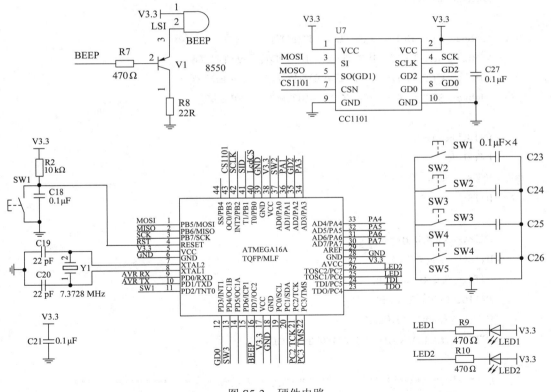

图 S5-3　硬件电路

【参考解决方案】

1. 准备工作

将实验板通过 JTAG 仿真器连至 PC 机上，查看端口号(此处为 COM12)，做好 IAR 中的相关设置。

2. 代码编写

本实践仍采用模块化的编码风格，分别编写主函数 main.c、按键扫描 keyscan.h 和

keyscan.c、CC1101 驱动 CC1101.c 和 CC1101.h。

1) main.c

CC1101 模块通过 SPI 串口与单片机相连，因此主函数采用了任务函数结合定时器中断的方法控制蜂鸣器响、清屏、LED2 亮和按键扫描及 SPI 发送，是实际工程应用中比较常用的编程方法。在主函数中，首先完成 SPI 和 CC1101 的初始化，设置好发射功率后，进入接收模式并清空 CC1101 接收缓存数组；然后，在任务函数中实现 CC1101 的数据接收与发送，以及蜂鸣器和 LED 灯控制。

main.c 的编写思路与实践 3.G.2 类似，其源程序代码如下：

```
#include <iom16.h>
#include <intrinsics.h>
#include <string.h>
#include "CC1101.h"
#include "keyscan.h"

#define    CLR_BEEP    PORTD |= BIT(PD7)      //蜂鸣器不响
#define    SET_BEEP    PORTD &= ~BIT(PD7)     //蜂鸣器响
#define    CLR_LED     PORTC |= BIT(PC7)      //LED2 灭
#define    SET_LED     PORTC &= ~BIT(PC7)     //LED2 亮

INT8U beep = 0;
INT8U led   = 0;
INT8U status = 0;
INT8U key = 0;

INT8U    GDO0_flag = 0;
INT8U    leng = 0;
INT8U    CCRxBuf[32];
INT16U CCRxCounter;
INT8U    send[] = "HELLO";
INT8U __flash ASCII[] = "0123456789ABCDEF";

//********************************发射功率设置**************************
//INT8U PaTabel[8] = {0x04 ,0x04 ,0x04 ,0x04 ,0x04 ,0x04 ,0x04 ,0x04};     //-30 dBm
                                                                           //功率最小
//INT8U PaTabel[8] = {0x60 ,0x60 ,0x60 ,0x60 ,0x60 ,0x60 ,0x60 ,0x60};     //0 dBm
INT8U PaTabel[8] = {0xC0 ,0xC0 ,0xC0 ,0xC0 ,0xC0 ,0xC0 ,0xC0 ,0xC0};     //10 dBm
                                                                           //功率最大

//********************************************************************
```

```
#define TASK_NUM    4                        //任务数量
#define TaskTypt_t    unsigned char
TaskTypt_t           task_count[TASK_NUM];    //任务计时标志
TaskTypt_t const task_time[TASK_NUM]=         //每个任务时间
{
    20,                                       //task0   读 RF 接收数据，200 ms
    10,                                       //task1   蜂鸣，100 ms
    10,                                       //task2   LED，100 ms
    2,                                        //task3   按键扫描，20 ms
};


void TIMER2_init();
void IO_init();
void delayms(INT16U t);


void task0(void);
void task1(void);
void task2(void);
void task3(void);



/***************************主函数****************************************/
void main(void)
{
    IO_init();                               //蜂鸣器和 LED2 初始化
    TIMER2_init();                           //定时器 T2 初始化
    KEY_init();                              //按键初始化
    SpiInit();                               //SPI 初始化
    POWER_UP_RESET_CC1101();                 //CC1101 复位
    halRfWriteRfSettings();                  //CC1101 配置寄存器初始化
    halSpiWriteBurstReg(CCxxx0_PATABLE, PaTabel, 8);   //发射功率设置
    halSpiStrobe(CCxxx0_SRX);                //进入接收状态
    memset( CCRxBuf, ' ' ,32);
    delayms(50);
    while(1)
    {
        if(0==task_count[0]){task_count[0] = task_time[0];task0(); continue;}
        if(0==task_count[1]){task_count[1] = task_time[1];task1(); continue;}
        if(0==task_count[2]){task_count[2] = task_time[2];task2(); continue;}
```

```
                if(0==task_count[3]){task_count[3] = task_time[3];task3(); continue;}
        }
    }


    void TIMER2_init()
    {
        TCCR2 |= BIT(CS22) + BIT(CS21)+ BIT(CS20);    //1024 分频
        TCCR2 |= BIT(WGM21);                          //CTC 模式
        TIMSK |= BIT(OCIE2);                          //开比较中断
        OCR2    = 72-1;                               //7372800/1024/72 = 100 Hz(10 ms)
        SREG |= BIT(7);                               //开总中断
    }


    void IO_init()
    {
        DDRD    |= BIT(7);
        DDRC    |= BIT(7);
        PORTD |= BIT(7);                              //蜂鸣器不响
        PORTC |= BIT(7);                              //LED2 不亮
    }


    void delayms(INT16U t)                            //1 ms 延时函数
    {
        INT16U    i,j;
        for(i=0; i<t;   i++)
            for(j=0; j<1051; j++);
    }




    /***********************4 个任务函数***************************/
    void task0(void)                                  //RF 接收数据
    {
        leng = 10;                                    //预计接收 8 字节
        status = halRfReceivePacket(CCRxBuf,&leng);   //判断是否接收到数据
        if(status)
        {
            status = 0;
            beep = 1;
            led   = 2;
```

```
            memset(CCRxBuf, ' ', 32);
        }
    }

    void task1(void)
    {
        if(beep)
        {
            beep--;
            SET_BEEP;
        }
        else
        {
            CLR_BEEP;
        }
    }

    void task2(void)
    {
        if(led)
        {
            led--;
            SET_LED;
        }
        else
        {
            CLR_LED;
        }
    }

    void task3(void)
    {
        key = keyscan();
        if(key)
        {
            key = 0;
            halRfSendPacket(send,5);
            led = 1;
            halSpiStrobe(CCxxx0_SRX);
```

```
                }
        }
        /***********************************************************/


        /*******************************************
        函 数 名：void TIMER2_COMP_vect(void)
        功    能：定时器 2 比较匹配，中断服务函数
        输入参数：无
        返 回 值：无
        *******************************************/
        #pragma vector=TIMER2_COMP_vect
        __interrupt    void TIMER2_COMP_Server(void)
        {
                TaskTypt_t T;
                for(T = 0;T < TASK_NUM; T++)
                {
                        if (task_count[T])
                        task_count[T]--;
                }
        }
```

2) CC1101 相关文件

分别编写 CC1101.c 和 CC1101.h，其源程序代码参见任务描述 5.D.1，限于本书的篇幅，此处不再列出。

3) 按键扫描

分别编写 keyscan.h 和 keyscan.c，源程序代码同实践 3.G.2，请参考前述内容，此处不再详细列出。

3. 下载验证

使用 JTAG 仿真器分别将上述源程序代码分别下载至两个实验开发板，可观察到下述现象：实验板 1 上的任何一个按键(SW2/SW3/SW4/SW5)按下并弹起，实验板 1 上的 LED2 闪亮一下同时发送数据；观察实验板 2 上如图 S5-4 所示的区域，可看到 LED2 闪亮一下同时蜂鸣器响。两个实验板中任何一个用作发送，另一个接收将会出现相同的现象。

图 S5-4　接收端观察区

实践 6 GPRS 技术

 实践指导

➢ 实践 6.G.1

GPRS 软件系统认知实验。

【分析】

GPRS 软件平台采用串口调试。串口调试可选用开发套件自带的串口调试软件，也可以用本公司编写的超级串口工具。

【参考解决方案】

找出超级串口 SuperCom.exe 的存放路径(此处为桌面)，双击"打开"，正确设置串口号和波特率(系统复位后模块的默认波特率为"115 200")，如图 S6-1 所示，然后点击"打开串口"。

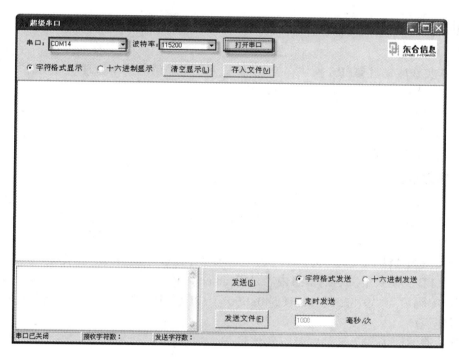

图 S6-1 超级串口

找出 TCP 通讯助手的存放路径(本例中为桌面)，双击"打开"按钮，正确设置本机 IP

地址和本机端口，本例中的相关设置如图 S6-2 所示，然后点击"启动服务"按钮。

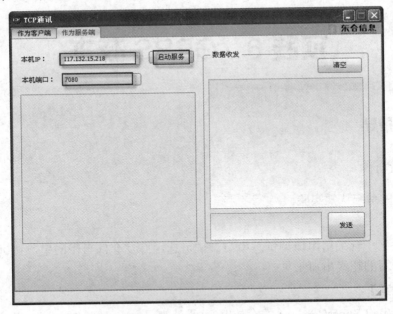

图 S6-2　TCP 通讯助手

> 实践 6.G.2

使用 GPRS 模块的 PDU 模式发送短信。

【分析】

通过本实践应掌握 GPRS 模块在 PDU 模式下发送短信的基本原理及使用。

在 PDU 模式下可发送中/英文信息，发送信息步骤分为三步：

(1) 设置发送模式为 PDU 模式。

(2) 设置发送信息长度，其中信息长度 = (发送的信息 – 中心号码)/2。

(3) 设置发送信息。

【参考解决方案】

在 PDU 模式下发送短信的过程步骤如下：

(1) AT+CMGF=0，设置为 PDU 模式发送中文编码短信。

(2) AT+CMGS=信息长度。

(3) TE 等待 MT 回复的 ">" 后，下发 PDU 数据包，以<ctrl-Z>结束。

(4) 在 PDU 模式下发送的信息内容是以 unicode 方式编码的。比如发送四个汉字"青岛东合"，编码后为"97525C9B4E1C5408FF01"（PDU 模式下发送信息的具体内容详见下面的拓展知识）。

以下示例发送了四个汉字"青岛东合"：

    AT

    OK

    AT+CMGF=0　　　　　　　　　　//设置短信为 PDU 模式

OK

AT+CMGS=25   //信息长度

>0891683108502305F011000D91685110906474F90A97525C9B4E1C5408FF01 //发送信息内容

//最后发送 ctrl Z 组合键

➢ 实践 6.G.3

GPRS 模块透传实验。

【分析】

同 WiFi 模块一样，GPRS 模块可以工作在命令模式下，也可以工作在透明工作模式。

在命令工作模式下，用户需通过操作相应的 AT 指令对 GPRS 模块进行配置，控制模块接入网络以及进行相关的数据收/发。在接收到服务器端的数据时，需采用 AT 指令进行相关内容的读取。

在透明工作模式下，在进行数据收/发测试时，用户不需要操作特定的 AT 指令进行读取，所有在服务器端发送的数据均可在超级串口上显示。

用户在使用透传之前，应使用 AT^SICS、AT^SISS、AT^SISO 等命令建立链接作为 Client 或者 Server，完成后才可使用 AT^IPENTRANS=<srvProfileId>进入透传模式，若执行成功并返回 OK，表示此时用户可以直接发送数据，也可接收远端发送的数据，完成数据传输后使用退出控制符 +++ 可退出透传并返回 OK。

【参考解决方案】

1. 准备工作

硬件连接：将 SIM 卡插入卡槽，GPRS 模块通过串口与 PC 相连，实验板连接+12 V 电源。

软件：超级串口工具、TCP 通讯助手工具。

2. 系统复位

开启超级串口和 TCP 通讯助手同实践 6.G.1。按下实验板上的 Reset 复位按键，此时，在超级串口界面会出现如图 S6-3 所示的界面，表示 GPRS 模块系统重启。

图 S6-3 系统复位

3. 模块初始化

在超级串口界面依次输入如图 S6-4 所示的指令，完成 GPRS 模块的简单初始化。

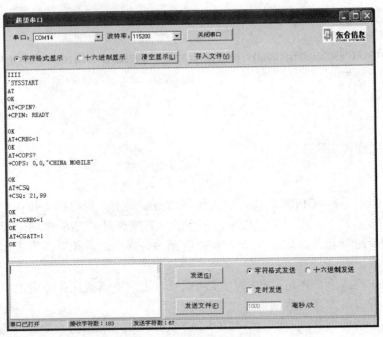

图 S6-4　模块初始化

4. 连接网络

在进入透传模式之前，首先要使用 AT^SICS、AT^SISS、AT^SISO 等命令建立 TCP 连接，GPRS 模块作为客户端，与服务器端连接。

点击"清空显示"按钮，将超级串口的接收区清空。然后依次在超级串口输入网络数据传输初始化的相关指令，如图 S6-5(a)、(b)、(c)所示。

(a) 连接方式和接入点设置

(b) 连接相关参数设置

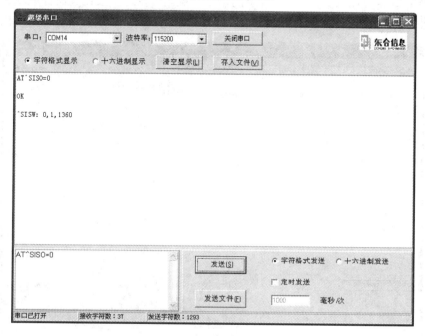

(c) 打开与服务器的连接

图 S6-5 连接网络

完成图 S6-5(c)所示连接后，在 TCP 通讯助手界面的作业会出现一条连接信息，如图 S6-6 所示。

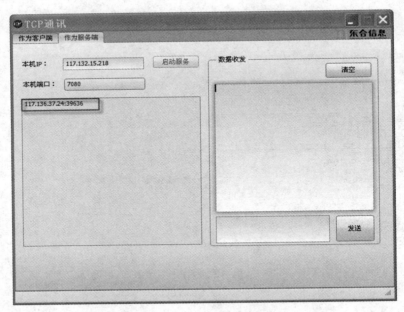

图 S6-6　服务器端连接提示

5. 进入透传模式

在超级串口界面输入如图 S6-7 所示的指令，点击"发送"按钮。执行成功并返回 OK，可使模块进入透传模式，表示此时用户可以直接发送数据，也可接收远端发送的数据。

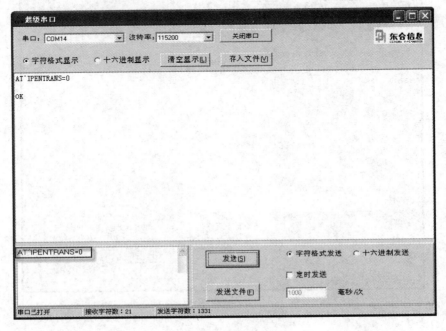

图 S6-7　进入透传模式

6. 数据透传测试

1) 客户端发送服务器端接收

进入透传模式后，在客户端利用超级串口输入如图 S6-8 所示的内容，点击"发送"按钮。

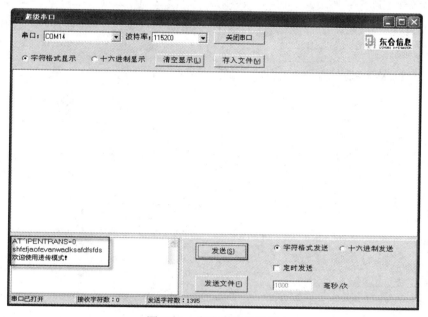

图 S6-8　客户端发送数据

当发送完成后，在服务器端收到的字符可在 TCP 通讯助手的接收区显示，如图 S6-9 所示。

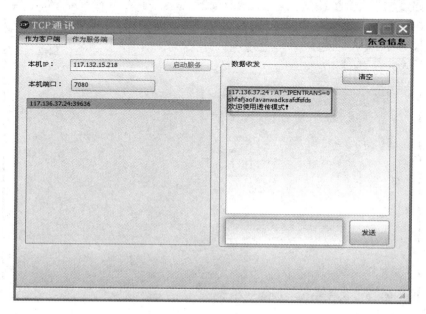

图 S6-9　服务器端接收到的数据

2) 服务器端发送客户端接收

在服务端输入如图 S6-10 所示的数据，点击"发送"按钮。

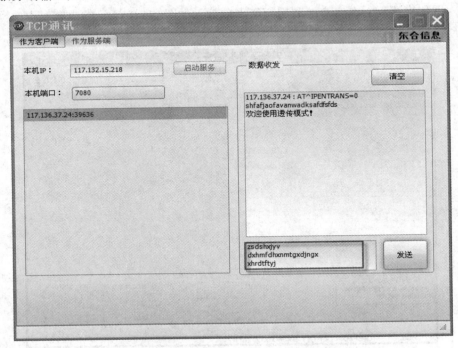

图 S6-10　服务器端发送数据

当发送完成后，在超级串口界面的接收区会接收到如图 S6-11 所示的内容。

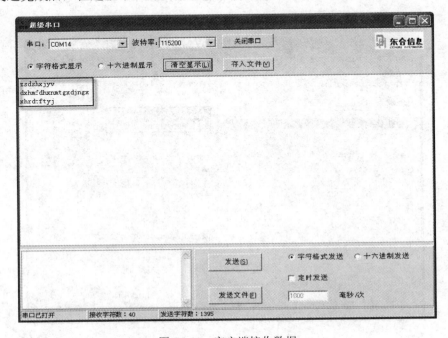

图 S6-11　客户端接收数据

通过上述收/发测试可以看出，在透传模式下，服务器和客户端之间任何一端发送的数据将原样输出到另外一端。

与 WiFi 模块类似，在完成数据传输后，若要退出透传模式，则可使用退出控制符+++。

 知识拓展

➢ PDU 模式下发送信息内容分析

信息发送内容包括三部分：中心号码段、收信方号码段和信息段。

1) 中心号码段

中心号码段也可以分为三部分：中心号码长度、国际化标准前缀和实际中心号码。其中各部分内容如下：

✧ 中心号码长度：中心号码长度的计算方法为"中心号码长度=(国际化标准前缀+实际中心号码)长度/2"，最后以十六进制的表示方式加在前端。

✧ 国际化标准前缀：国际化标准前缀为固定值 91。

✧ 实际中心号码：实际中心号码为"国家区号+城市中心号码"。以中国青岛移动为例，中国的区号为 86，青岛移动中心号码为 13800532500，由于国际规定中心号码必须为偶数位，如果不足偶数位，将以"F"补足，因此在国际上中国青岛移动的实际号码为 8613800532500F。最后按照编码原则要将相邻的奇偶位交换位置，比如"123456"交换位置后为"214365"。所以实际中心号码为"683108502305F0"。

按照以上中心号码长度的计算方法，可以计算出中心号码长度为 08。最后实践 5.G.2 中心号码显示为"中心号码长度+国际化标准前缀+实际中心号码"即为 0891683108502305F0。

2) 收信方号码

收信方号码段分为四部分：固定前缀和固定后缀、收信方手机号码长度、设备类型、接收方实际手机号码。

✧ 固定前缀和固定后缀：收信方号码固定前缀为 1100，放在收信方号码的最前端；固定后缀为 000800，放在收信方号码的最末端。

✧ 收信方手机号码长度：收信方手机号码长度=实际手机号码长度，以实践 5.G.2 中收信方手机号码 8615010946479 为例，那么其长度为 13 位，十六进制显示为 0D。

✧ 设备类型："91"代表设备类型为手机；"81"代表设备类型为小灵通。

✧ 接收方实际手机号码：采用与"中心号码段"一样的编码方式，以实践 5.G.2 中收信方号码 8615010946479 为例，编码后的号码为 685110906474F9。

最后实践 5.G.2 收信方号码显示为"固定前缀+收信方号码长度+设备类型+接收方实际手机号码"，即为 11000D91685110906474F9000800。

3) 信息段

信息段分为两部分：信息段长度和信息段。以实践 5.G.2 中信息段为例，实践 5.G.2 中信息段发送汉字"青岛东合"。现分析如下：

✧ 信息段长度：信息段长度=信息段 unicode 编码后的长度/2。以"青岛东合"为例，编码后长度为 20，所以信息段长度=20/2=10，十六进制显示为 0A。

❖ 信息段：信息段"青岛东合"以 unicode 的方式编码后为 97525C9B4E1C5408FF01。

最后，信息段的显示为"信息段长度+信息段"，即为 0A97525C9B4E1C5408FF01。

4) 组合

最终发送信息内容为"中心号码段+收信方号码+信息段"，实践 5.G.2 中发送"青岛东合"编码后的信息为"0891683108502305F011000D91685110906474F900080097525C9B4E1C5408FF01。

编码后信息长度为 68，其中，中心号码段长度为 18，所以设置的发送信息长度 = (发送的信息 − 中心号码)/2 = (68 − 18)/2 = 25。即 AT + CMGS = 25。

附录 1 ATmega16 I/O 空间分配表

ATmega16 单片机的 64 个 I/O 寄存器的地址空间分配、名称和功能如附表 1-1 所示。

附表 1-1

十六进制地址	名称	功能
0x00(0x0020)	TWBR	TWI 波特率寄存器
0x01(0x0021)	TWSR	TWI 状态寄存器
0x02(0x0022)	TWAR	TWI 从机地址寄存器
0x03(0x0023)	TWDR	TWI 数据寄存器
0x04(0x0024)	ADCL	ADC 数据寄存器低字节
0x05(0x0025)	ADCH	ADC 数据寄存器高字节
0x06(0x0026)	ADCSRA	ADC 控制和状态寄存器
0x07(0x0027)	ADMUX	ADC 多路选择器
0x08(0x0028)	ACSR	模拟比较控制和状态寄存器
0x09(0x0029)	UBRRL	USART 波特率寄存器低 8 位
0x0A(0x002A)	UCSRB	USART 控制状态寄存器 B
0x0B(0x002B)	UCSRA	USART 控制状态寄存器 A
0x0C(0x002C)	UDR	USART I/O 数据寄存器
0x0D(0x002D)	SPCR	SPI 控制寄存器
0x0E(0x002E)	SPSR	SPI 状态寄存器
0x0F(0x002F)	SPDR	SPI I/O 数据寄存器
0x10(0x0030)	PIND	D 口外部输入引脚
0x11(0x0031)	DDRD	D 口数据方向寄存器
0x12(0x0032)	PORTD	D 口数据寄存器
0x13(0x0033)	PINC	C 口外部输入引脚
0x14(0x0034)	DDRC	C 口数据方向寄存器
0x15(0x0035)	PORTC	C 口数据寄存器
0x16(0x0036)	PINB	B 口外部输入引脚
0x17(0x0037)	DDRB	B 口数据方向寄存器
0x18(0x0038)	PORTB	B 口数据寄存器
0x19(0x0039)	PINA	A 口外部输入引脚
0x1A(0x003A)	DDRA	A 口数据方向寄存器
0x1B(0x003B)	PORTA	A 口数据寄存器
0x1C(0x003C)	EECR	EEPROM 控制寄存器

十六进制地址	名称	功　能
0x1D(0x003D)	EEDR	EEPROM 数据寄存器
0x1E(0x003E)	EEARL	EEPROM 地址寄存器低 8 位
0x1F(0x003F)	EEARH	EEPROM 地址寄存器高 8 位
0x20(0x0040)	UBRRH	USART 波特率寄存器高 4 位
	UCSRC	USART 状态寄存器 C
0x21(0x0041)	WDTCR	看门狗定时控制寄存器
0x22(0x0042)	ASSR	异步模式状态寄存器
0x23(0x0043)	OCR2	定时/计数器 2 输出比较寄存器
0x24(0x0044)	TCNT2	定时/计数器 2(8 位)
0x25(0x0045)	TCCR2	定时/计数器 2 控制寄存器
0x26(0x0046)	ICR1L	定时/计数器 1 输入捕获寄存器低 8 位
0x27(0x0047)	ICR1H	定时/计数器 1 输入捕获寄存器高 8 位
0x28(0x0048)	OCR1BL	定时/计数器 1 输出比较寄存器 B 低 8 位
0x29(0x0049)	OCR1BH	定时/计数器 1 输出比较寄存器 B 高 8 位
0x2A(0x004A)	OCR1AL	定时/计数器 1 输出比较寄存器 A 低 8 位
0x2B(0x004B)	OCR1AH	定时/计数器 1 输出比较寄存器 A 高 8 位
0x2C(0x004C)	TCNT1L	定时/计数器 1 寄存器低 8 位
0x2D(0x004D)	TCNT1H	定时/计数器 1 寄存器高 8 位
0x2E(0x004E)	TCCR1B	定时/计数器 1 控制寄存器 B
0x2F(0x004F)	TCCR1A	定时/计数器 1 控制寄存器 A
0x30(0x0050)	SFIOR	特殊功能 I/O 寄存器
0x31(0x0051)	OSCCAL	内部 RC 振荡器校准值寄存器
	OCDR	在线调试寄存器
0x32(0x0052)	TCNT0	定时/计数器 0(8 位)
0x33(0x0053)	TCCR0	定时/计数器 0 控制寄存器
0x34(0x0054)	MCUCSR	MCU 控制和状态寄存器
0x35(0x0055)	MCUCR	MCU 控制寄存器
0x36(0x0056)	TWCR	TWI 控制寄存器
0x37(0x0057)	SPMCR	程序存储器写控制寄存器
0x38(0x0058)	TIFR	定时/计数器中断标志寄存器
0x39(0x0059)	TIMSK	定时/计数器中断屏蔽寄存器
0x3A(0x005A)	GIFR	通用中断标志寄存器
0x3B(0x005B)	GICR	通用中断控制寄存器
0x3C(0x005C)	OCR0	T/C0 计数器输出比较寄存器
0x3D(0x005D)	SPL	堆栈指针寄存器低 8 位
0x3E(0x005E)	SPH	堆栈指针寄存器高 8 位
0x3F(0x005F)	SREG	状态寄存器

附录 2 ATmega16 熔丝位配置

系统时钟的选择如附表 2-1 所示。

附表 2-1

系统时钟源	CKSEL[3:0]
外接石英/陶瓷晶体	1111~1010
外接低频晶体(32.768 kHz)	1001(RTC)
外接 RC 振荡器	1000~0101
使用可校准的内部 RC 振荡器	0100~0001(出厂设置 0001,1MHz)
外部时钟源	0000

使用外部晶体时的工作模式设置如附表 2-2 所示。

附表 2-2

熔丝位		工作频率范围/MHz	C_1、C_2 容量/pF	适用晶体
CKOPT	CKSEL[3:1]			
1	101	0.4~0.9	按厂家说明配用	陶瓷晶体
1	110	0.9~3.0	12~22	
1	111	3.0~8.0	12~22	石英晶体
0	101~111	≥1.0	12~22	

使用外部晶体时启动时间选择如附表 2-3 所示。

附表 2-3

熔丝位		从掉电模式开始的启动时间	从复位开始的附加延时/ms(U_{cc}=5 V)	推荐使用场合
CKSEL0	SUT[1:0]			
0	00	258CK	4.1	陶瓷晶体，快速上升电源
0	01	258CK	65	陶瓷晶体，慢速上升电源
0	10	1K CK	—	陶瓷晶体，BOD 方式
0	11	1K CK	4.1	陶瓷晶体，快速上升电源
1	00	1K CK	65	陶瓷晶体，慢速上升电源
1	01	16K CK	—	石英晶体，BOD 方式
1	10	16K CK	4.1	石英晶体，快速上升电源
1	11	16K CK	65	石英晶体，慢速上升电源

芯片加密锁定熔丝设置如附表 2-4 所示。

附表 2-4

加密锁定位			保护类型(用于芯片加密)
加密锁定方式	LB2	LB1	
1(出厂设置)	1	1	无任何编程加密锁定保护
2	1	0	禁止串/并行方式对 Flash 和 EEPROM 的再编程，禁止串/并行方式对熔丝位的编程
3	0	0	禁止串/并行方式对 Flash 和 EEPROM 的再编程和校验，禁止串/并行方式对熔丝位的编程

系统时钟选择与启动延时配置表如附表 2-5 所示。

附表 2-5

系统时钟源	休眠模式下唤醒启动延时时间	RESET 复位启动延时时间/ms	熔丝状态配置
外部时钟	6CK	0	CKSEL=0000，SUT=00
外部时钟	6CK	4.1	CKSEL=0000，SUT=01
外部时钟	6CK	65	CKSEL=0000，SUT=10
内部 RC 振荡(1 MHz)	6CK	0	CKSEL=0001，SUT=00
内部 RC 振荡(1 MHz)	6CK	4.1	CKSEL=0001，SUT=01
内部 RC 振荡(1 MHz)(出厂设置)	6CK	65	CKSEL=0001，SUT=10
内部 RC 振荡(2 MHz)	6CK	0	CKSEL=0010，SUT=00
内部 RC 振荡(2 MHz)	6CK	4.1	CKSEL=0010，SUT=01
内部 RC 振荡(2 MHz)	6CK	65	CKSEL=0010，SUT=10
内部 RC 振荡(4 MHz)	6CK	0	CKSEL=0011，SUT=00
内部 RC 振荡(4 MHz)	6CK	4.1	CKSEL=0011，SUT=01
内部 RC 振荡(4 MHz)	6CK	65	CKSEL=0011，SUT=10
内部 RC 振荡(8 MHz)	6CK	0	CKSEL=0100，SUT=00
内部 RC 振荡(8 MHz)	6CK	4.1	CKSEL=0100，SUT=01
内部 RC 振荡(8 MHz)	6CK	65	CKSEL=0100，SUT=10
外部 RC 振荡(≤0.9 MHz)	18CK	0	CKSEL=0101，SUT=00
外部 RC 振荡(≤0.9 MHz)	18CK	4.1	CKSEL=0101，SUT=01
外部 RC 振荡(≤0.9 MHz)	18CK	65	CKSEL=0101，SUT=10
外部 RC 振荡(≤0.9 MHz)	6CK	4.1	CKSEL=0101，SUT=11
外部 RC 振荡(0.9 MHz～3.0MHz)	18CK	0	CKSEL=0110，SUT=00
外部 RC 振荡(0.9 MHz～3.0MHz)	18CK	4.1	CKSEL=0110，SUT=01
外部 RC 振荡(0.9 MHz～3.0MHz)	18CK	65	CKSEL=0110，SUT=10
外部 RC 振荡(0.9 MHz～3.0MHz)	6CK	4.1	CKSEL=0110，SUT=11

续表一

系统时钟源	休眠模式下唤醒启动延时时间	RESET复位启动延时时间/ms	熔丝状态配置
外部 RC 振荡(3.0 MHz～8.0MHz)	18CK	0	CKSEL=0111，SUT=00
外部 RC 振荡(3.0 MHz～8.0MHz)	18CK	4.1	CKSEL=0111，SUT=01
外部 RC 振荡(3.0 MHz～8.0MHz)	18CK	65	CKSEL=0111，SUT=10
外部 RC 振荡(3.0 MHz～8.0MHz)	6CK	4.1	CKSEL=0111，SUT=11
外部 RC 振荡(8.0 MHz～12.0MHz)	18CK	0	CKSEL=1000，SUT=00
外部 RC 振荡(8.0 MHz～12.0MHz)	18CK	4.1	CKSEL=1000，SUT=01
外部 RC 振荡(8.0 MHz～12.0MHz)	18CK	65	CKSEL=1000，SUT=10
外部 RC 振荡(8.0 MHz～12.0MHz)	6CK	4.1	CKSEL=1000，SUT=11
低频晶体(32.768 kHz)	1K CK	4.1	CKSEL=1001，SUT=00
低频晶体(32.768 kHz)	1K CK	65	CKSEL=1001，SUT=01
低频晶体(32.768 kHz)	32K CK	65	CKSEL=1001，SUT=10
低频石英/陶瓷晶体(0.4 MHz～0.9MHz)	258 CK	4.1	CKSEL=1010，SUT=00
低频石英/陶瓷晶体(0.4 MHz～0.9MHz)	258 CK	65	CKSEL=1010，SUT=01
低频石英/陶瓷晶体(0.4 MHz～0.9MHz)	1K CK	0	CKSEL=1010，SUT=10
低频石英/陶瓷晶体(0.4 MHz～0.9MHz)	1K CK	4.1	CKSEL=1010，SUT=11
低频石英/陶瓷晶体(0.4 MHz～0.9MHz)	1K CK	65	CKSEL=1011，SUT=00
低频石英/陶瓷晶体(0.4 MHz～0.9MHz)	16K CK	0	CKSEL=1011，SUT=01
低频石英/陶瓷晶体(0.4 MHz～0.9MHz)	16K CK	4.1	CKSEL=1011，SUT=10
低频石英/陶瓷晶体(0.4 MHz～0.9MHz)	16K CK	65	CKSEL=1011，SUT=11
中频石英/陶瓷晶体(0.9 MHz～3.0MHz)	258 CK	4.1	CKSEL=1100，SUT=00
中频石英/陶瓷晶体(0.9 MHz～3.0MHz)	258 CK	65	CKSEL=1100，SUT=01
中频石英/陶瓷晶体(0.9 MHz～3.0MHz)	1K CK	0	CKSEL=1100，SUT=10

续表二

系统时钟源	休眠模式下唤醒启动延时时间	RESET 复位启动延时时间/ms	熔丝状态配置
中频石英/陶瓷晶体 (0.9 MHz～3.0MHz)	1K CK	4.1	CKSEL=1100，SUT=11
中频石英/陶瓷晶体 (0.9 MHz～3.0MHz)	1K CK	65	CKSEL=1101，SUT=00
中频石英/陶瓷晶体 (0.9 MHz～3.0MHz)	16K CK	0	CKSEL=1101，SUT=01
中频石英/陶瓷晶体 (0.9 MHz～3.0MHz)	16K CK	4.1	CKSEL=1101，SUT=10
中频石英/陶瓷晶体 (0.9 MHz～3.0MHz)	16K CK	65	CKSEL=1101，SUT=11
高频石英/陶瓷晶体 (3.0 MHz～8.0MHz)	258 CK	4.1	CKSEL=1110，SUT=00
高频石英/陶瓷晶体 (3.0 MHz～8.0MHz)	258 CK	65	CKSEL=1110，SUT=01
高频石英/陶瓷晶体 (3.0 MHz～8.0MHz)	1K CK	0	CKSEL=1110，SUT=10
高频石英/陶瓷晶体 (3.0 MHz～8.0MHz)	1K CK	4.1	CKSEL=1110，SUT=11
高频石英/陶瓷晶体 (3.0 MHz～8.0MHz)	1K CK	65	CKSEL=1111，SUT=00
高频石英/陶瓷晶体 (3.0 MHz～8.0MHz)	16K CK	0	CKSEL=1111，SUT=00
高频石英/陶瓷晶体 (3.0 MHz～8.0MHz)	16K CK	4.1	CKSEL=1111，SUT=00
高频石英/陶瓷晶体 (3.0 MHz～8.0MHz)	16K CK	65	CKSEL=1111，SUT=00

附录 3　蓝牙模块的 AT 指令集

本模块的 command 下行指令如附表 3-1 所示。

附表 3-1

序号	命 令	含 义	应 答	参 数
1	AT	测试连接命令	OK	无
2	AT+VERSION	查询——程序版本号	+VERSION=<Para1>	<Para1>：固件版本号，蓝牙版本号，本地 HCI 版本，HCI 修订，LMP 版本号，LMP 子版本号
3	AT+HELP	查询帮助信息	Command　Description ----------------------------- AT　Check if the command terminal work normally AT+RESET Software reboot ……	无
4	AT+NAME	查询/设置——名称	+NAME=<Para1>	<Para1>：设备名称。 默认：BOLUTEK
	AT+NAME<Para1>		1.+NAME=<Para1> OK——成功 2.ERROR=<Error_Code> ——失败 (<Error_Code>为错误代码，请参看附表 3-3)	
5	AT+DEFAULT	恢复默认设置	OK	无
6	AT+RESET	软件复位/重启	OK	无
7	AT+PIN	查询/设置——配对码	+PIN=<Para1>	<Para1>：配对码。 默认：1234
	AT+PIN<Para1>		1.+PIN=<Para1> OK——成功 2.ERROR=<Error_Code> ——失败	

序号	命令	含义	应答	参数
8	AT+BAUD	查询/设置——波特率	+BAUD=\<Para1\>	\<Para1\>：波特率。
	AT+BAUD\<Para1\>		1.+BAUD=\<Para1\> OK——成功 2.ERROR=\<Error_Code\> ——失败	1—1200，2—2400，3—4800，4—9600，5—19 200，6—38 400，7—57 600，8—115 200，9—230 400 A—460 800，B—921 600，C—1 382 400。 默认：4—9600
9	AT+COD	查询/设置——设备类型	+COD=\<Para1\>,\<Para2\>	\<Para1\>：本地设备类型(长度必须为6个字节)，在从模式生效，被对端检索。
	AT+COD\<Para1\>,\<Para2\>		1.+COD=\<Para1\>,\<Para2\> OK——成功 2.ERROR=\<Error_Code\> ——失败	\<Para2\>：过滤设备类型，在主模式生效，用于过滤搜索到的设备(如果设置000000则返回所有搜索到的设备)。 默认：001f00，000000
10	AT+ROLE	查询/设置——模块SPP主从模式	+ROLE=\<Para1\>	\<Para1\>：0—从设备，1—主设备。 默认：0 从设备
	AT+ROLE\<Para1\>		1.+ROLE=\<Para1\> OK——成功 2.ERROR=\<Error_Code\> ——失败	(该指令在硬件设置主从模式下无效。在软件设置主从模式下，此指令设置是在下一次上电时生效。)
11	AT+IAC	查询/设置——查询访问码	+IAC=\<Para1\>	\<Para1\>：查询访问码(接入码)。 0x9E8B33：GIAC； 0x9E8B00：LIAC(Limited DIAC)； 0x9E8B01-0x9E8B32,0x9E8B34-0x9E8B3F：RESERVED FOR FUTURE USE。
	AT+IAC\<Para1\>		1.+IAC=\<Para1\> OK——成功 2.ERROR=\<Error_Code\> ——失败	默认值：0x9e8b33，可用来发现周围所有的蓝牙设备(主机)或被周围所有的蓝牙设备发现(从机)。若要在周围诸多蓝牙设备中快速查询或被查询自定义蓝牙设备，可将模块查询访问码设置成 GIAC 和 LIAC 以外的数字

续表二

序号	命令	含 义	应 答	参 数
12	AT+RNAME<Para1>	查询远端蓝牙设备名称	1.OK——查询命令发送成功 2.ERROR=<Error_Code>——失败	<Para1>：远端蓝牙设备地址
13	AT+INQM	查询/设置——查询访问模式	+INQM=<Para1>,<Para2>,<Para3>	<Para1>：查询模式，长度为 1 字节。 0：inquiry_mode_standard； 1：inquiry_mode_rssi； 2：inquiry_mode_eir。 RSSI 访问模式(1)：根据周围接收信号强度进行访问，默认访问信号最强的蓝牙设备；
	AT+INQM<Para1>,<Para2>,<Para3>		1.+INQM=<Para1>,<Para2>,<Para3>OK——成功 2.ERROR=<Error_Code>——失败	<Para2>：最多蓝牙设备响应数，长度为 2 字节 <Para3>：最大查询超时，长度为 2 字节。 超时范围：1～30(1.28 秒～61.44 秒)。 默认值：1,9,30(十六进制)
14	AT+CMODE	查询/设置——连接模式	+CMODE=<Para1>	<Para1>： 0：指定蓝牙地址连接模式(指定蓝牙地址由 BIND 命令设置)；
	AT+CMODE<Para1>		1.+CMODE=<Para1>OK——成功 2.ERROR=<Error_Code>——失败	1：任意蓝牙地址连接模式(不受 BIND 命令设置地址的约束)。 默认值：1
15	AT+BIND	查询/设置——绑定蓝牙地址	+BIND=<Para1>	<Para1>： 设置绑定蓝牙地址格式： 11,22,33,44,55,66
	AT+BIND<Para1>		+BIND=<Para1>OK——成功 2.ERROR=<Error_Code>——失败	回复蓝牙地址格式： 11:22:33:44:55:66 默认值：00:00:00:00:00:00
16	AT+CLEAR	清除记忆地址	OK	无
17	AT+UARTMODE	查询/设置——串口通讯模式	+UARTMODE=<Para1>,<Para2>	<Para1>：停止位。 0：1 位停止位；1：2 位停止位。 <Para2>：校验位。
	AT+UARTMODE<Para1>,<Para2>		1.+UARTMODE=<Para1>,<Para2>OK——成功 2.ERROR=<Error_Code>——失败	0：无校验；1：奇校验；2：偶校验。 默认值：0,0

序号	命　令	含　义	应　答	参　数
18	AT+LADDR	查询——本地蓝牙地址	+LADDR=<Para1>	<Para1>：本地的蓝牙地址。 例如：11:22:33:44:55:66
19	AT+STATE	查询——蓝牙模块工作状态	+STATE=<Para1>	<Para1>：模块工作状态。 返回值如下： 0："INITIALIZING" ——初始化状态； 1："READY" ——准备状态； 2："INQUIRING" ——查询状态； 3："PAIRABLE" ——配对状态； 4："CONNECTING" ——连接中； 5："CONNECTED" ——已连接
20	AT+AUTOINQ AT+AUTOINQ<Para1>	查询/设置——是否自动搜索远端蓝牙设备	+AUTOINQ=<Para1> +AUTOINQ=<Para1> OK——成功 2.ERROR=<Error_Code> ——失败	<Para1>： 0：不自动搜索； 1：自动搜索。 默认值：1
21	AT+INQ	搜索远端蓝牙设备	OK	无
22	AT+INQC	取消查询远端蓝牙设备	OK	无
23	AT+AUTOCONN AT+AUTOCONN<Para1>	查询/设置——是否自动连接远端蓝牙设备	+AUTOCONN=<Para1> +AUTOCONN=<Para1> OK——成功 2.ERROR=<Error_Code> ——失败	<Para1>： 0：不自动连接； 1：自动连接。 默认值：1
24	AT+CONNECT<Para1>	连接远端蓝牙设备	1.OK——成功 2.ERROR=<Error_Code> ——失败	<Para1>：远端蓝牙设备地址。 设置远端蓝牙地址格式： 11,22,33,44,55,66 回复蓝牙地址格式： 11:22:33:44:55:66 (该命令仅在 Ready 状态下有效)
25	AT+IPSCAN AT+IPSCAN<Para1>,<Para2>,<Para3>,<Para4>	查询/设置——寻呼扫描、查询扫描参数	+IPSCAN=<Para1>,<Para2>,<Para3>,<Para4> 1.+IPSCAN=<Para1>,<Para2>,<Para3>,<Para4> OK——成功 2.ERROR=<Error_Code> ——失败	<Para1>：查询时间间隔。 <Para2>：查询持续时间。 <Para3>：寻呼时间间隔。 <Para4>：寻呼持续时间。 上述参数均为十六进制数。 默认值：800,12,800,12

序号	命令	含义	应答	参数
26	AT+SENM AT+SENM<Para1>,<Para2>	查询/设置——安全、加密模式	+SENM=<Para1>,<Para2> 1.+SENM=<Para1>,<Para2> OK——成功 2.ERROR=<Error_Code>——失败	<Para1>：安全模式。取值如下(1 字节)： 0—sec_mode0_off； 1—sec_mode1_non_secure； 2—sec_mode2_service； 3—sec_mode3_link； 4—sec_mode4_ssp。 <Para2>：加密模式，取值如下(1 字节)： 0—hci_enc_mode_off； 1—hci_enc_mode_pt_to_pt； 2—hci_enc_mode_pt_to_pt_and_bcast。 默认值：0,0
27	AT+LOWPOWER AT+LOWPOWER<Para1>	查询/设置——低功耗模式	+LOWPOWER=<Para1> 1. +LOWPOWER=<Para1> OK——成功 2.ERROR=<Error_Code>——失败	<Para1>： 0：不支持低功耗； 1：支持低功耗。 默认值：1
28	AT+SNIFF AT+SNIFF<Para1>,<Para2>,<Para3>,<Para4>	查询/设置——Sniff 节能方式	+SNIFF=<Para1>,<Para2>,<Para3>,<Para4> 1.+SNIFF=<Para1>,<Para2>,<Para3>,<Para4> OK——成功 2.ERROR=<Error_Code>——失败	<Para1>：最大时间； <Para2>：最小时间； <Para3>：尝试时间； <Para4>：超时时间。 默认：20,40,1,5
29	AT+ENABLEIND AT+ENABLEIND<Para1>	查询/设置——Indication 上行指令	+ENABLEIND=<Para1> 1.+ENABLEIND=<Para1> OK——成功 2.ERROR=<Error_Code>——失败	<Para1>： 0：关闭 Indication 上行指令； 1：打开 Indication 上行指令。 默认：1
30	AT+LSP	查询——蓝牙配对列表	LSP=<Para1>,<Para2>,<Para3> …… LSP=E	<Para1>：序号(0~7)。 <Para2>：蓝牙地址码。 <Para3>：名称。 默认反馈：LSP=E (蓝牙设备最多记录 8 个配对过的蓝牙地址码，并在断电之后也会保留)
31	AT+RESETPDL	清除全部蓝牙配对列表	OK	无

序号	命令	含义	应答	参数
32	AT+REMOVEPDL<Para1>	清除指定蓝牙配对记录	OK	<Para1>：序号(0～7)
33	AT+SUPERVISION AT+SUPERVISION<Para1>	查询/设置——断线监测时长	+SUPERVISION=<Para1> 1.+SUPERVISION=<Para1> OK——成功 2.ERROR=<Error_Code> ——失败	<Para1>：响应时间，单位为秒。 (十六进制) 默认：5

本模块的 indication 上行指令如附表 3-2 所示。

附表 3-2

序号	命令	含义	参数
1	+READY	已准备好状态	无
2	+INQUIRING	查询状态	无
3	+PAIRABLE	配对状态	无
4	+CONNECTING <Para1>	连接中	<Para1>：蓝牙地址码。 格式如下： >>aa:bb:cc:dd:ee:ff(主模式) <<aa:bb:cc:dd:ee:ff(从模式)
5	+CONNECTED	已连接	无
6	+CONNECTION FAILED	连接失败	无
7	+DISC:<Para1>	连接断开	<Para1>：连接断开原因。 SUCCESS：正常断开。 LINKLOSS：链接丢失断开。 NO_SLC：无 SLC 连接断开。 TIMEOUT：超时断开。 ERROR：因其他错误断开
8	+RNAME=<Para1>	上报远端蓝牙设备名	<Para1>：远端蓝牙设备名。 例如：BOLUTEK
9	+INQS　　　　　　查询开始 +INQ=<Para1>,<Para2>,<Para3> ……　　查询到的设备信息 +INQE　　　　　　查询完成	上报查询结果	<Para1>：蓝牙地址。 格式：11:22:33:44:55:66 <Para2>：设备类型。 <Para3>：RSSI 信号强度(正常为10 进制，无效时返回 7fff)

本模块的 AT 指令相关错误代码说明如附表 3-3 所示。

附表 3-3

Error_code (十进制)	注　释	Error_code (十进制)	注　释
101	设备名长度超过 40 字节	203	取远程设备名地址码值错误
102	配对码长度超过 16 字节	204	主从模式设置值错误
103	波特率长度超过 1 字节	205	连接模式设置值错误
104	设备类型(COD)长度超过 6 字节	206	取远程设备名地址码值错误
105	获取远程设备名地址码长度错误	207	设置绑定地址值错误
106	主从模式设置长度超过 1 字节	208	设置 IAC 值输入错误
107	连接模式长度超过 1 字节	209	设置 INQM 值输入错误
108	设置绑定地址长度错误	210	设置自动查询值错误
109	设置 IAC 长度超过 6 字节	211	设置自动连接值错误
110	设置 INQM 长度错误	212	设置 SENM 值输入错误
111	设置自动查询长度超过 1 字节	213	设置 IPSCAN 值输入错误
112	设置自动连接长度超过 1 字节	214	设置 SNIFF 值输入错误
113	设置 SENM 长度错误	215	设置 LOWPOWER 值输入错误
114	设置 IPSCAN 长度错误	216	CONNECT 连接命令输入地址码值错误
115	设置 SNIFF 长度错误	217	设置 UARTMODE 值错误
116	设置 LOWPOWER 长度错误	218	设置 ENABLEIND 值错误
117	CONNECT 连接命令输入地址码长度错误	220	设置 SUPERVISION 值错误
118	设置 UARTMODE 长度错误	301	IAC 值不在正常范围(0x9e8b00～0x9e8b33)
119	设置 ENABLEIND 长度错误	302	该命令只支持主模式
121	设置 REMOVEPDL 长度错误	303	Inquriy 命令只能在 Ready 状态下有效
201	波特率参数超出范围(1-C)	304	取消 Inquiry 命令只能在 Inquiring 状态下有效
202	设备类型(COD)输入值错误	305	CONNECT 连接命令只能在 Ready 状态下有效

(错误代码返回形式——ERROR=<Error_Code>)

附录4　WiFi 模块的 AT 指令集

本模块的 AT 指令如附表 4-1 所示。

附表 4-1

类别	序号	命　令	含　义	应　答	参　数
系统控制类	1	AT+	空指令	+OK	无
	2	AT+Z	复位系统	+OK	无
	3	AT+E	切换串口指令回显	+OK	无
	4	AT+ENTS	系统进入睡眠状态，在睡眠状态下接收到任意一个 at+指令后自动被唤醒	+OK	无
	5	AT+ENTM	进入串口透明传输模式系统，在该模式下接收到符合触发条件的逃逸字符时退出此模式	+OK	无
	6	AT+RSTF	恢复 FLASH 中的出厂设置。恢复后的设置需系统重启后才能生效	+OK	无
	7	AT+PMTF	将保存在内存中的参数全部更新至 FLASH	+OK	无
	8	AT+IOC=[?][status]	GPIO 输入/输出控制。当 GPIO1 为输入(AT+IOM 的 mode=1)时，允许读取 IO 状态；当 GPIO1 为输出(AT+IOM 的 mode=2)时，允许设置 IO 状态	+OK[=status]	status：IO 状态。0：高电平；1：低电平
	9	AT+QMAC	获取模块的物理地址	+OK=<mac address>	mac address：长度为 12 的十六进制数，格式为 001EE3A34455。

类别	序号	命　令	含　义	应　答	参　数
系统控制类	10	AT+QVER	获取系统版本信息，包括硬件版本和固件版本	+OK=<hard,firm>	hard：硬件版本信息，字符串格式，如"H1.00.00.1029"。 firm：固件版本信息，字符串格式，如 "F0.02.02@18:25:25 Jul28 2010"。
参数设置类	1	AT+NIP=[!?][type],[ip],[netmask],[gateway],[DNS]	设置/查询本端 IP 地址。需要说明的是，当地址类型设置为 DHCP 时，使用本命令无法查询模块实际动态分配到的 IP 地址信息	+OK[=type,ip,netmask,gateway,DNS]	Type：地址类型。 0：使用 DHCP 动态分配； 1：使用静态 IP 地址。 IP：IP 地址，数据格式为"192.168.1.22"，不含引号。 Netmask：子网掩码，数据格式同 ip 地址。 Gateway：网关地址，数据格式同 ip 地址。 DNS：DNS 地址，数据格式同 ip 地址。
	2	AT+ATM=[!?][mode]	设置/查询模块工作模式	+OK[=mode]	mode：工作模式。 0：自动工作模式； 1：命令工作模式
	3	AT+ATRM=[!?][protocol],[cs][host_timeout],[port]	设置/查询自动工作模式下模块自动创建的 socket 连接信息	+OK[=protocol,cs,host,port]	1. protocol：协议类型。 0：TCP，1：UDP。 2. cs：C/S 模式。 0：Client，1：Server。 3. host_timeout： 1)cs=0，表示目的服务器名称，可以输入域名或 ip 地址。 2)cs=1,protocol=0，表示 TCP 连接超时时间，有效取值范围 1～10 000 000，单位为秒，0 表示永远不，缺省 120 秒。连接到本服务器的客户端超过该时间不发送任何数据后即被自动剔掉。 3)cs=1,protocol=1，无意义。 4. port：端口号
	4	AT+SSID=[!?][SSID]	设置/查询无线网络名称，即 SSID	+OK[=SSID]	SSID：无线网络名称，1～32 个字符，双引号包围

类别	序号	命令	含　义	应　答	参　数
参数设置类	5	AT+ENCRY =[!?][encry mode]	设置/查询无线网络安全模式。需要特别说明的是除了 OPEN 模式以外，其它安全模式都需要配合 AT+KEY 指令设置正确的网络密钥	+OK[=encry mode]	encry mode：安全模式。 0：OPEN； 1：WEP64； 2：WEP128； 3：WPA-PSK(TKIP)； 4：WPA-PSK(CCMP/AES)； 5：WPA2-PSK(TKIP； 6：WPA2-PSK(CCMP/AES)
	6	AT+KEY= [!?][format],[index], [key]	设置/查询无线网络密钥。需要说明的是，在使用本命令设置网络密钥之前必须首先使用 AT+ENCRY 命令设置网络安全模式	+OK[=format, index,key]	Format：密钥格式。 0：HEX，1：ASCII。 index：密钥索引号，1~4 用于 WEP 加密密钥，其它加密方式固定为 0。 key：密钥字符串，以双引号包围，根据不同的安全模式，密钥使用的长度与格式要求不同，详见后续表格
	7	AT+BSSID= [!?][mode],[BSSID]	设置/查询指定 AP 的 BSSID 地址。本设置仅在 infra 网络下有效	+OK[=mode, BSSID]	mode：BSSID 模式。 0：自动，1：指定。 BSSID：网络 BSSID，长度为 12 的十六进制数，格式为 001EE3A34455
	8	AT+CHL= [!?][mode], [channel]	设置/查询指定无线信道方式	+OK[=mode, channel]	mode：信道模式； 0：自动；1：指定。 Channel：无线信道号，有效范围 1~14
	9	AT+CHLL= [!?][channel list]	设置/查询无线信道列表，不包含在列表中的信道将不会被扫描。合理使用本参数，可以加快模块的扫描以及联网速度	+OK[=channel list]	channel list：无线信道列表，采用十六进制格式，从最低位开始，每一位表示一个信道，缺省为 3fff，表示 1~14 所有信道
	10	AT+WPRT= [!?][type]	设置/查询无线网络类型	+OK[=type]	type：网络类型。 0：infra 网络，1：adhoc 网络

类别	序号	命　令	含　义	应　答	参　数
参数设置类	11	AT+WATC=[!?][enable]	设置/查询是否使能自动创建 adhoc 网络功能本参数仅在无线网络类型设置为 adhoc 时有效，表示当加入网络失败时是否自动创建同名的 adhoc 网络	+OK[=enable]	enable：使能标志。 0：不使能；1：使能
	12	AT+WARM=[!?][enable]	设置/查询是否使能无线网络漫游功能	+OK[=enable]	enable：使能标志。 0：不使能；1：使能
	13	AT+WARC=[!?][count]	设置/查询无线网络断开或加网失败后的自动重试功能。本参数仅在自动工作模式下有效	+OK[=count]	count：重试次数。 0：不重试； 1～254：重试次数 255：永远重试
	14	AT+WBGR=[!?][bg mode],[max rate]	设置/查询无线网络 BG 模式及最高发射速率	+OK[=bg mode, max rate]	bg mode：BG 模式。 0：B/G 混合，1：B。 max rate：最高发送速率，定义如下： 0：1 Mb/s，1：2 Mb/s 2：5.5 Mb/s，3：11 Mb/s 4：6 Mb/s，5：9 Mb/s 6：12 Mb/s，7：18 Mb/s 8：24 Mb/s，9：36 Mb/s 10：48 Mb/s，11：54 Mb/s 在 B 模式下，仅 0～3 有效
	15	AT+UART=[!?][baud rate],[data bit],[stop bit],[parity]	设置/查询串口数据格式	+OK[=baud rate, Data bit, stop bit,parity]	baud rate：波特率，有效值范围为 1200～115 200，单位为 b/s。 data bit：数据位。 0：8 位；1：7 位。 stop bit：停止位。 0：1 位；1：不支持；2：2 位。 parity：校验。 0：无校验；1：奇校验；2：偶校验
	16	AT+ATPT=[!?][period]	设置/查询数据自动组帧周期。本参数仅在串口透明传输模式下有效	+OK[=period]	period：自动组帧周期，100 ms～10 000 ms，单位 ms，最小步长为 100 ms

类别	序号	命　令	含　义	应　答	参　数
参数设置类	17	AT+ATLT=[!?][length]	设置/查询数据自动组帧数据长度。本参数仅在串口透明传输模式下有效	+OK[=length]	length：自动组帧长度，64～1024，单位字节
	18	AT+ESPC=[!?][escape]	设置/查询用于退出串口透明传输模式的逃逸字符	+OK[=escape]	escape：逃逸字符，格式为使用 2 个十六进制形式表示的 ASCII 字符，如 ASCII 字符"+"应表示为"2B"
	19	AT+ESPT=[!?][time]	设置/查询用于退出串口透明传输模式的逃逸时间	+OK[=time]	time：逃逸时间，100 ms～10 000 ms，单位 ms，最小步长为 100 ms
	20	AT+WEBS=[!?][enable],[port]	设置/查询内置是否使能 WEB 管理服务器	+OK[=enable,port]	enable：使能标志。0：不使能；1：使能。port：服务器端口号，缺省为 80
	21	AT+PASS=[!?][pass]	设置/查询系统登录密码	+OK[=pass]	pass：6 个 ASCII 字符
	22	AT+IOM=[!?][mode]	设置/查询 GPIO 模式	+OK[=mode]	mode：工作模式值。0：系统功能；1：输入；2：输出
	23	AT+CMDM=[!?][mode]	设置/查询系统的默认命令模式	+OK[=mode]	mode：命令模式。0：AT+指令；1：兼容协议
网络控制类	1	AT+WJOIN	加入/创建无线网络。如果当前网络类型为 adhoc，且未检测到指定 SSID 的网络，则自动创建该网络。如果当前网络已经处于联网状态，则直接返回网络连接信息	+OK=<BSSID>,<type>,<channel>,<b_encry>,<SSID>,<rssi>	BSSID：网络 BSSID，长度为 12 的十六进制数，格式为 001EE3A34455。Type：网络类型。0：infra 网络；1：adhoc 网络。Channel：信道号。b_encry：加密模式。0：开放；1：加密。SSID：无线网络名称，1～32 个字符，双引号包围。rssi：网络信号强度，不含负号，单位 dB，即 50 表示信号强度为 −50 dB

类别	序号	命 令	含 义	应 答	参 数
网络控制类	2	AT+WLEAV	断开当前无线网络	+OK	无
	3	AT+WSCAN	扫描无线网络，完成后返回	+OK=<BSSID>,<type>,<channel>,<b_encry>,<SSID>,<rssi> <BSSID>,<type>,<channel>,<b_encry>,<SSID>,<rssi> ……	同 AT+WJOIN
	4	AT+LKSTT	查询本端网络连接状态	+OK[=status,ip,netmask,gateway,DNS]	Status：连接状态。 0：断开；1：连接。 其他几个参数同 AT+NIP
	5	AT+SKCT=[protocol],[cs],[host_timeout],<port>	建立 socket。在 client 模式，等待连接完成(成功或失败)后返回；在 server 模式下，创建完成后直接返回	+OK=<socket>	protocol,cs,host_timeout,port 几个参数的定义同 AT+ATRM。 socket：socket 号
	6	AT+SKSND=<socket>,<size>	通过指定的 socket 发送数据，完成后返回。此命令使用二进制格式发送数据，用户应在接收到模块的 +OK 响应消息后再开始发送数据。模块接收完指定长度的数据后自动结束数据传输，并将数据发送到网络上，多余的数据将被丢弃	+OK=<actualsize>[data steam]	socket：socket 号。 size：准备发送的数据长度，字节数。 actualsize：允许发送的数据长度，字节数。 data steam：原始数据
	7	AT+SKRCV=<socket>,<maxsize>	读取指定 socket 的接收缓冲区中的数据，完成后返回。接收到此命令后，模块将在发送完成相应消息(+OK)后使用二进制格式传送指定长度数据	+OK=<size>[data stream]	socket：socket 号。 maxsize：可接收的最大数据长度 size：实际接收到的数据长度。 data steam：原始数据

续表六

类别	序号	命　令	含　义	应　答	参　数
网络控制类	8	AT+SKSTT=<socket>	获取指定的 socket 状态	+OK=<socket>,<status>,[host],[port],[rx_data][socket],[status],[host],[port],[rx_data]…	socket: socket 号。 status: socket 状态; 0: 断开; 1: 监听; 2: 连接。 host: 对端 ip 地址。 port: 对端端口号。 rx_data: 接收 buffer 中数据长度
	9	AT+SKCLS=<socket>	关闭指定的 socket	+OK	socket: socket 号
	10	AT+SKSDF=<socket>	设置系统默认发送的 socket。当用户需要在命令模式下进入透明传输模式时,使用本命令可以指定将串口的透明数据发送的目的地	+OK	socket: socket 号

AT 指令中的错误代码提示说明如附表 4-2 所示。

附表 4-2

值	含　义
−1	无效的命令格式
−2	命令不支持
−3	无效的操作符
−4	无效的参数
−5	操作不允许
−6	内存不足
−7	FLASH 错误
−10	加入网络失败
−11	无可用 socket
−12	无效的 socket
−13	Socket 连接失败
−100	未定义错误

本模块通过密钥验证加入网络，支持的加密格式如附表 4-3 所示。

附表 4-3

安全模式	密钥格式	
	HEX	ASCII
WEP64	10 个 16 进制字符(注：16 进制字符指 0～9、a～f(不区分大小写)，如"11223344dd")	5 个 ASCII 字符(注：ASCII 字符指 ISO 规定的标准 ASCII 字符集中的数字 0～9 与字母 a～z(区分大小写)，如"14u6E")
WEP128	26 个 16 进制字符	13 个 ASCII 字符
13 个 ASCII 字符	64 个 16 进制字符	8～63 个 ASCII 字符
WPA-PSK(CCMP/AES)	64 个 16 进制字符	8～63 个 ASCII 字符
WPA2-PSK(TKIP)	64 个 16 进制字符	8～63 个 ASCII 字符
WPA2-PSK(CCMP/AES)	64 个 16 进制字符	8～63 个 ASCII 字符

附录5 CC1101 寄存器

CC1101 的配置寄存器位于 SPI 地址空间的 0x00～0x2E。所有配置寄存器都是可读/写的。47 个标准的 8 位配置寄存器如附表 5-1 所示。

附表 5-1

地址	寄存器	描 述
0x00	IOCFG2	GDO2 输出脚配置
0x01	IOCFG1	GDO1 输出脚配置
0x02	IOCFG0	GDO0 输出脚配置
0x03	FIFOTHR	RX FIFO 和 TX FIFO 门限
0x04	SYNC1	同步词汇，高字节
0x05	SYNC0	同步词汇，低字节
0x06	PKTLEN	数据包长度
0x07	PKTCTRL1	数据包自动控制
0x08	PKTCTRL0	数据包自动控制
0x09	ADDR	设备地址
0x0A	CHANNR	信道数
0x0B	FSCTRL1	频率合成器控制
0x0C	FSCTRL0	频率合成器控制
0x0D	FREQ2	频率控制词汇，高字节
0x0E	FREQ1	频率控制词汇，中间字节
0x0F	FREQ0	频率控制词汇，低字节
0x10	MDMCFG4	调制器配置
0x11	MDMCFG3	调制器配置
0x12	MDMCFG2	调制器配置
0x13	MDMCFG1	调制器配置
0x14	MDMCFG0	调制器配置
0x15	DEVIATN	调制器背离配置
0x16	MCSM2	主通信控制状态机配置
0x17	MCSM1	主通信控制状态机配置
0x18	MCSM0	主通信控制状态机配置
0x19	FOCCFG	频率偏移补偿配置

续表

地址	寄存器	描　　述
0x1A	BSCFG	位同步配置
0x1B	AGCTRL2	AGC 控制
0x1C	AGCTRL1	AGC 控制
0x1D	AGCTRL0	AGC 控制
0x1E	WOREVT1	高字节时间 0 暂停
0x1F	WOREVT0	低字节时间 0 暂停
0x20	WORCTRL	电磁波激活控制
0x21	FREND1	前末端 RX 配置
0x22	FREND0	前末端 TX 配置
0x23	FSCAL3	频率合成器校准
0x24	FSCAL2	频率合成器校准
0x25	FSCAL1	频率合成器校准
0x26	FSCAL0	频率合成器校准
0x27	RCCTRL1	RC 振荡器配置
0x28	RCCTRL0	RC 振荡器配置
0x29	FSTEST	频率合成器校准控制
0x2A	PTEST	产品测试
0x2B	AGCTEST	AGC 测试
0x2C	TEST2	不同的测试设置
0x2D	TEST1	不同的测试设置
0x2E	TEST0	不同的测试设置

CC1101 的指令选通脉冲寄存器位于 SPI 地址空间的 0x30～0x3D，14 个指令选通脉冲寄存器如附表 5-2 所示。

附表 5-2

地址	命令(选通脉冲)名称	描　　述
0x30	SRES	重启芯片
0x31	SFSTXON	开启和校准频率合成器(若 MCSM0.FSAUTOCAL=1)
0x32	SXOFF	关闭晶体振荡器
0x33	SCAL	校准频率合成器并关闭(开启快速启动)。在不设置手动校准模式(MCSM0.FS_AUTOCAL=0)的情况下，SCAL 能从空闲(IDLE)模式滤波
0x34	SRX	使能 RX。若上一状态为空闲(IDLE)且 MCSM0.FS_AUTOCAL=1，则首先运行校准
0x35	STX	空闲状态：启用 TX。若 MCSM0.FS_AUTOCAL=1 首先运行校准。如果在 RX 并使能 CCA 仅在信道为空时转到 TX

地址	命令(选通脉冲)名称	描　述
0x36	SIDLE	离开 RX/TX 模式，关闭频率合成器，并退出无线唤醒(电磁波激活，WOR)模式(若可用)
0x37	SAFC	运行频率合成器的 AFC 调节
0x38	SWOR	如果 WORCTRL.RC_PD=0，则开始自动 RX 轮询序列(WOR)
0x39	SPWD	当 CSn 拉高时进入功率降低(掉电)模式
0x3A	SFRX	清洗 RX FIFO 缓冲器，只在 IDLE 或 RXFIFO_OVERFLOW 状态运行 SFRX
0x3B	SFTX	清洗 TX FIFO 缓冲器，只在 IDLE 或 TXFIFO_UNDERFLOW 状态运行 SFTX
0x3C	SWORRST	复位实时时钟到 Event1 值
0x3D	SNOP	无操作，可以用来访问获取芯片状态字节

　　CC1101 的状态寄存器位于 SPI 地址空间的 0x30～0x3D，包含了 CC1101 的状态信息，为只读寄存器。CC1101 的 14 个状态寄存器如附表 5-3 所示。

附表 5-3

地址	寄存器	描　述
0x30(0xF0)	PARTNUM	CC1101 零件号
0x31(0xF1)	VERSION	当前版本号
0x32(0xF2)	FREQEST	频率偏移评估
0x33(0xF3)	LQI	解调器链路质量估计
0x34(0xF4)	RSSI	接收信号强度指示
0x35(0xF5)	MARCSTATE	控制状态机状态
0x36(0xF6)	WORTIME1	WOR 定时器高字节
0x37(0xF7)	WORTIME0	WOR 定时器低字节
0x38(0xF8)	PKTSTATUS	当前 GDOx 状态和数据包状态
0x39(0xF9)	VCO_VC_DAC	PLL 校准模块的当前设置
0x3A(0xFA)	TX BYTES	下溢和 TX FIFO 中的字节数
0x3B(0xFB)	RX BYTES	上溢和 RX FIFO 中的字节数
0x3C(0xFC)	RCCTRL1_STATUS	上一次 RC 振荡器校准结果
0x3D(0xFD)	RCCTRL0_STATUS	上一次 RC 振荡器校准结果

　　数据包处理相关的寄存器包括配置寄存器中的 PKTLEN、PKTCTRL1 和 PKTCTRL0 寄存器，这 3 个寄存器各个位的详细说明如附表 5-4 所示。

附表 5-4

	位	字段名称	复位	R/W	描　述
PKTLEN 数据包长度	7:0	PACKET_LENGTH	255 (0xFF)	R/W	表示开启固定数据包长度模式的数据包长度。若使用了可变数据包长度模式，则该值表示最大允许数据包长度
PKTCTRL1 数据包自动 控制	7:5	PQT [2:0]	0 (0x00)	R/W	前导质量评估器阈值。该前导质量评估器在每次接收到的位与上一个位不同时将内部计数器加 1，在每次接收到的位与上一个位相同时将内部计数器减 8。 该计数器的 4-PQT 阈值用来控制同步字检测。当 PQT=0 时，同步字通常会被接收
	4		0	R0	未使用
	3	CRC_AUTOFLUSH	0	R/W	当 CRC 不为 OK 时，开启自动 RX FIFO 刷新。这就要求 RXIFIFO 中只有一个数据包，且数据包长度不能超过 RX FIFO 的大小
	2	APPEND_STATUS	1	R/W	当开启时，2 个状态字节将附加在数据包的有效负载上。状态字节包含 RSSI 和 LQI 值，以及 CRC OK 标记
	1:0	ADR_CHK[1:0]	0 (0x00)	R/W	接收数据包的地址校验配置控制。 设置地址校验配置： 0 (0x00)：无地址校验 1 (0x01)：地址校验，无广播 2 (0x10)：地址校验及 0(0x00)广播 3 (0x11)：地址校验及 0(0x00)和(0xFF)广播
PKTCTRL0 数据包自动 控制	7			R0	未使用
	6	WHITE_DATA	1	R/W	打开/关闭数据白化。0 为关闭，1 为开启
	5:4	PKT_FORMAT[1:0]	0 (0x00)	R/W	RX 和 TX 数据的格式。 设置数据包格式： 0(00)：标准模式，使用 RX 和 TX 的 FIFO。 1(01)：同步串行模式，GDO0 引脚上的输入数据和任意 GDOx 引脚上的输出数据。 2(10)：随机 TX 模式，使用 PN9 发生器发送随机数据。用于测试。 3(11)：异步串行模式，GDO0 引脚上的输入数据和任意 GDOx 引脚上的输出数据。
	3		0	R0	未使用
	2	CRC_EN	1	R/W	1：TX 和 RX 模式下开启 CRC 校验 0：TX 和 RX 模式下关闭 CRC
	1:0	LENTH_CONFIG [1:0]	1 (0x01)	R/W	设置数据包长度配置： 0(00)：固定数据包长度模式。在 PKTLEN 寄存器中配置的长度。 1(01)：可变数据包长度模式。通过同步字后首字节配置的数据包长度。 2 (10)：无限数据包长度模式。 3 (11)：保留

附录6　MG323 的 AT 指令集

GPRS 模块 MG323 的 AT 指令列表如附表 6-1 所示。

附表 6-1

类别	名称	说　明
一般命令	AT+CGMI	给出模块厂商的标识
	AT+CGMM	获得模块标识。用来得到支持的频带(GSM900，DCS1800 或 PCS1900)。当模块有多频带时，回应可能是不同频带的结合
	AT+CGMR	查询模块版本
	AT+CGSN	获得 GSM 模块的 IMEI(国际移动设备标识)序列号
	AT+CSCS	选择 TE 特征设定。用来发送、读取或者撰写短信
	AT+CIMI	用来读取或者识别 SIM 卡的 IMSI(国际移动签署者标识)。在读取 IMSI 之前应该先输入 PIN(如果需要 PIN 的话)
	AT+GCAP	获得能力表
	A/	重复上次命令：重复前一个执行的命令(只有 A/命令不能重复)
	AT+CPOF	关机。停止 GSM 软件堆栈和硬件层
	AT+CFUN	设定电话机能。这个命令选择移动站点的机能水平
	AT+CMEE	报告移动设备的错误
	AT+CCLK	时钟管理，用于设置或者获得 ME 真实时钟的当前日期和时间
	AT+CALA	警报管理，用于设定在 ME 中的警报日期/时间
呼叫控制命令	ATD	拨号命令，用来设置通话、数据或传真呼叫
	ATH	挂机命令
	ATA	接电话
	AT+VTS	给用户提供应用 GSM 网络发送 DTMF 双音频，该命令允许传送双音频
	ATDL	重拨上次电话号码
	AT%Dn	数据终端就绪(DTR)时自动拨号
	ATS0	自动应答
	AT+CMUT	麦克风静音控制
	AT+SPEAKER	用于选择喇叭或麦克风
	AT+ECHO	回音取消
	AT+RUI	接收附加用户信息

类别	名称	说　明
网络服务命令	AT+CSQ	信号质量
	AT+COPS	服务商选择
	AT+CREG	网络注册：获得手机的注册状态
	AT+COPN	查询运营商名称命令
	AT+CPOL	设置优先运营商命令
	AT+CNUM	查询用户号码命令
安全命令	AT+CPIN	输入 PIN
	AT+CLCK	设备锁
	AT+CPWD	改变密码
电话簿命令	AT+CPBS	选择电话簿记忆存储
	AT+CPBR	读取电话簿表目
	AT+CPBF	查找电话簿表目
	AT+CPBW	写电话簿表目
	AT+CPBP	电话簿电话查询
短消息命令	AT+CSMS	选择消息服务。支持的服务有 GSM-MO、SMS-MT、SMS-CB
	AT+CNMA	新信息确认应答
	AT+CPMS	优先信息存储：此命令定义用来读写信息的存储区域
	AT+CMGF	优先信息格式：执行格式有 TEXT 方式和 PDU 方式
	AT+CSAS	保存设置
	AT+CRES	恢复设置
	AT+CSDH	显示文本方式的参数
	AT+CNMI	新信息指示：此命令选择如何从网络上接收短信息
	AT+CMGR	读短信
	AT+CMGL	列出存储的信息
	AT+CMGS	发送信息
	AT+CMGW	写短信息并存储
	AT+CMSS	从存储器中发送信息
	AT+CSMP	设置文本模式的参数
	AT+CMGD	删除短信息：删除一个或多个短信息
	AT+CSCA	短信服务中心地址
	AT+CSCB	选择单元广播信息类型
追加服务命令	AT+CLCK	呼叫禁止
	AT+CPWD	改变追加服务密码
	AT+CLIP	呼叫线确认陈述

续表二

类别	名称	说　明
数据 命令	AT+CBST	信差类型选择
	AT+CR	服务报告控制：此命令允许更为详细的服务报告
	AT+CRC	划分的结果代码：此命令在呼叫到来时允许更为详细的铃声指示
	AT+CRLP	无线电通信线路协议参数
配置 命令	AT+IPR	确定 DTE 速率
	AT+ICF	确定 DTE-DCE 特征结构
	AT+IFC	控制 DTE-DCE 本地流量
	AT&C	设置 DCD(数据携带检测)信号
	AT&D	设置 DTR(数据终端就绪)信号
	AT&S	设置 DST(数据设置就绪)信号
	ATO	回到联机模式
	ATZ	恢复为缺省设置
	AT&W	保存设置
	AT&T	自动测试
	ATE	决定是否回显字符
	AT&F	回到出厂时的设定
	AT&V	显示模块设置情况
	ATI	要求确认信息：此命令使 GSM 模块传送一行或多行特定的信息文字
	AT+WMUX	数据/命令多路复用
	AT+CFUN	设置工作模式命令
	AT^SMSO	启动系统关机命令
	AT+GCAT	查询 MS 支持的传输能力域命令
	AT+CMEE	设置终端报错命令
	AT+CSCS	设置 TE 字符集命令
	AT^SCFG	设置配置项扩展命令
	^SYSSTART	模块启动主动上报命令
	^SHUTDOWN	模块关机主动上报命令
特殊 AT 命令	AT+CMER	移动设备事件报告：此命令决定是否允许在键按下时是否主动发送结果 代码
	AT+CIND	控制指示事件命令
	AT^SIND	控制指示事件扩展命令
	AT+WS46	选择无线网络命令
	+CIEV	状态变化指示命令
	AT+CPHS	设置 CPHS 命令